華章圖書

一本打开的书，一扇开启的门，

通向科学殿堂的阶梯，托起一流人才的基石。

·网络空间安全技术丛书·

# 物联网安全

## PRACTICAL INTERNET OF THINGS SECURITY

[美] 布莱恩·罗素 德鲁·范·杜伦 著
(Brian Russell) (Drew Van Duren)

李伟 沈鑫 侯敬宜 王自亮 译

机械工业出版社
China Machine Press

图书在版编目（CIP）数据

物联网安全 /（美）布莱恩·罗素（Brian Russell），（美）德鲁·范·杜伦（Drew Van Duren）著；李伟等译．—北京：机械工业出版社，2018.8（2019.8 重印）
（网络空间安全技术丛书）
书名原文：Practical Internet of Things Security

ISBN 978-7-111-60735-9

I. 物… II. ①布… ②德… ③李… III. ①互联网络－安全技术 ②智能技术－安全技术 IV. ① TP393.4 ② TP18

中国版本图书馆 CIP 数据核字（2018）第 194881 号

本书版权登记号：图字 01-2016-8643



# 物联网安全

出版发行：机械工业出版社（北京市西城区百万庄大街 22 号 邮政编码：100037）

责任编辑：赵亮宇　　责任校对：李秋荣

印　刷：北京市荣盛彩色印刷有限公司　　版　次：2019 年 8 月第 1 版第 2 次印刷

开　本：186mm×240mm 1/16　　印　张：16.75

书　号：ISBN 978-7-111-60735-9　　定　价：75.00 元

凡购本书，如有缺页、倒页、脱页，由本社发行部调换

客服热线：（010）88379426 88361066　　投稿热线：（010）88379604

购书热线：（010）68326294 88379649 68995259　　读者信箱：hzit@hzbook.com

# 译 者 序

简单来说，物联网（Internet of Things，IoT）就是“物与物相连的互联网”，它将互联网的用户端延伸和扩展到任何物品，是在互联网的基础上延伸和扩展的网络。

随着智能硬件技术的兴起，物联网发展呈现指数级增长态势。据 Gartner 预测，2020 年物联网设备数量将高达 260 亿件。美国等发达国家将物联网作为国家级战略新兴产业快速推进，我国也将物联网正式列为国家五大新兴战略之一，在“十三五”规划中明确提出“发展物联网技术和应用”，并将“物联网应用推广”列为国家八大信息化专项工程之一。万物互联的时代大幕已然开启，万物互联已成为技术发展和产业应用的必然趋势。

与此同时，全球物联网安全事件频发，破坏力极大，物联网安全也已经成为全球普遍关注的话题。2015 ～ 2016 年年底，乌克兰电网因遭遇多次攻击而出现的大规模停电事件引起全球对物联网安全的高度关注及警惕。2016 年 10 月，Mirai 僵尸网络控制大量物联网设备发起流量高达 620Gb/s 的 DDoS 攻击，导致美国大半个国家断网，成为物联网安全的标志性事件。

万物互联，安全先行。毫无疑问，物联网安全是物联网发展首先要解决的问题。2016 年年底，美国国土安全部（Department of Homeland Security，DHS）发布了“保障物联网安全的战略原则”，认为“物联网安全已演变成为国土安全问题”。很多国家都在加快制定物联网安全的技术规范和法律法规。我们认为，每一位网络安全或物联网行业的从业人员都应该正视安全问题，都有责任和义务为每一个物联网产品或方案贡献自己的力量。

物联网面临的安全挑战包括：规模巨大、分布广泛的设备，多种多样的通信协议以及需要对所有物联网设备和用户开放的云 / 数据中心。传统的网络驱动安全模式（网络侧集中部署设备，统一防护安全攻击）已经难以满足物联网安全的要求。

本书作者皆为业界翘楚，努力为构建安全的物联网世界提供一个切实可行的安全指南。本书首先从物联网所带来的改变开始，引出物联网中存在的漏洞、面临的攻击以及可采取的对策，详细阐述了物联网安全工程、密码学基础、身份识别与访问控制、隐私管理、合规监控、云安全以及物联网安全事件响应等诸多方面的内容，既涵盖了物联网设备安全、设备之间的通信协议安全，也介绍了一些物联网安全的最佳实践。

历史经验告诉我们，每当新事物兴起时，总会伴随新技术的革新。在物联网的大潮澎湃激荡之际，物联网安全的各项研究和产业化也必将提上日程。希望本书能帮助各位读者全面认识物联网安全，为物联网开发者、运营者以及安全解决方案、安全政策制定人员的物联网安全事业助一臂之力。

本书主要由李伟、沈鑫、侯敬宜、王自亮完成翻译。我们力求做到技术术语准确，但限于水平，如有错误或疏漏，恳请广大读者朋友批评指正。

# 关于作者

Brian Russell，美国 Leidos 公司计算机安全解决方案的首席工程师。他重点研究物联网安全，指导安全解决方案的设计与开发，以及客户隐私与可信控制的实施。Brian 关注的领域包括无人机系统（Unmanned Aircraft Systems，UAS）、车联网的安全工程以及安全系统的开发，其中包括高可信密钥管理系统。他有 16 年的信息安全从业经历，是云安全联盟（Cloud Security Alliance，CSA）物联网工作组的主席，也是联邦通信委员会（Federal Communications Commission，FCC）技术咨询委员会网络安全工作组的成员。Brian 还是互联网安全中心（Center for Internet Security，CIS）20 个关键安全控制编辑小组的志愿者和安全智慧城市（Securing Smart Cities，SSC）的倡议者（http://securingsmartcities.org/）。

欢迎加入云安全联盟物联网工作组：

@https://cloudsecurityalliance.org/group/internet-of-things/#_join

可通过如下网址与 Brian 联系：https://www.linkedin.com/in/brian-russell-65a4991。

---

非常感谢我的妻子——Charmae，以及孩子们——Trinity 和 Ethan。在写作本书期间，他们给予我的鼓励和爱是无价的。同时还要感谢云安全联盟物联网工作组所有伟大的志愿者和成员们，在过去的几年里，他们与我一起工作，使我能够更好地理解并提出物联网安全解决方案。最后，感谢我的父母，没有他们的鼓励我也难以完成本书。

---

Drew Van Duren，美国 Leidos 公司的高级密码学和网络安全工程师，有 15 年出色的从业经历，从事商业领域、美国国防部、交通部等安全系统的安全防护工作。最初，他是一名航空工程师，逐步涉足网络物理（交通系统）风险管理、安全加密通信工程，并为高可信度 DoD 系统设计安全网络协议。Drew 为联邦航空管理局的无人机系统集成部门

提供了很多安全意见，支撑RTCA标准，该标准用于在美国国家空域系统中飞行的无人机加密保护开发。此外，他还从事美国交通部联邦高速公路总署（FHWA）和汽车工业方面的工作，包括车联网通信设计的威胁建模和安全分析管理、安全系统、地面交通系统、通过已连接的车辆安全证书管理系统（SCMS）进行的密码认证操作。在进入交通工业领域工作前，Drew是一名技术总监，负责管理两个最大的（FIPS 140-2）加密测试实验室，经常为多种国家安全程序的密钥管理和加密协议提供专家意见。他具有商业领航和操纵无人机系统的执照，还是Responsible Robotics有限公司的联合创始人，该公司致力于使无人机安全而负责任地飞行。

可通过如下网址与Drew联系：https://www.linkedin.com/in/drew-van-duren-33a7b54。

---

首先，非常感谢我的妻子——Robin，以及孩子们——Jakob和Lindsey。在写作本书期间，他们无边无际的爱、幽默和耐心一直陪伴着我。在我需要的时候，他们总是及时陪我娱乐。还要感谢我的父母，他们持续不断的爱、训导以及鼓励在我个性形成时期培养了我的多种爱好——建模、工程、航空、音乐。最重要的是，大提琴演奏使得我的生活更为丰富，需求更为集中。最后，要感谢我已去世的外祖父母，特别是我的外祖父——Arthur Glenn Foster，他对科学和工程的好奇心似乎永无止境，对我早年的成长影响巨大。

---

# 关于技术审校人员

Aaron Guzman 是洛杉矶区域著名的渗透测试人员，擅长应用程序安全、移动渗透测试、Web 渗透测试、物联网入侵以及网络渗透测试。之前他供职于诸如 Belkin、Symantec 以及 Dell 之类的技术公司，入侵代码，构建基础设施。凭借多年的经验，Aaron 曾在多个会议上做过报告，包括 Defcon、OWASP AppSecUSA 以及美国开发者代码训练营。他曾参与多个物联网安全指导手册的编写和应用程序安全相关开源社区项目的开发。此外，Aaron 还是南加州洛杉矶开放式 Web 应用程序安全项目（Open Web Application Security Project，OWASP）、云安全联盟 SoCal（CSA SoCal）以及高科技犯罪调查协会（HTCIA SoCal）小组组长。如需了解 Aaron 的最新研究进展，可关注其 Twitter 账号 @scriptingxss。

# 前　　言

很少会有人置疑物联网的出现带来了安全问题，包括信息安全、物理安全和私密性相关的问题。鉴于物联网的迅速产业化和受众多样化，在决定写作本书时我们所面临的一个主要挑战和目标是，如何以一种尽可能实用而又与具体行业无关的方式，来识别并提取核心的物联网安全原理。同样重要的是，我们需要平衡实际应用和背景理论知识，尤其是考虑到当前以及即将出现数量无法估计的物联网产品、系统和应用程序时。为此，本书包含一些基本的信息安全（以及物理安全）主题，并按照足够充分而又最小化范围的原则涵盖这些内容，因为我们需要在有意义的安全讨论中以它们作为参考点。在这些安全主题中，一些适用于设备（终端），一些适用于设备之间的通信连接，而剩下的则是针对更大型的组织。

本书的另一个目标是，在讲解安全指导内容的过程中，不再重复罗列当前网络、主机、操作系统、软件等对象中所应用的现有的大量网络安全知识，尽管我们知道其中某些内容对于物联网安全的讨论是有意义的。由于无意像售卖产品的产业或公司那样，因此我们致力于充分对实用安全技术进行创造并裁剪，这些技术中包含代表物联网和传统网络安全之间不同点和共通点的特性及差别。

当前，大量的传统产业（比如家电制造商、玩具制造商、汽车业等）和创业技术公司正在以惊人的速度创造和销售互联设备与服务。不幸的是，大部分都非常不安全——一些安全研究人员已经严肃地指出这一事实，他们常常带着一种真正的担忧。尽管他们的批评很多是有理有据的，但不幸的是，其中一些批评带有一定程度的傲慢自大。

然而有趣的是，一些传统产业在高可信度的物理安全和容错设计方面很先进。这些产业广泛利用一些核心的工程规范（机械、电器、工业、航天和控制工程）和高可信度的物理安全设计来规划产品和复杂系统，非常安全。很多网络安全工程师对这些规范及其对物理安全和容错设计的重要作用完全不了解。因此，我们在实现物联网安全目标的过程中遇到了一个重大障碍：物理安全性、功能性和需要针对所定义的“信息物理系统”（Cyber-Physical System，CPS）进行设计并部署的安全工程规范，这三者之间无法协调。CPS以多种方式将物理和数字工程规范整合在一起，学院课程和企业工程部门很少会处理这些规范。我们希望，传统产业工程师、安全工程师和其他技术管理人员能够学会更好地协调物理安全需求和可信信息安全目标之间的关系。

在从物联网中受益的同时，必须最大限度地阻止当前和未来物联网可能造成的伤害。要做到这一点，需要对其进行合理而又安全的保护。我们期望读者能够从本书中受益，找到有用的信息来保护自己的物联网。

## 本书所涵盖的内容

第1章，危险的新世界，介绍了物联网的基本概念，包括定义、使用，具体应用和实现方法等。

第2章，漏洞、攻击及对策，概述了将要学习的多种威胁以及相应的对抗方法。

第3章，物联网开发中的安全工程，讲解了物联网安全生命周期中的多个阶段。

第4章，物联网安全生命周期，详细介绍了物联网安全生命周期操作运行方面的内容。

第5章，物联网安全工程中的密码学基础，对所应用的密码学知识进行了介绍。

第6章，物联网身份识别和访问管理解决方案，深入挖掘研究了物联网的身份与访问管理机制。

第7章，解决物联网隐私问题，研究了物联网的私密性相关问题。同时，本章也试图帮助读者理解如何缓解这类问题。

第8章，为物联网建立合规监测程序，帮助读者探索如何创建一个物联网合规程序。

第9章，物联网云安全，对物联网相关的云安全概念进行了讲解。

第10章，物联网事件响应，介绍了物联网的事件管理和取证。

## 本书所需的基本环境

需要4.3版本的SecurITree软件，一个通用的台式或笔记本电脑，以及运行Java 8环境的Windows、Mac或Linux系统平台环境。

## 本书所针对的目标读者

本书以想要保障联通物联网机构的数据安全的IT安全专业人员（包括渗透测试人员、安全架构师以及白帽黑客）为目标读者。同时，商业分析人员和管理人员也能够从本书获益。

## 排版约定

警告或重要提示使用该图标显示。

# 目　录

# 第1章

# 危险的新世界

“当变革之风吹起时，一些人筑起围墙，另一些人则建造风车。”

——中国谚语

物联网正在改变一切。然而不幸的是，很多企业、消费者、商用技术设备所有者以及基础设施运营商很快会发现他们正身处于安全问题的险境之中。使所有设备变得“智能”，这个过程为网络罪犯、极端民族主义者创造了一大波疯狂的机会，也为安全研究人员带来了挑战。这些威胁将随着它们对经济、企业、商业贸易、个人隐私和物理安全的潜在影响而不断增多。塔吉特公司、索尼影业、普里梅拉蓝十字的保险公司，甚至白宫的人事管理部门（Office of Personnel and Management，OPM）都曝出了大量关于传统网络安全领域内的主要漏洞和安全事件，这些事件的曝光生动鲜活而又不那么令人愉快。一些漏洞使得公司及其CEO蒙羞或者垮台，而最重要的是对公民个体造成了重大损害。可见过去的网络安全技术已被证明是不合格的。现在看一下物联网世界，其中包括了诸如使用Linux嵌入式系统的智能电冰箱、联网洗衣机、汽车、可穿戴设备、植入式医疗设备、工厂机器人系统等设备，或者包括任何刚接入网络的设备。过去，很多这类企业从未认真考虑过信息安全方面的问题，然而随着企业之间竞争加剧及层出不穷的新产品、新功能，现在他们发现自己正处于不知道如何进行开发、部署和安全操作的危险境地。

在技术方面取得进步的同时，一直有一些人有意或无意地试图对这些先进技术展开攻击。如上所述，我们正处于安全噩梦的险境之中。通过这个论断想要说明什么？首先，物联网的技术创新发展与物联网的安全知识和安全意识觉醒急剧脱节。十年前难以想象的最新物理系统和信息系统、设备和网络连接正在快速地突破人类道德的限制。让我们用一个类似的领域来进行类比——生物伦理学，以及现在有最新突破的基因工程。当前，可以利用数字排序的核苷酸碱基来合成DNA，从而在动物乃至人类的体内创造新的特性。然而，我们可以将它联网不代表我们就应该这样做；同样，我们可以将一个新设备联网，不代表我们就应该将它联网，然而目前物联网正在做这样的事。

我们必须将所有关于人类未来的美好想法与现实平衡起来，即人类的意识和行为在过去以及将来都远未达到乌托邦的理想境界。总会存在蓄意而隐蔽的犯罪行为；总会有守法公民发现自己卷入了骗局、金融危机或敲诈勒索；总会有意外发生；总会有奸商和骗子热衷于伤害他人并从中牟利。简而言之，就像一个小偷闯入你的房屋进而偷走你最宝贵的财产一样，总会有人攻入网络并破坏设备和系统。你的损失就是他的收获。更为糟糕的是，在物联网中，这些行为在某些情况下可能会进一步造成物理伤害甚至死亡。今天，使用一次按键，如果合理配置一台心脏起搏器，可能会拯救一条生命；也可能使得一辆汽车的制动系统陷入瘫痪，或者使一台核研究设施停顿。

很明显，物联网安全非常重要，但在深入研究物联网的实际安全技术之前，本章将对以下主题进行介绍：

- 物联网定义。
- 当前对物联网的使用现状。
- 网络安全、信息物理系统和物联网之间的关系。
- 跨行业合作的必要性。
- 物联网中的设备。
- 物联网的相关企业。
- 物联网的未来前景，以及对其进行保护的必要性。

## 1.1　物联网定义

任何新生代事物在炫耀其技术先进性时，都喜欢和之前的产品作比较，所以并不罕见的是每个人都无视或者只是单纯不了解，历史上那些使得智能手机和无人驾驶飞行器成为可能的思想，创新，合作，竞争和联合有多“大逆不道”。现实是，在上一代人还没有享受到现在所拥有的工具时，他们大部分确实都幻想过这些。科幻作品长期作为一个进行惊人预测的媒介而存在，不管是 Arthur C.Clarke 关于地球轨道卫星的幻想，还是 E.E.“Doc”Smith 将思想宇宙和行为融合（对现代最新著名的脑机接口展开幻想）的传统科幻故事。尽管作为一个概念，物联网是崭新的，但是当前和未来的物联网的思想并不是。

作为最伟大的工程先驱之一，Nikola Tesla 在 1926 年 Collier 杂志的一次采访中提到：

“当无线技术被完美应用之时，整个地球将变成一个巨型大脑，实际上我指的是，万物都将成为一个真实而规律的整体中的粒子，以及我们赖以实现的设备，它们相比于我们目前的电话将出乎意料的简单。一个人在他的背心口袋里就能带上一个。”

1950 年，英国科学家阿兰·图灵被证实提出以下言论：

“我还主张，最好能够为机器提供金钱能够购买的最好的感觉构件，然后教它理解并使用英语。这个过程可以遵循一个儿童的正常教育流程。”

来源：A. M. Turing (1950) Computing Machinery and Intelligence.Mind 49: 433-460

毫无疑问，在数字处理、通信、制造、传感和控制方面取得的惊人进展，正在将当代人以及我们祖先的幻想变成现实。这种进步提供了一种可能性，即思想、需要和需求组成了一个生态系统，能够驱使人们出于乐趣和生存的需要创造新的工具，提出新的解决方案。

然后，遇到了一个问题，即如何定义物联网，以及如何将物联网和当前由计算机所组成的互联网区分开来。物联网当然不只是一个关于移动端到移动端技术的新名词，它还有更多含义。目前已经存在很多物联网的定义，在本书中我们将主要依赖于以下 3 种：

- 国际电信组织（ITU）的成员批准定义，将物联网定义为“一个信息社会的全球性基础设施，基于已有的和演化的、可互操作的信息和通信技术，利用（物理和虚拟）设备互联来提供先进的服务。”

  来源：http://www.itu.int/ITU-T/recommendations/rec.aspx?rec=y.2060

- 电气与电子工程师协会（IEEE）对物联网的小型环境的描述是“一个物联网是指这样一种网络，它将唯一标识的‘实物’连接到互联网上。这里的‘实物’具有感知 / 驱动能力，以及潜在的可编程能力。通过对唯一身份标识和感知能力进行开发，任意实体可以在任意时刻从任意位置收集‘实物’相关信息，以及改变‘实物’的状态。”

来源：http://iot.ieee.org/images/files/pdf/IEEE_IoT_Towards_Definition_Internet_of_Things_Revision1_27MAY15.pdf

- IEEE 对物联网的大型环境情景描述是“物联网设想了一种能够自我配置的、具有适应性的、复杂的网络，该网络通过使用标准通信协议将实物与互联网进行相互连接。互联的实物在数字世界中具有物理或虚拟的表达形式、感知 / 驱动能力、可编程特性以及唯一标识。表达形式包含了诸如实物的身份、状态、位置等信息，或者任何其他的商业、社会乃至个人的相关信息。实物需要或者无须人类干预，通过对唯一身份识别、数据收集和通信以及驱动能力的开发来提供服务。服务通过使用智能接口进行开发，在考虑安全性的前提下，对任何实体，在任何时间，从任何位置都是可用的。”

以上每一个定义都是互补的。它们仅仅对可被设计的、物理 / 逻辑层面上连接到多元联网世界上的事物进行了重复叙述。

## 网络安全 VS 物联网安全以及信息物理系统

物联网安全并不是传统意义上的网络安全，而是网络安全与其他工程规范融合的产物。相比于单纯的数据、服务器、网络架构和信息安全，物联网安全的内涵要更加丰富；更进一步来说，它包括了对连接互联网物理系统的状态进行直接或分布式的监测和控制。换言之，区分物联网安全和网络安全的一大因素是，如今大多数该行业的从业人员依赖什么，比如信息物理系统等。网络安全，正如这个术语名词所表述的那样，一般不关注硬件设备的物理和安全方面，或者是设备与物理世界的交互方面的内容。对网络上物理处理过程的数字化控制使物联网在安全意义上显得尤为特别，即安全需求不再仅仅局限于包括可信性、完整性、不可否认性等内容的基本信息保障原则，还包括与在物理世界中生成并接收信息的物理资源和机器相关的原则。换言之，物联网具有模拟仿真和物理特性。物联网设备都是物理实体，它们大部分都与物理安全相关。因此，如果这样的设备发生信息泄露，将会导致人身财产的物理损害，甚至造成死亡。

因而，物联网相关的安全主题并不像网络设备和主机那样使用安全相关准则的一个简单静态的集合，而需要针对物联网设备所涉及的每一个系统和由系统所组成的系统进行特别定制。物联网设备有很多不同的具体实例，但综合来说，一个物联网设备基本具有以下特性：

- 直接或间接通过互联网进行通信的能力。
- 操控或监测某些物理实体（在设备上或在设备媒介或环境中），这里指的是物联网设备自身或设备上的一个直连实体。

考虑以上两条特性可知，任何物理实体都可以成为一个物联网设备，因为通过适当的电子接口，当前的任何物理实体都可以连接到互联网上。因而，物联网设备的安全性是设备使用过程中应该具备的一项功能，设备将影响或控制的物理进程或状态以及设备所接入系统的敏感度。

信息物理系统是物联网的一个大型覆盖子集。它们将工程规范大规模地融合到了一起，其中每一项规范都有一个早已明确定义的范畴，包括基础理论、知识、应用以及它们各自的从业者们所需的相关主题。这些主题涵盖了工程动力学、流体动力学、热力学、控制理论、数字设计以及其他很多内容。所以，物联网和信息物理系统的区别到底是什么？根据 IEEE 的定义，主要区别是一个包含连接传感器、驱动器和监测 / 控制系统的信息物理系统并不是必须要连接互联网，信息物理系统可以在与互联网隔离的情况下，仍然成功实现其业务目标。从通信的角度来看，一个物联网必须由连接互联网的实体组成，并且通过应用的某些集合来实现一些业务目标。

需要注意的是，即使技术上实现了与互联网隔离，但几乎所有的信息物理系统仍将以某种方式连接到互联网上，例如，通过供应链、操作人员或者软件补丁管理系统。

来源： http://iot.ieee.org/images/files/pdf/IEEE_IoT_Towards_Definition_Internet_of_Things_Revision1_27MAY15.pdf

换言之，由于信息物理系统可以通过简单地连接互联网来封装到物联网中，所以有理由认为物联网是信息物理系统的一个超集。一般来说，信息物理系统是一个针对物理安全性、信息安全性和功能性进行设计的严格工程化的系统。新兴企业在部署物联网时应该学习信息物理系统相关的严格工程规范。

图 1-1 显示了网络、物联网及信息物理系统的关系。

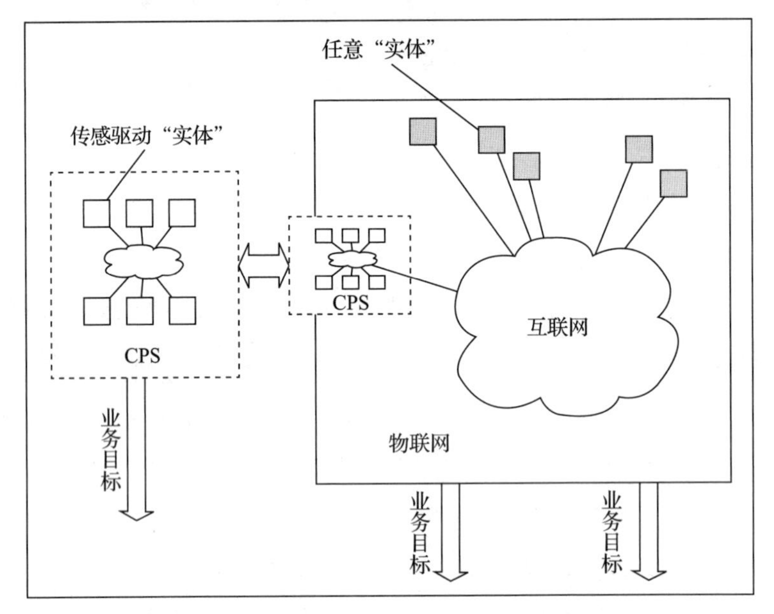


图 1-1　网络、物联网以及信息物理系统

## 1.2　跨行业合作的必要性

在后续章节中将介绍物联网安全工程，但首先要详细介绍一下现实中的跨领域安全工程是怎样的。有人努力想从学术课程的介绍中，或想在一些大学的计算机科学项目、网络工程或者诸如系统网络安全（SANS）之类专门的安全项目之外寻找答案。大部分安全从业人员在计算机科学和网络技术方面能力很强，但是对核心工程课程所涵盖的物理和安全工程规范不甚了解。因此，物联网的信息物理方面面临着一次物理安全性与信息安全性之间的习惯冲突和难题：

- 每个人都对安全负有责任。
- 物联网和信息物理系统暴露了信息计算和物理世界相冲突的巨大安全问题。
- 大部分传统的核心工程规范很少会关注信息安全工程（尽管某些规范会关注物理安全性）。

- 很多信息安全工程师不了解核心工程规范（比如机械、化工、电气），包括容错性的物理安全设计。

因为物联网与所连接的物理工程制造的对象相关——因此也可能是一个信息物理系统——所以这种困境比其他任何事物都要影响深远。物联网设备工程师可能精通于解决物理安全问题，但并不能完全理解设计思路对信息安全的影响。同样，熟练的信息安全工程师可能不会理解一个实体在物理工程方面的细微差别，从而查明并描述它与物理世界的交互过程（在其预期环境中），进而对它们进行修复操作。换言之，核心工程规范通常关注于功能设计，即创建设备来完成人们希望其完成的任务。而信息安全工程则将视角转换到考虑原始设计师从未考虑的内容，即实体可以做什么，以及用户如何通过某些途径误用设备。恶意攻击者需要这些内容。一个冰箱系统工程师以前只会做一个基本的热力学系统设计，而从来不会考虑一个使用密码学知识的访问控制方案。现在，联网冰箱的设计师需要考虑这些，因为恶意攻击者将寻找来自冰箱的非授权数据，或者试图对其进行攻击并将控制核心转移到家用网络的附加节点上。

幸运的是，信息安全工程正在逐渐成为跨领域学科。某些人可能会认为，相比于为现有的信息安全工程师培训所有的物理工程主题，向大范围的工程专家传授基本的信息安全原理会更有效率。要增强物联网的信息安全性，需要制定核心工程规范的工程师们在其各自的行业中学习并传播信息安全工程的相关原则。否则，这些行业将永远无法成功应对新威胁。这样的应对，需要在花费最少来实现（即原始设计对于未来可能出现的规范要有良好的灵活性和适应性）的前提下，在正确的时间采取正确的安全措施。比如针对电源的热力学处理和控制工程设计，需要充分考虑控制系统的物理处理过程，物理安全冗余模块等。如果对信息安全工程原理有所了解，那么就可以基于其他网络的某些公开信息更好地控制附加传感器、冗余状态估测逻辑或者冗余驱动器；另外，还可以更好地查明某些状态变量和时间信息的敏感度，网络、主机、应用程序、传感器和驱动器安全控制将协助保护这些信息；还可以更好地描述网络攻击和控制系统的交互行为，这些行为可能导致突破气压和温度容限进而引发爆炸。传统的网络信息安全工程师对赖以完美实现设计决策的物理工程基本概念并不了解。

在描述当前的物联网设备和行业之前，最好先搞清楚物联网的跨行业横切关系是怎样的。医疗设备和生物医药公司，汽车、飞机制造商，能源产业甚至视频游戏商和消费市场都卷入了物联网之中。曾经互相独立的这些行业，在试图保护自己的设备和基础设施的情况下必须学会联合起来。不幸的是，仍有一些行业笃信，大部分信息安全对策需要针对每一个行业进行特别定制开发和部署。这种孤立分区保护的方法是短视而又不明智的。它可能会阻碍为通用对策而进行的有价值的跨行业安全融合、学习和发展。

物联网安全问题形成了一个公平的威胁环境——一个行业中的威胁同样存在于其他行业。目前对一个设备的攻击和突破，可能代表着对几乎所有其他行业中设备的一种威胁。安装于医院的智能灯可能被攻破，并用于实施对医疗设备的多种私密性攻击。换言之，跨行业关系可能是基于供应链上的交叉点，或者一个行业的物联网实现产品附加于另一个行业的系统之中这一事实。所有行业都应该借鉴实时智能，以及从针对工业控制系统的攻击行为中所得到的经验教训，并据此加以调整改善。威胁情报由 Gartner 在以下论述中完善定义：

关于针对资产的已有或新兴威胁或风险的实证知识，包括上下文、机制、指示、含义以及可操作的建议，可用于通告对应于主体对威胁或风险的响应的决策。

物联网需要加以改善，对现实世界的威胁如何突破经常存在的漏洞进行探索、分析、理解和共享。不能假定任何一个单独的行业、政府组织、标准组织或其他实体是威胁情报和信息共享的主要控制核心。信息安全是一个生态系统。

作为一个政府标准组织，美国国家标准及技术研究所（NIST）很早就意识到这个问题。NIST 组建的 CPS 公开工作组代表了信息安全专家的一次跨行业联合，他们致力于构建一个结构性的方法来解决不同行业所面临的物联网信息物理方面的诸多挑战。CPS 公开工作组通过为信息物理系统设计框架草案，来以元形式实现这个目标。这个框架提供了一个有用的参考架构，使用信息物理系统的信息安全和物理特性来对 CPS 系统进行描述。企业可以参考这个框架来交流和改善信息物理系统的相关设计思路，并以这个框架为基准来制定特定系统的信息安全标准。本书将根据跨越多个行业的通用模式来介绍信息物理系统安全的更多细节。

就像之前所述的热力学例子，信息物理系统和很多物联网系统通常处于物理安全和信息安全工程的交汇点，两种规范已经在非常不同的进化道路上发展多年，然而又有着部分重叠。在本书的后续章节将更加深入地研究物联网安全工程的物理安全层面，但现在将指明物理安全和信息安全之间的区别，该区别由知名学者 Barry Boehm 和 Axelrod W.C. 在马萨诸塞州 Artech 出版社 2013 年出版的《Engineering Safe and Secure Software Systems》一书的第 61 页进行了完美的表述。该书深刻而优美地对两者的关系做了如下表述。

- **物理安全**：系统必须不对世界造成伤害。
- **信息安全**：世界必须不对系统造成伤害。

总之很显然，物联网和物联网安全比传统的网络、主机和信息安全要复杂得多。具有安全意识的行业人员，比如飞行器制造商，监管人员和研究人员，已经制定了非常有效的安全工程方法和标准，因为飞行器可能对世界以及其中的人员造成伤害。当前的飞机行业，也包括汽车行业，由于其交通工具上联网行为的急剧增多，正在信息安全方面紧追猛赶。

## 1.3 物联网的应用现状

人们不断重复着这样的说法，即摩尔定律正在如何快速地改变着科技世界，以及我们的设备、社会网络乃至身体和其他对象正在如何变得互联互通，但这样的说法实在太老套了。

思考物联网应用问题的另一个有用的角度是，当网络不仅仅是延伸到最后一米的终端，而是到虚拟和数字信号与物理实体的最后的分界线处时，发生了什么。不管网络扩展到一个伺服电机控制器、温度传感器、加速计、电灯、步进电机、洗衣机监控器，还是起搏器，影响都是相同的；信息源头和汇集点使人们能够在物理和虚拟世界之间进行广泛的控制、检测和可视化操作。对于物联网来说，物理世界是数字信息世界的一个“直接组件”，它作为主体或客体而存在。

物联网的应用前景是无限的。现在能够记录下的只是关于已经部署的和目前正在规划的内容。以下只是如何利用物联网的一些实例。

### 1.3.1 能源产业和智能电网

公共事业公司派遣工人坐车来读取挂在屋外的电表和煤气表的日子正在快速地远去。当今的某些房屋甚至未来所有房屋都将接入联网的智能应用设备，它们可以与公共事业公司进行通信，上报电力需求以及载入信息。与公共设施深入接入家庭电器的能力相结合，这种“需求－响应”技术的目的在于，使能源产生与分配系统更加高效、富有弹性以及更有助于环保。然而，家用电器仅仅代表了称之为“智能电网”的一种家庭区域网组件。这种能源系统的分布式监控系统在很多方面依赖于物联网。能源生产中所需的无处不在的传感、控制和通信功能属于物联网中的关键信息物理系统要素。最新接入用户家中的智能电表只是一个示例，它使我们能够在用户家中的电力子模块和供能公司之间进行直接的双工通信。

### 1.3.2 联网汽车和运输系统

想象一辆联网汽车，它能够持续利用一组机载传感器来扫描道路，并进行实时计算来识别驾驶员所不易察觉的潜在安全隐患。然后，添加额外的车对车（V2V）通信功能，使其他车能够向你的车发送消息和信号。抢占式的消息使得人们能够依据那些驾驶员或汽车视线传感器无法得到的信息（比如在浓雾情况下发生汽车拥堵的报告）作出判断。通过这些功能，人们开始相信汽车有能力实现安全自动驾驶（自动驾驶汽车），而不是仅仅可以示警。

### 1.3.3 制造业

工业界已经催生了大量的物联网工业应用实例。机器人系统、装配线以及生产计划的设计和实施——无数的联网传感器和驱动器使所有这些系统运转起来。它们原本是各自独立存在的，但现在都连接到了各种各样的数据总线、内部网和互联网之上。要实现分布式的自动化和控制操作，需要用到能够与管理监控应用进行通信的多元分布式设备。提升这些系统的效率，已经成为这样的物联网得以实现的根本驱动力。

### 1.3.4 可穿戴设备

物联网中的可穿戴设备，包括绑在或者连接到人体上的任何实体，可以收集状态、通信交流信息或者在个体之上或周围实现某种类型的控制功能。Apple Watch、FitBit和其他一些产品都是很有名的例子。可穿戴的网络化的传感器能够检测惯性加速度（比如估测一个跑步者的步幅和频率）、心率、温度、地理空间位置（用于计算速度和历史轨迹）

以及很多其他量值。目前 iTunes 专属应用商店中所陈列的各种可穿戴设备应用程序，已经充分说明了可穿戴设备及其产生的数据得到了多么广泛的应用。大部分可穿戴设备都直接或间接地与多种云服务供应商进行网络连接，这些供应商通常与可穿戴设备的制造商（比如 FitBit 公司）联合。现在，一些组织将可穿戴设备纳入企业健身计划中，利用它来跟踪职工的健康状况并鼓励员工重视健康的生活，从而达到降低企业和职工医疗开销的目的。

然而，新的技术进步将为可穿戴设备带来更为复杂、精致的结构，并将其改进为日常生活物品。比如微型器件和传感器正在被植入衣物之中；虚拟现实眼罩正在微型化，并且正在改变人们同时与物理和虚拟世界进行交互的方式。另外，各种客户级的新型可穿戴医疗设备为更好地进行健康监控和报告提供了保障。机器和人体之间的界限正在飞快消失。

### 1.3.5　植入式设备和医疗设备

如果说可穿戴的物联网设备还没有近到足以在物理和网络领域之间架起桥梁，那么植入式设备进一步缩短了两者之间的距离。植入式设备包括嵌入或经由手术放入人体内的任何传感器、控制器或通信设备。尽管植入式物联网设备通常与医疗领域（比如起搏器）相关，但它们也可能包括非医疗产品和应用实例，比如应用于物理和逻辑访问控制系统的嵌入式无线射频识别标签。植入式设备行业和其他设备行业并没有什么不同，即也只是为植入式设备添加了新的通信接口，使得用户能够通过网络对设备进行访问、控制和监测。这些设备只是恰巧需要置于人类或其他生物的皮下组织之中。可穿戴和植入式物联网设备都在以微电子机械系统（Micro-Electrical Mechanical System，MEMS）的形式进行微型化处理，其中一些可以使用无线电频率（Radio Frequency，RF）进行通信。

## 1.4　企业中的物联网

企业物联网也正在随着物联网系统的规划部署而不断发展，这些系统能够为多种业务目的提供服务。相比于其他行业，有些行业进一步完善了属于本行业的物联网概念。比如在能源产业中，先进测量基础设施（该系统包括智能电表和无线通信功能）的出现极大增强了基础设施的能源利用和监控功能。其他行业，比如零售业，仍在尝试探索如何充分利用零售商店中新的传感器和数据来支持增强的营销能力，提升顾客满意度，进而带来更高的营业额。

企业物联网系统架构对各行业来说相对一致。考虑到用于组建一个物联网生态系统的多种技术层次和物理组件，最好考虑选用由系统组成的系统模式作为企业物联网的实现方案。要对这些为组织提供商业价值的系统进行架构设计，实施起来会非常复杂，因为企业架构师们需要设计完备的解决方案，其中包括边界设备、网关、应用、传输流量、云服务、各种协议以及数据分析能力。

事实上，有些企业可能会发现必须使用一般其他行业才会用到的物联网功能，并且需要由新的或不熟悉的技术供应商提供服务。假设有一家传统的全球500强公司，它可能既有制造设备也有零售设备。这家公司的首席信息官（Chief Information Officer，CIO）可能需要考虑部署智能制造系统，包括用于跟踪工业设备健康状态的传感器，实现多种制造功能的机器人，以及能够提供数据来优化整个制造流程的传感器。所部署的某些传感器甚至可能需要嵌入到产品中，来为顾客增加额外的好处。

同样是这家公司，还必须考虑如何利用物联网为顾客提供更好的零售体验。这可能包括了传输到智能广告牌上的信息。在不远的将来，通过与汽车的联网信息娱乐系统直接集成，当顾客经过一家零售商店时，针对这位顾客播放定制广告将成为可能。要支持这种集成和定制功能，还需要复杂的数据分析能力。

对这个全球500强公司的例子进一步详细分析，同样是这位CIO，可能还需要考虑管理联网车辆和运输车辆所组成的车队，用于检查关键基础设施和设备的无人机系统，或用于监控土壤质量提供反馈信息的嵌入地下的农业传感器，乃至用于监控建筑工地固化过程提供反馈信息的嵌入混凝土中的传感器。这些示例仅仅是对在2020年或更远的未来将会看到的，连接到物联网的实现和部署类型进行的粗浅的描述。

这种复杂性对于保证物联网安全以及确保物联网中的某个特定实例不会被用来当作攻击其他企业系统和应用的中转点而言，是一种挑战。对此，组织必须使用企业安全架构师所提供的服务，他们能够从宏观视角观察物联网。安全架构师需要尽早深度参与到设计流程中，确立在企业物联网系统开发部署的整个过程中都需要遵循的安全需求。不要试图事后整合安全性，这样代价太高昂了。企业安全架构师们通常选择的基础设施和后台系统组件不仅要易于扩展对物联网所生成的海量数据的支持，而且要有能力安全可靠地使用这些数据。图 1-2 展示了一个常见的企业级物联网系统所组成的系统的典型视图，并展现了物联网动态、多样的属性。

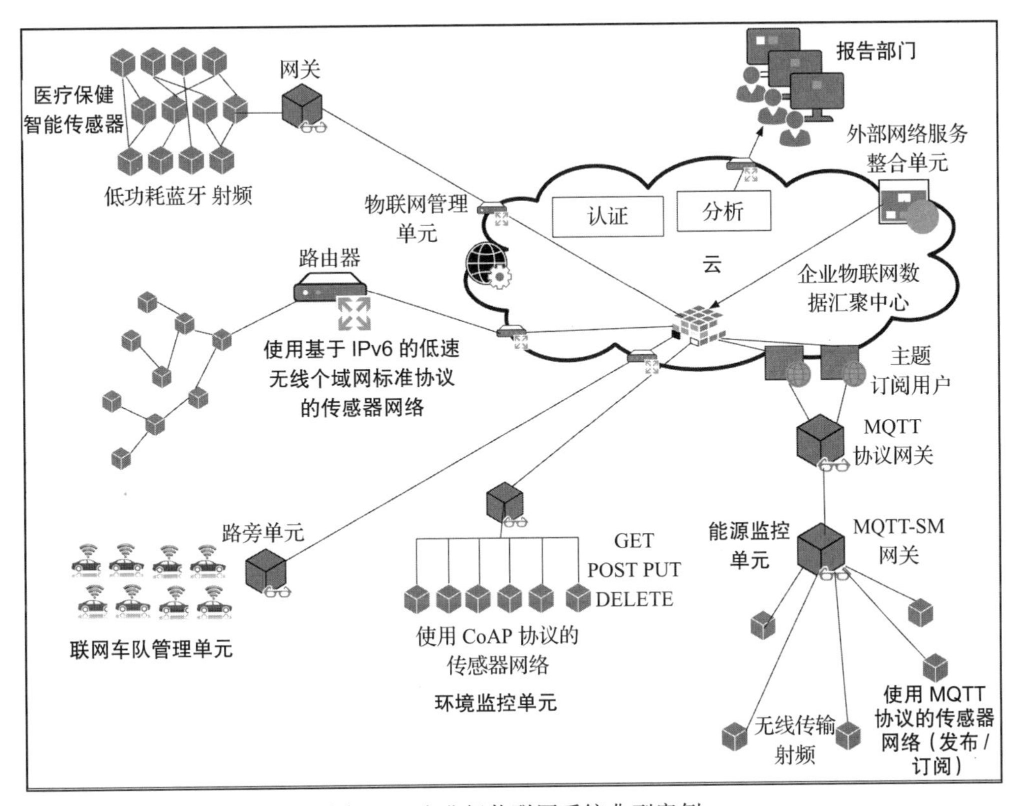


图 1-2　企业级物联网系统典型案例

一般来说，一个物联网部署方案是由智能传感器、控制系统和驱动器、网络和其他云服务、分析单元、报告单元以及一台包括其他组件的主机和用于满足一系列商业应用需求的服务组成的。需要注意的是，在图 1-2 中可以看到，能源物联网的部署模块和联网汽车路旁设备、医疗保健设备以及环境监控传感器一起连接到了云上。这样设计并不是偶然——正如之前所讨论的那样，物联网的一个主要特性是，任何实体都可以连接到每一个个体，反之亦然。完全可以想象，一个医疗生物传感器既与医院的监控系统连接，又要连接到数据分析系统，同时还要与本地和远程能源监控设备和系统进行通信以上报电耗数据。

在企业安全架构师开始设计系统时，将会发现目前的物联网市场所具有的灵活性将赋予他们巨大的创造力，原因在于为了实现商业目标，需要将很多不同种类的协议、处理器和传感器整合到一起。设计方案成熟之后，很显然组织应该考虑对整个企业架构进行调整，从而更好地满足将会收集的海量数据所带来的需求升级。Gartner 预测，随着物联网慢慢成熟，将会开始看到一次传输网络和数据处理中心的设计方面发生的转变：

“物联网的威胁在于，从全球分布的源头将生成海量的输入数据。将这些数据打包成一个整体，传输到一个单点位置来处理，从技术上和经济上来讲不再可行。最近的集中式应用减少花费增强安全性的趋势，并不适用于物联网。组织将被迫从多个分布式的、进行初步数据处理的小型数据中心中汇总数据。然后，相关数据将汇向一个中心站点进行进一步的处理。”

换言之，空前数量的数据将以崭新的方式进行传输。同样，汇集点将在企业物联网所采用的策略中扮演一个重要的角色。目前跨越组织边界共享数据的能力很强大，但在可预见的将来，这样做的理由和能力就显得微不足道了。支持物联网的很多数据分析能力依赖于传感器所搜集的数据相互组合的结果，以及来自于第三方和个人网站的数据。

思考一下微电网的概念。微电网是指独立的能源生产和分配系统，它使得自有经营者能够在很大程度上实现自给自足。微电网控制系统依赖于边界设备自身所收集的数据，比如太阳能电池板或风力发电机组，但该系统也需要互联网上收集的数据。控制系统可以通过一个应用编程接口（Application Programming Interface，API）从本地公共事业公司收集关于电价的数据，该接口使得系统能够确定合适的时机来产生或是从公共事业公司购买（甚至是向公共事业公司回售）能源。同样的控制系统可能需要天气预报数据来预测在某个时间段内它们所安装的太阳能电池板能够产生多少能量。

来自物联网设备的海量数据收集的另一个例子是，无人机系统（Unmanned Aerial System，UAS）——或者称为无人驾驶飞机（drone）——预料中的大量涌现，为人们提供了一个空中平台来部署数据富集的机载传感器。今天，三维地形测绘可以使用价格低廉的无人机来实现，它们可以收集高分辨率图像和相关元数据（如位置、影像信息等），并将其传输给强大的后台系统来进行摄影测量处理和数字模型构建。处理这些数据集属于计算密集型过程，因此不能直接在无人机上进行，因为它不可避免地受到尺寸、重量和电量的限制。这个过程必须在后台系统和服务器中进行。这类应用将持续增长，特别是当各国都在努力将无人飞行器安全地整合到自己的国家空域系统中的时候。

从信息安全角度来说，对一个基于众多新连接点和数据类型的企业物联网实现方案进行测试会非常有趣。这些汇集点会在很大程度上增加企业的攻击面，因此，必须对它们进行彻底的评估，才能理解威胁和最具性价比的安全对策。

企业工程师所面临的另一个物联网方面的挑战是，是否具有安全开展自动化过程和工作流的能力。物联网最强大的能力之一在于，它强调在设备和系统之间开展自动化业务；然而，必须确保系统中设计了足够的信任级别来支持这些业务。不这样做将导致黑客能够将自动化处理过程当作灵活的攻击向量来实现他们的意图。很大程度上依赖于自动化工作流的组织应该用充足的时间来设计其终端强化策略和密码技术支持方案，这些对于确保设备和系统的可信性是非常重要的。这方面的内容通常包括了基础设施的扩展，比如公钥基础设施（Public Key Infrastructure，PKI），这项技术向业务中的每一个终端提供了身份认证、机密性保护和加密证书，从而实现了机密性、完整性和身份认证服务。

### 1.4.1 物联网中的实体

在物联网中存在如此多不同种类的“实体”，以至于很难为每个特定实体的开发过程提出安全建议。为了完成这项任务，必须首先理解设备和实体的定义。ITU-T Y.2060 做了如下定义：

- **设备**：一个具有必需的通信能力和可选的感知、运动、数据收集、数据存储和数据处理能力的装置。
- **实体**：一个物理世界（物理实体）或虚拟世界（虚拟实体）中能够被识别和被整合到通信网络中的对象。

当应用到物联网之中时，实体的一个本质能力是其通信能力。本书将对实体的通信方式和层次加以特别的关注，特别是将这些内容应用于安全领域的情况。其他方面，比如数据存储、复杂处理和数据收集，并不是在所有物联网设备中都存在，但在本书中也会加以介绍。

实体的定义特别有意思，因为它同时涉及了物理设备和虚拟设备。在实践中，已经在云供应商的解决方案上下文环境中了解到了虚拟实体的概念。比如在亚马逊网络服务（Amazon Web Services，AWS）物联网云服务中包含了名为“实体倒影”的元素，它就是物理实体的虚拟表现形式。这些实体倒影使得企业能够跟踪物理实体的状态，甚至在网络连接中断，并且物理实体在线不可见的情况下也可以进行跟踪。

一些通用的物联网实体包括智能家电、联网汽车（车载设备以及路旁安装的单元）、用于盘存和身份识别系统的射频识别（Radio Frequency Identification，RFID）系统、可穿戴设备、有线和无线的传感器阵列和网络、本地和远程网关（手机、平板设备）、无人机系统以及装有传统的低能耗嵌入式设备的主机。接下来将分别介绍物联网设备的通用组成部分。

### 1. 物联网设备的生命周期

在深入研究一个物联网设备的基本组成之前，首先需要说明一下物联网生命周期方面的内容。物联网的信息安全最终依赖于整个生命周期，因此本书旨在为读者提供贯穿大部分生命周期的安全指导。读者将在本书中看到某些术语，这些术语用于指定物联网生命周期中的不同阶段，以及每一阶段相关的参与者。

（1）物联网设备的实现

物联网设备的实现阶段（有时简称为“实现过程”）包括了物联网设备设计与开发方面的所有内容，比如包括了在一个物联网设备的制造与修理供应链中实际的、物理的和逻辑上的设计者。这个阶段主要包括了如下组织：

- **原始设备制造商（或者简单地指“制造商”）（OEM）：**原始设备制造商通常会使用现成的硬件和固件，并根据实际需求调整具有独特物理属性的设备、附件或应用程序。他们将产品打包，并向最终的操作人员发布该产品。
- **板级支持包（BSP）供应商：**这种供应商通常会为原始设备制造商提供定制或现成的硬件和操作系统之间的固件、应用编程接口（API）和驱动。
- **原始设计制造商（ODM）：**通常会向原始设备制造商提供定制的操作系统和操作系统的应用编程接口，可能还会包括原始设备制造商所使用的硬件子模块。

（2）物联网服务的实现

物联网服务的实现阶段是指提供服务的组织通过企业的应用编程接口、网关和其他结构性内容来支持物联网部署。支持这个阶段的组织主要包括以下两种。

- **云服务供应商（CSP）：**这些组织通常至少会提供基础设施作为一个服务。
- OEM：有时候，物联网设备制造商（比如三星）会对自己的基础设施进行操作和管理。

（3）物联网设备和服务的部署

生命周期中物联网设备和服务的部署阶段指的是，使用物联网基础设施进行物联网设备的最终部署。物联网的部署过程通常需要物联网应用供应商、末端服务供应商以及其他业务方共同参与，如图 1-3 所示。这些业务方中有一些可能直接操作自己的基础设施（比如某些 OEM），但是还有一些会使用由亚马逊公司的 AWS 服务、微软公司的 Azure 服务和其他公司的服务所提供的现成的基础设施建议。它们通常在基础设施所支持的顶端提供服务层。

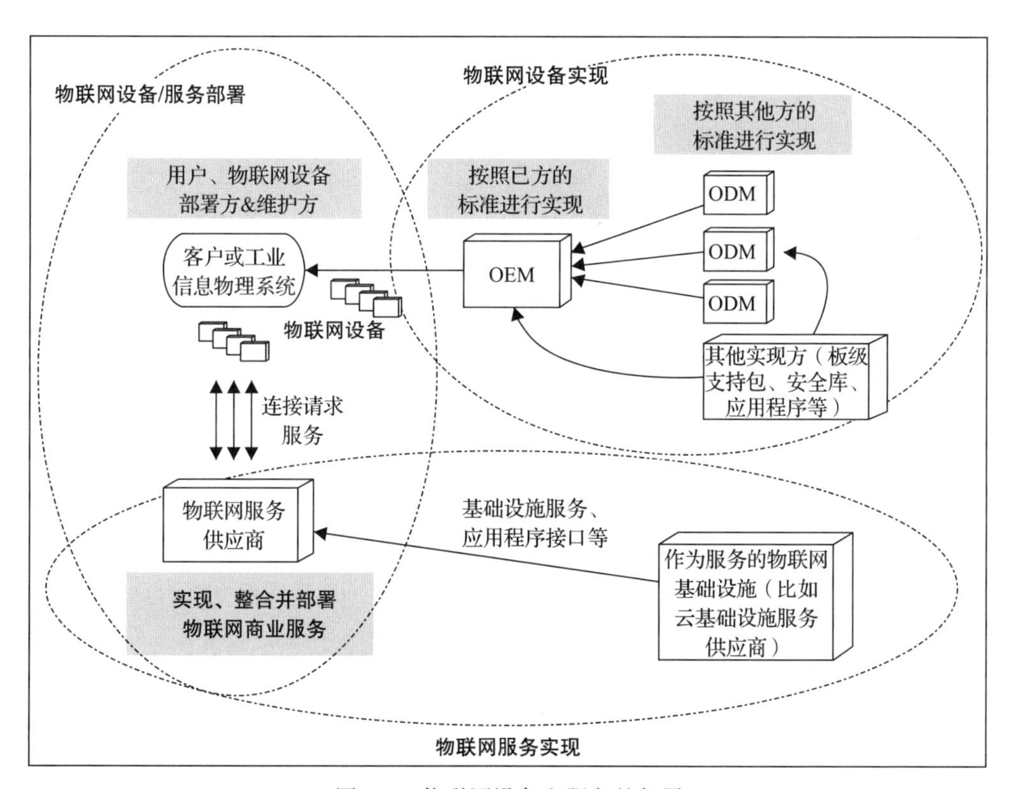


图 1-3　物联网设备和服务的部署

如上所述，本书从安全主题相关的角度，对 3 个简化的生命周期阶段进行了简要介绍。每个阶段都对设备的末端安全及其定制的应用有着深远的影响。

## 2. 硬件

目前市面上有大量流行的物联网开发主板，能够用于制造原型机和提供各种层次的功能。这些主板包括 Arduino、Beagle 主板、Pinoccio、Rasberry Pi 和 CubieBoard，以及其他类型。这些开发主板都包含了微控制器（MCU），它可以作为设备的大脑来提供服务，提供内存，以及大量的数据和分析通用输入 / 输出（General Purpose Input/Output，GPIO）引脚。这些主板可以与其他主板进行组合来提供通信功能、新的传感器、驱动器等，最终形成一个完整的物联网设备。

目前市场上有大量的微控制器能够很好地适用于物联网开发，它们在多种开发主板上使用。微控制器开发中的佼佼者包括 ARM、Intel、Broadcom、Atmel、德克萨斯仪器公司（TI）、Freescale 和微芯片技术公司。微控制器属于集成电路（Integrated Circuit，IC），其中包含了处理器，只读存储器（Read Only Memory，ROM）和随机访问存储器（Random Access Memory，RAM）。在这些设备中内存资源经常是受限的；然而，大量的制造商可以通过为这些微控制器添加完整的网络协议栈、接口以及使用射频通信的蜂窝型信号收发器，使得物联网近乎无所不能。所有这些能力最终造就了片上系统配置和小型子插件板（单片机）。

就物联网中所使用的传感器而言，任何类型都是可能的，例如，温度传感器、加速计、空气质量传感器、电位计、距离传感器、湿度传感器以及振动传感器。这些传感器通常以硬连接的方式接入微控制器，以便进行本地处理、响应驱动，或者依赖于其他系统。

### 3. 操作系统

尽管某些物联网设备并不需要操作系统，但很多还是选择使用实时操作系统（Real Time Operating System，RTOS）来进行进程和内存管理，并且使用支持消息和其他通信的服务。对实时操作系统的选择应基于产品的性能、安全和功能性需求。

选择任何特定物联网组件产品前，都需要针对特定物联网系统的需求进行评估。有些组织可能需要更为复杂的操作系统，具有附加的安全特性，比如分区内核、高可信度的进程隔离、信息流控制，以及与系统紧密结合的密码学安全架构。在这种情况下，一个企业安全架构师应该实现能够支持具有高可信度的实时操作系统（比如绿山嵌入式操作系统，或者 Lynx 软件公司的 Lynx 操作系统）的设备。一些流行的物联网操作系统包括 TinyOS、Contiki、Mantis、FreeRTOS、BrilloOS、嵌入式 Linux、ARM 公司的嵌入式操作系统以及 Snappy Ubuntu 系统内核。

另一些重要的安全属性属于安全配置和安全敏感参数存储方面的内容。在某些情况下，应用于一个操作系统的关于重启的配置设置缺失，具体表现在RAM或其他临时存储设备缺少后备电源。在很多情况下，配置文件存放在临时内存中，这样才能为各种网络和其他设备提供必要的配置，使得设备能够实现其功能并进行通信。更加值得关注的是，当设备重启时，如何对根用户口令、其他账户口令以及存储于设备中的密钥进行处理。以下每一个问题都对安全具有一种或多种影响，安全工程师们需要对其有所关注。

### 4. 物联网通信

在大部分部署规划中，一个物联网设备与一个网关设备通信，网关设备转而再与一个控制器或一个网络服务进行通信。有多种网关设备可供选择，简单一些的比如一台置于物联网终端的移动设备（智能手机），它可以通过一个射频协议（比如低功耗蓝牙协议、ZigBee协议或Wi-Fi协议）进行通信。像这一类的网关设备有时称为边际网关。其他网关设备可能会部署在数据中心更偏中央的位置来支持许多物联网专用或专有的网关协议，比如消息队列遥测传输通信协议（Message Queuing Telemetry Transport，MQTT）或者表述性状态传输通信协议（Representational State Transfer，REST）。网络服务由设备制造商或者从受保护的边界设备收集信息的企业或公共云服务提供。

在很多情况下，一个受保护的物联网设备和网络服务之间的端到端连接可能会由一系列的区域和云网关设备，每一次从外延设备聚集起来的更加海量的数据来提供。最近，Dell、Intel和其他公司将物联网网关设备引入了市场。Systech之类的公司推出了多协议网关设备，此设备通过使用多个天线和接收器使得多种物联网设备能够连接到一起。商业市场上也有更贴近用户的网关设备（也称为集线器），能够为智能家庭通信提供支持。三星的SmartThings集线器（https://www.smartthings.com/）是其中一个例子。

物联网设备也可以进行横向通信，从而实现一些强大的交互特性。要实现互联工作流，需要通过一个应用编程接口与众多不同类型的物联网产品进行通信的能力。为了更好地说明，来想象一个智能家居的例子。当你早上醒来时，你的可穿戴设备通过Wi-Fi网络自动向订阅设备发送起床信号。智能电视打开并转到你最喜欢的新闻频道，遮光帘自动升起，咖啡机开始工作，淋浴器启动，并且在你离开家门之前，你汽车开始根据设置的计时数据预热。所有这些交互过程都可以通过设备到设备的通信来实现，并且这些交互过程很好地说明了将物联网应用于商业中的巨大潜力。

在一个物联网设备及其主机网络中，可能需要使用各种各样的协议来实现消息传输和通信。合适的消息通信协议栈的选择取决于具体系统的应用场景和安全需求。

图1-4中介绍了一些知名协议，物联网设备可以通过实现这些协议来构建一个完整的通信协议栈。

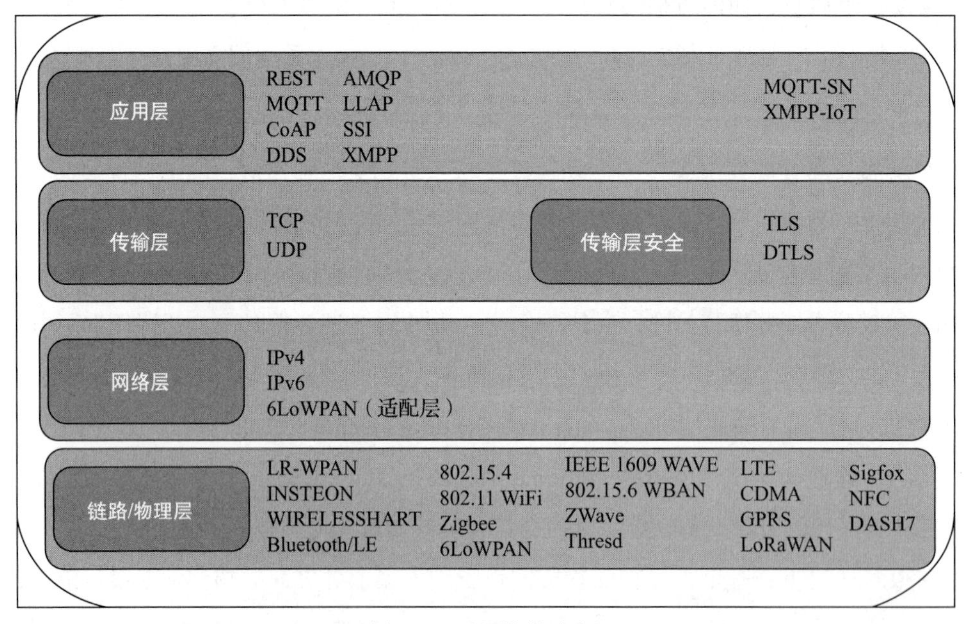


图1-4　通用协议案例

此时此刻，要求制造商实现众多产品的设计以及安全需求是毫无意义的，因为目前物联网正处于初始阶段。很多情况下，在开发的早期阶段可能并没有将安全专家包括进来。尽管有些组织会提出指导意见，但需要重点关注的是，完全适用于物联网的行业规范几乎还不存在。设备所对应的行业可能有其自身对于私密性、传输通信等内容的需求，但是这些需求通常会基于现有规章或合规性要求，比如HIPAA、PCI、SOX以及其他标准。工业物联网可能会在制定急需的安全标准方面为面向用户的组织做出榜样示范。保障物联网实现与部署安全性的早期努力，暂时就像要把方形的钉子钉入圆孔一样。简而言之，物联网具有不同的需求。

## 5. 消息协议

在物联网通信协议栈顶端是用于支持两个终端（通常是客户端和服务器端，或者客户端到客户端）之间进行格式化消息数据交换的协议。诸如MQTT协议、受限应用协议（Constrained Application Protocol，CoAP）、数据分发服务（Data Distribution Service，DDS）、高级消息队列协议（Advanced Message Queuing Protocol，AMQP）以及可扩展的消息在线协议（Extensible Messaging and Presence Protocol，XMPP）运行于低层通信协议的上层，为客户端和服务器端同时提供进行高效协商数据交换的能力。使用REST协议的通信过程也可以在很多物联网系统中高效进行。目前看来，基于REST协议的通信和MQTT协议似乎正在引领潮流。

来源：http://www.hivemq.com/blog/how-to-get-started-with-mqtt

（1）MQTT协议

MQTT协议是一个发布/订阅模型，如图1-5所示。客户端通过该模型订阅主题，并与代理服务器保持不间断的TCP连接。当代理收到新消息时，消息中包含了主题，代理可以据此判断该消息应该发送给哪个客户端。消息通过不间断的连接推送到客户端。

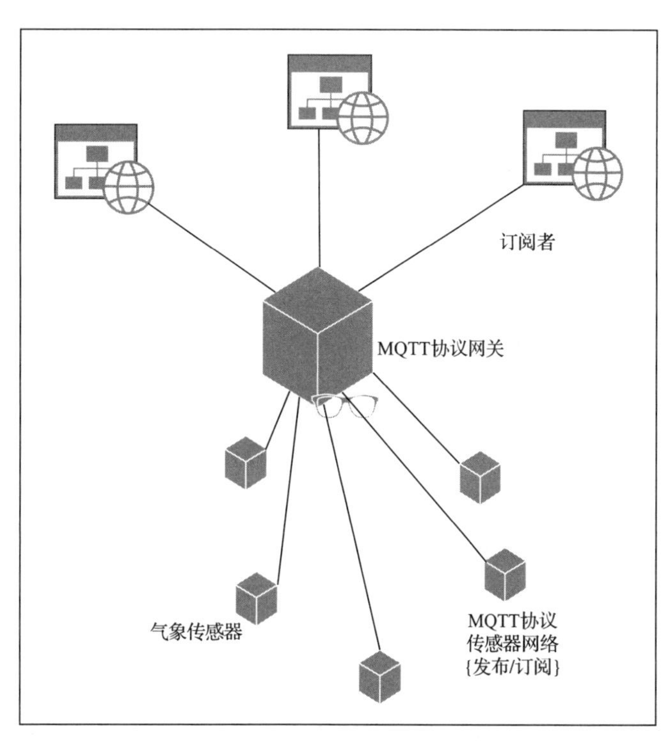


图1-5 MQTT协议

这种结构为各种各样的通信应用场景提供了简洁的支持，其中传感器通过MQTT协议向代理发布它们的数据，代理将其传送给另一个订阅系统，该系统对使用或进一步处理这些传感器数据感兴趣。尽管MQTT协议基本适用于在基于TCP的网络上使用的情况，针对传感器网络的MQTT协议（MQTT For Sensor Networks，MQTT-SN）规范为无线传感器网络（Wireless Sensor Networks，WSN）的应用情况提供了MQTT协议的优化版本。

来源：Stanford-Clark and Linh Truong. MQTT For Sensor Networks (MQTT-SN) protocol specifi cation, Version 1.2. International Business Machines (IBM). 2013. http://mqtt.org/new/wp-content/uploads/2009/06/MQTT-SN_spec_v1.2.pdf

MQTT-SN协议很好地适用于拥有受限的处理和存储资源的使用电池的设备。它使得传感器和驱动器能够在ZigBee协议和类似的射频协议规范之上使用发布/订阅模型。

（2）CoAP

CoAP是另一个物联网消息协议，它基于UDP，针对资源受限的互联网设备（比如无线传感器网络节点）应用场景进行设计，由一组很容易映射到HTTP命令（GET，POST，PUT和DELETE）的消息组成，如图1-6所示。

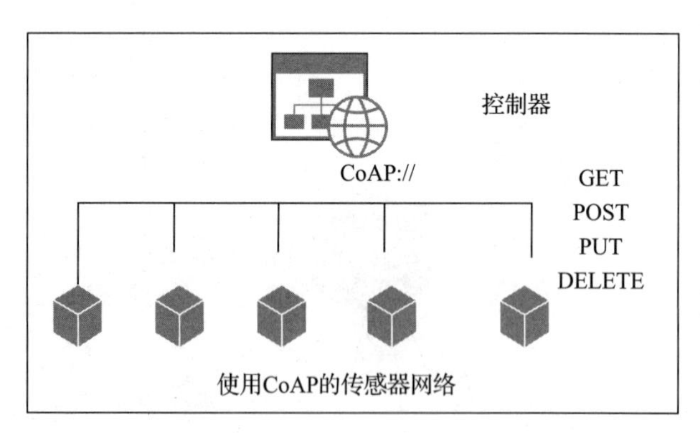


图1-6　CoAP

来源：http://www.herjulf.se/download/coap-2013-fall.pdf

CoAP的实现设备与网络服务器进行通信，服务器使用特别的统一资源标记符（Uniform Resource Indicator，URI）来处理命令。使用CoAP的实现示例包括智能电灯开关，其中开关发送一条PUT命令来改变系统中每个电灯的状态或颜色等。

（3）XMPP

XMPP协议基于可扩展标记语言（Extensible Markup Language，XML），是一种针对

实时通信的开放式技术。它由 Jabber 即时通信（IM）协议演化而来。

来源：http://www.ibm.com/developerworks/library/x-xmppintro/

XMPP 支持在 TCP 传输协议上传送 XML 消息，使得物联网开发人员能够快速实现服务发现和服务广告。

XMPP-IoT 协议是 XMPP 的一个裁剪版本。类似于人与人交流的场景，XMPP-IoT 协议通信过程从好友请求开始。

来源：http://www.xmpp-iot.org/basics/being-friends/

一旦一条好友请求通过了确认，则两个物联网设备就能够无视所在域进行通信。XMPP-IoT 协议中的父节点可以提供一定程度的安全性，它们可以制定规则，指定一个特定的子节点可以信任谁（以及因此可以与谁成为朋友）。物联网设备之间的通信在两者之间没有一条已确认的好友请求的情况下无法进行。

（4）DDS

DDS 协议就像一条用于整合智能机器的数据总线。类似于 MQTT 协议，DDS 协议也使用发布 / 订阅模型，读者可以订阅感兴趣的主题，如图 1-7 所示。

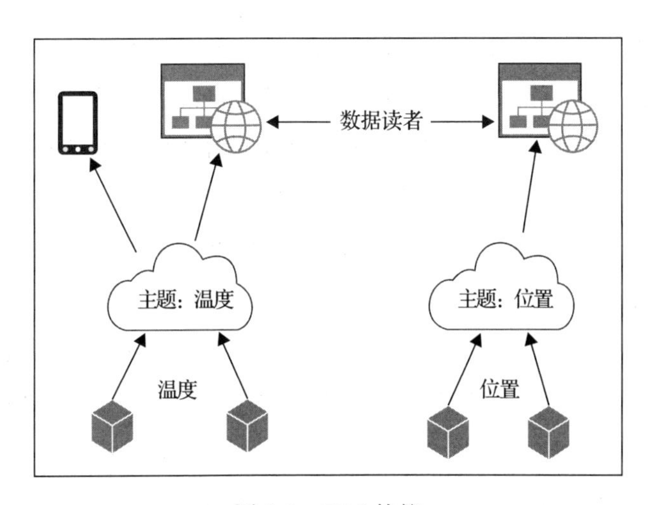


图 1-7　DDS 协议

来源：http://www.slideshare.net/Angelo.Corsaro/applied-opensplice-dds-a-collection-of-use-cases

DDS 协议允许通信过程以匿名和自动的形式进行，因为并不需要终端之间的关系。另外，协议内建了服务质量（Quality of Service，QoS）机制。DDS 协议主要是针对设备到设备之间的通信过程进行设计，应用于包括风电场、医学成像系统和资产追踪系统的部署场景中。

（5）AMQP

AMQP 的设计目的是提供一个队列系统来支持服务器到服务器的通信过程。在应用于物联网的情况下，AMQP 能够实现发布 / 订阅和点到点的基本通信。使用 AMQP 的物联网终端对每个队列上的消息进行监听。AMQP 已经应用于众多领域，比如在交通行业，车辆遥测设备向分析系统提交数据以进行准实时处理。

（6）网关设备

以上所讨论的大部分消息协议规范都需要特定协议的网关或其他设备的实现，来对通信数据进行另一个协议（比如如果数据需要在 IP 层进行路由转发）之上的二次封装，或者进行协议转换。这类协议融合使用的不同方式可能会带来深远的安全影响，比如，可能会向一个企业引入新的攻击面。企业架构设计期间必须对协议限制、配置和堆叠选项进行认真的考量。聘请经验丰富的协议安全工程师进行恰当的威胁模型测试，可能会对这一进程有所帮助。

### 6. 传输层协议

因特网设计使用传输控制协议（Transmission Control Protocol，TCP）进行可靠运行，该协议有助于对跨网络传输的 TCP 分片进行确认。目前，基于网络的通信通常会选择 TCP 作为底层可靠的传输方式。某些物联网设备被设计为使用 TCP 运行，比如某些有足够空间部署完整 TCP/IP 协议栈的产品，可以在安全连接上进行 HTTP 或 MQTT 协议交互。TCP 通常不适用于承受高延迟或有限带宽的受限网络环境。

然而，用户数据报协议（User Datagram Protocol，UDP）提供了一个有用的备选项。UDP 针对无连接的通信过程提供了一个轻量级传输机制（不同于基于会话的 TCP）。很多高度受限的物联网传感器设备支持 UDP。比如 MQTT-SN 协议就是使用 UDP 的 MQTT 协议的一个裁剪版本。其他协议，比如 CoAP，也被设计成能够很好地兼容 UDP。甚至还有一个针对实现基于 UDP 传输的设备的，名为数据报 TLS（Datagram TLS，DTLS）协议的可选 TLS 协议设计方案。

### 7. 网络层协议

IPv4 和 IPv6 协议在很多物联网系统内的不同点发挥着作用。裁剪的协议栈，比如运行于低功率无线个域网的 IPv6 协议（IPv6 over Low Power Wireless Personal Area Network，6LoWPAN）支持在很多物联网设备普遍面临的网络受限环境中使用 IPv6 协议。6LoWPAN 协议支持在较低数据率进行无线互联网连接，从而实现对受限设备规格的高度适应。

6LoWPAN 协议在 802.15.4——低速率无线个域网络（Low Rate Wireless Personal Area Network，LRWPAN）标准的基础上构建，目的是为了创建一个适配层来支持 IPv6 协议。适配层提供了包括带有 UDP 头部压缩功能的 IPv6 协议和支持分片等特性，例如，使得受限传感器能够用来构建自动化安全环境。利用 6LoWPAN 协议，设计者既可以使用 IEEE 802.15.4 标准所提供的链路加密功能，也可以使用传输层加密协议，比如 DTLS 协议。

### 8. 数据链路层和物理层协议

如果研究过物联网可用的众多通信协议，那么一定会注意到一个特别的协议——IEEE 802.15.4，该协议为其他协议提供了重要的基础支撑作用——为 ZigBee 协议、6LoWPAN 协议、无线 HART 协议乃至线程提供了物理层（physicalLayer，PHY）和介质访问控制层（Medium Access Control，MAC）功能。

（1）IEEE 802.15.4 标准

IEEE 802.15.4 标准被设计成使用点对点或星形拓扑结构实现，并且理想情况是用于低功耗或低速环境。使用 IEEE 802.15.4 标准的设备在 915MHz ～ 2.4GHz 范围内工作，支持最高 250Kb/s 的数据率，以及大致 10m 的通信范围。物理层负责管理射频网络访问，同时 MAC 层负责管理数据链路上数据帧的传输与接收。

（2）ZWave 协议

另一个在协议栈的介质访问控制层工作的协议是 ZWave 协议。ZWave 协议支持在网络上传输 3 种帧结构——单播、多播和广播。单播通信（即直接通信）由接收方进行确认；然而，不管是多播还是广播都不需要确认。使用 ZWave 协议的网络由控制端和从属方组成。当然每一方都会有变体存在。比如可能会有主控制端和二级控制端。主控制端拥有添加 / 移除组成网络的节点的能力。ZWave 协议在 908.42MHz(北美)/868.42MHz(欧洲）频率上，以 100Kb/s 的数据率工作，工作范围大概是 30m。

蓝牙 / 智能蓝牙（也被称为低功耗蓝牙或 BLE）是蓝牙协议针对增强电池寿命而设计的进化版本。智能蓝牙通过默认睡眠模式和只在需要时唤醒，来实现省电功能。两种协议都在 2.4GHz 频率范围内工作。智能蓝牙实现了高速调频扩频技术，并且支持使用 AES 进行加密。

来源：http://www.medicalelectronicsdesign.com/article/bluetooth-low-energy-vs-classic-bluetooth-choose-best-wireless-technology-your-application

（3）电力线通信

在能源产业中，无线 HART 协议和 Insteon 之类的电力线通信（Power Line Communication，PLC）技术属于额外的技术，它们工作于通信协议栈的链路物理层。支持 PLC 技术的设备（不要和可编程逻辑控制器相互混淆）可以同时为家庭和工业用途提供支持，而且有意思的是，它们的通信过程可以通过已有的电力线进行直接调制。这种通信方式使得人们不需要次级通信管道就可以对连接电源的设备进行控制和监视。

来源：http://www.eetimes.com/document.asp?doc_id=1279014

（4）蜂窝通信

通信向 5G 发展的趋势将对物联网系统的设计产生重大的影响。在 5G 网络带来更高的吞吐量和支持更多连接的能力的同时，人们将会看到物联网设备与云端直连这一增长的趋势。这将创造新的中央控制器功能，来对在用的有限基础设施所带有的众多地理位置分散的传感器 / 驱动器提供支持。未来，更加强大的蜂窝功能将使得云成为传感器数据馈送、网络服务交互和大量企业应用接口的汇集点。

### 9. 物联网数据收集、存储和分析

到目前为止，已经讨论了组成物联网的终端和协议。尽管对设备到设备的通信过程和协调过程有了很好的保障，但还有更多的机会优化业务流程，改善用户体验，以及在联网设备电源配对时，通过分析数据的能力来增强功能。云端提供了线程的基础设施支持这种配对。

很多公共云服务供应商都部署了物联网服务，能够良好地契合于其云服务。比如亚马逊云服务已经创建了 AWS 物联网服务。这种服务可以配置物联网设备，并使用 MQTT 或 REST 通信协议将其连接到 AWS 物联网网关。数据也可以通过诸如 Kinesis 或 Kinesis Firehose 之类的平台收集录入 AWS 系统。比如 Kinesis Firehose 平台可用于收集和处理大数据流，并且可以转向其他 AWS 基础设施组件进行存储和分析。

云服务供应商在收集数据之后，就可以建立逻辑规则将数据导向最合适的位置。数

据可以被发送用于分析、存储或者与来自其他设备和系统的数据进行组合。对物联网数据进行分析有诸多原因，从试图理解销售模式的趋势（比如指标），到预测一台机器是否会发生故障（预测性维护）。

其他云服务供应商也已进入了物联网市场。微软公司的 Azure 现在有一种特别定制的物联网服务，还有 IBM 和 Google 公司。甚至软件即服务（Software as a Service, SaaS）供应商也开始提供分析服务。Salesforce.com 网站设计了一种定制的物联网分析解决方案。Salesforce 网站利用 Apache 协议栈来将设备连接到云端，进而分析它们的大数据流。Salesforce 网站的物联网云依赖于 Apache 的 Cassandra 数据库、Spark 数据处理引擎、用于数据分析的 Storm 系统，以及用于消息处理的 Kafka 系统。

来源：http://fortune.com/2015/09/15/salesforce-com-iot-cloud/

### 1.4.2 物联网整合平台及解决方案

在不同组织不断构建新的物联网设备和系统的同时，人们看到改善和增强整合能力的需求开始出现。像 Xively 和 Thingspeak 这样的公司目前正在提供灵活的开发解决方案，来将新的实体整合到企业架构中。在智能城市的领域中，诸如 Accella 和 SCOPE 之类的平台，一个“智能城市中基于云端的开放式平台和生态系统”，提供了将各种物联网系统整合到企业解决方案之中的能力。

这些平台为物联网设备开发人员提供了应用编程接口，开发人员可以借此创造新的特性和服务。物联网开发人员正越来越多地在企业 IT 环境中包含这些应用编程接口，以及展示介绍那些易于集成的模块。比如 Thingspeak API 接口可被用于通过 HTTP 通信协议整合物联网设备。这使得组织能够从其传感器上收集数据，分析这些数据进而利用这些数据。类似地，AllJoyn 是来自于 AllSeen 联盟的一个开源工程。它重点关注物联网设备之间的互操作性，甚至是在设备使用不同传输机制的情况下进行互操作。随着物联网的日渐成熟，不同的物联网组件、协议和 API 接口将不断地黏合到一起，来构建一个强大的企业网系统。这些趋势引出了一个问题，即这些系统会有多安全。

## 1.5 未来物联网及其对安全的需求

当如今的物联网革新针对对象、系统和人之间新关系的识别和确立方面不断地挑战极限时，人们仍然不断幻想有一种新功能，能够以空前的规模来解决问题。当人们应用高超的想象能力时，物联网的未来将具有无限可能。这里仅仅是对其进行粗浅的介绍。

## 未来——认知系统和物联网

当前以及未来几年，计算机到设备和设备到设备的物联网保持着难以置信的增长，但濒于消费化的新研究怎么样了呢？未来需要保护什么，以及将如何依赖于当前保护物联网的措施呢？认知系统及其相关研究提供了一份关于未来物联网的感性认识。

十多年前，杜克大学的研究人员展示了对一只机器人手臂进行认知控制，它是通过嵌入一只猴子大脑的顶叶和额叶皮层的电极对神经控制信号进行翻译来实现的。研究人员将大脑信号转换成伺服电极驱动器的输入信息。这些输入信息使得猴子——通过针对操纵杆进行初步的训练——仅仅使用视觉反馈来调整它自身的电机驱动思维，就能实现对一条非生物的机械手臂的控制。这项被称为脑机接口（Brain-Computer Interface/Brain-Machine Interface，BCI/BMI）的技术，正在 Miguel Nocolelis 博士的杜克实验室以及其他相关机构的不断努力下持续发展。在未来，虚弱人群有希望通过在神经修复手术中使用这项技术来重新获得物理机能，他们仅仅通过思想就可以穿戴并控制机器人系统。研究人员还展示了脑对脑功能，这项技术有望通过脑内元件解决广泛存在的认知问题。

大脑感知（通过脑部神经射线摄影技术）信号的数字转换技术，使得认知转换得到的数据可以通过数据总线、IP 网络乃至互联网传输。对物联网来说，关于认知的这类研究预示着，未来，某些类型的智能设备将变得真正聪明起来，因为存在一个人类或其他类型的大脑正在通过脑机接口对设备实施控制或接收信号。或者通过向人脑提供来自千万公里之外传感器的馈送数据将人脑打造成超意识。想象一名飞行员正在操控一架无人机，就好像它是他身体的延伸部分，而飞行员并没有使用操纵杆，仅仅通过一条通信链路传输的思维信号（控制）和反馈（感知）信息，所有必要的飞行控制和调整操作都可以完成。想象一下飞行器的空速通过它的皮托管进行测量，以数字形式传输到飞行员的脑机接口，然后飞行员“感觉”到了这个速度，就像风吹过他的皮肤。物联网的未来并不像它看上去的那么遥远。

现在，假想一下在这样的认知系统中可能需要什么类型的物联网安全，在这个系统中实体指的是人脑和动态物理系统。比如用户应该如何向一个设备认证人脑，或者反过来向人脑认证一个设备？脑机接口发生数据完整性损失，会涉及什么？如果输出或输入信号的时效性和可用性被欺骗、破坏或修改，会发生什么？当思考这样的未来系统，以及它们对于人类意味着什么时，今天看似很大的物联网核心利益就会显得格外渺小。威胁和风险也是如此。

## 1.6　本章小结

本章中展示看到了在物联网的帮助下，世界是如何向着更好的未来发展进步的，还展示了物联网在当今世界上多种多样的应用，然后简要了解了物联网的概念。

在下一章，将学习多种威胁以及可以用来应对这些威胁的对策。

# 第2章

# 漏洞、攻击及对策

本章详尽阐述针对物联网实现方案和部署规划的攻击方法，攻击如何构成攻击树，以及物联网信息物理系统是如何使得威胁环境复杂化的。然后，介绍用于保护物联网的综合性对策的系统方法论。此外，将通过分析物联网技术栈的各个层次，研究其中传统的和独特的漏洞，并对电子和物理威胁交互的新途径进行描述。本章提供了一种经过调整的方法来构建威胁模型，进而向读者展示如何在自己的组织内进行适用的物联网威胁模型构建。

本章通过以下内容，对漏洞、攻击和对策以及相应的管理方法进行了研究探索：

- 威胁、漏洞和风险的简要介绍。
- 攻击与对策的简要介绍。
- 当前对物联网的攻击手段。
- 经验教训以及系统化方法。

## 2.1 威胁、漏洞和风险概述

大量的学术争论引出了关于威胁、漏洞和风险（TVP）的概念相互矛盾的定义。为了保证本章的实用性，在本小节中将首先回顾一下信息安全产业所定义的信息保障五大核心内容。这些核心内容代表了在一个信息系统中处于最高层次的安全保护范畴。随后，将引入对于信息物理系统至关重要的两个附加核心。在相关介绍之后，将继续探索物联网的威胁、漏洞和风险。

### 2.1.1 信息保障的传统核心概念

要在不了解物联网安全的重要子域——信息保障（Information Assurance，IA）的必要组成部分的情况下，讨论威胁、漏洞和风险实践方面的内容基本是不可能的。简单来说，信息保障包括以下几点内容：

- **保密性**：保护敏感信息的安全，避免泄露。
- **完整性**：确保信息不会被意外或故意地隐蔽修改。
- **认证性**：确保数据来自于一个已知身份或终端（一般是符合其身份证明的）。
- **不可抵赖性**：确保一个个体或系统不能在操作之后，否认曾经完成过一个行为。
- **可用性**：确保在需要时信息可用。

要满足一个信息安全目标并不意味着一个组织必须实现以上所有保障需求，比如并不是所有数据都需要保密性保护。信息与数据分级本身就是一个复杂的主题，并不是所有信息都是非常敏感或重要的。为一个设备及其主机驻留的应用和数据构建合适的威胁模型，需要确认一个组织对个体数据元素和聚合形式的数据的敏感性。大量貌似良性的物联网数据集的聚合风险带来了某些最困难的挑战。完善定义的数据分类和组合约束使得特定的安全保障（比如机密性或完整性）能够针对每个数据元素或者复杂的信息类型进行定义。

信息保障的5个核心每一个都可以应用于物联网，因为物联网将信息与一个设备的环境、物理实体、信息、数据源、数据出口和网络混合在一起。然而，基于这几项信息安全保障核心，我们必须引入两条与物联网的信息物理方面相关的安全保障需求，即可快速恢复性和物理安全性。快速恢复与物理安全工程紧密相关，在本小节对二者进行定义和区分。

信息物理物联网的可快速恢复性与信息物理控制系统的快速恢复属性相关：

> “一个可快速恢复的控制系统是指，它可以保持状态正常，并维持可接受水平的正常运转以应对干扰，包括一个非预期的恶意属性威胁。”

来源：Rieger, C.G.; Gertman, D.I.; McQueen, M.A. (May 2009), Resilient Control Systems: Next Generation Design Research, Catania, Italy: 2nd IEEE Conference on Human System Interaction.

信息物理物联网的物理安全定义如下：

“保持物理意义上的安全状态，而不会承受或引发伤害或损失。”

来源：http://www.merriam-webster.com/dictionary/safety

物联网采用信息保障的5个核心和可快速恢复性、物理安全性所组成的集合，昭示着信息物理工程师需要遵循信息安全和物理安全准则，同时关注针对物理安全的故障（错误）树和针对信息安全的攻击树。物理安全设计决策和信息安全控制共同组成了解决方案空间，在该空间中工程人员必须同时关注以下两方面的内容：

- 错误树，最好能够在实践中避免通用模式故障。
- 合适的基于风险的信息安全控制，有助于防范攻击者攻破系统，并在物理安全控制和受物理安全控制影响的系统中肆意加以破坏。

在物联网中需要一种工程方法来将攻击和错误树分析与识别和解决通用模式的故障和攻击向量结合起来。针对任何一种树的孤立观察，可能不再足以应对风险。

### 2.1.2　威胁

区分威胁和威胁源头（或威胁方）非常重要。每一种威胁对应于一种威胁方。比如在小偷潜入你家的场景中，很容易将小偷视为实际的威胁，但实际上更精确而有用的看法是将小偷视为威胁源头（或威胁方）。小偷是一个行动者，怀着各种恶意的企图潜入你的房屋，其中最值得注意的是想要从你身上偷走有价值的资产。在这个场景中，威胁实际上是指可能会发生盗窃，或者更概括地讲是一种攻击发生的可能性。

威胁可能以多种形式存在，既包括自然的，也包括人为的。龙卷风、洪水和飓风可以被视为自然威胁（或者是在很多保险政策的条款中所声称的“不可抗力”），在这些情况下，地球气候充当了威胁方。

物联网威胁包括所有针对物联网设备传入/传出的管理和应用数据的信息安全保障威胁。另外，物联网设备受信息安全和物理安全领域所固有的物理安全、硬件、软件质量、环境因素、供应链以及其他很多威胁的影响。信息物理系统中的物联网设备（比如驱动器、物理感应等）受到物理依赖性和适应性威胁的影响，这些威胁仅仅位于针对计算平台的攻击和毁坏威胁之上。额外的工程准则在信息物理系统中起着作用，比如传统的控制理论、状态评估与控制，以及其他使用传感器、传感器反馈信息、控制器、过滤器和驱动设备来控制物理系统状态的理论。威胁还会以控制系统传输功能、状态评估滤波器（比如 Kalman 滤波器），以及其他内部控制循环设施为目标，这些模块都能够在物理世界中生成直接的响应结果。

### 2.1.3 漏洞

我们使用“漏洞”这个术语来指代存在于一个系统或设备的设计、整合或操作中的缺陷。漏洞一直存在，每天都会发现不计其数的新漏洞。现在，很多在线数据库和门户网站会针对最新公开的漏洞提供自动更新。图 2-1 展示了这些概念之间的关系。

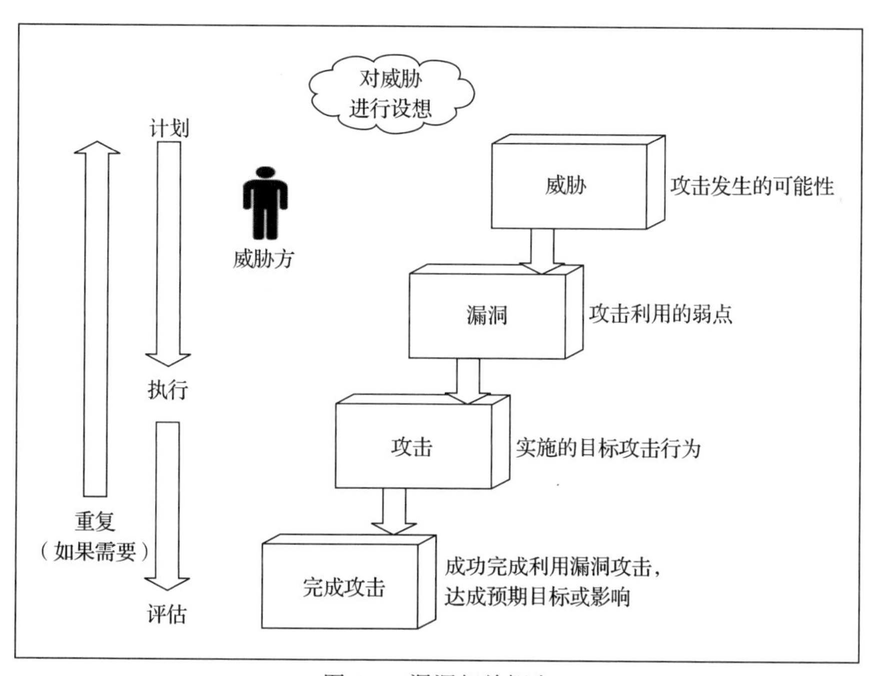


图 2-1 漏洞相关概念

漏洞可能是一个设备的物理保护（比如设备外壳存在弱点，使得攻击者具有擅自改动的能力）、软件质量、配置、协议对于其环境而言的安全兼容性或者是协议本身的适用性方面的缺陷。漏洞几乎涵盖了设备相关的任何方面，从硬件的设计实现缺陷（比如允许对现场可编程门阵列（FPGA）或电可擦除只读存储器（EEPROM）进行篡改）到内部物理架构和接口、操作系统或应用方面的缺陷。攻击者对这些漏洞隐患一清二楚。他们通常会尝试挖掘最简单、代价最小或者能够最快利用的漏洞。恶意攻击在暗网的地盘上催生出了一个利益驱使的独有市场；恶意攻击者很了解投资回报率（Return-On-Investment，ROI）的含义。威胁是指攻击发生的可能性，而漏洞是指威胁方能够实际利用的目标。

## 2.1.4　风险

可以使用定性或定量的方法来评估风险。简单地说，风险就是指某人遭受损失的可能性。风险不同于漏洞，因为它依赖于一个特定事件、攻击或状态的可能性，并且与攻击者的动机有很强的联系。风险还取决于一次单独的原子级别攻破行为，或者一次攻击/攻破事件的完整过程造成了多大的影响。漏洞不直接包含影响或可能性，而是指固有弱点本身。在被攻击利用时，漏洞可能容易利用，也可能很难利用，会导致不同程度的损失。比如一个桌面操作系统可能在其进程隔离逻辑中存在一个很严重的漏洞，不可信的进程可以通过该漏洞访问另一个应用的虚拟内存。这个漏洞可能是可被利用的，而且肯定是一个弱点，但是如果系统被物理隔离，并且从不直接或间接联网，那么这个漏洞可能只会带来很小的暴露风险。另一方面，如果这个平台连接到了互联网上，由于攻击者可以找到实际方法来注入用于利用进程隔离漏洞的恶意Shell代码进而获取主机所有权，风险级别可能会跃升。

风险可以通过威胁模型进行管理，威胁模型有助于澄清以下内容：

- 一次攻击突破所带来的影响和全部代价。
- 目标对于攻击者可能具有多大价值。
- 对攻击者的预期能力和动机（基于威胁模型）。
- 系统漏洞的先验知识（比如在威胁模型构建、公众咨询、渗透测试等过程中所公布的漏洞）。

风险管理依赖于合理采取对策来对抗已知存在的和可能成为潜在攻击利用（威胁）目标的漏洞类型。当然，并不是所有漏洞都可以被提前知晓；未知的漏洞称为零日漏洞。人们知道某些操作系统漏洞存在于Windows操作系统之中，因此，可使用精心筛选的防病毒和网络监控设备来降低暴露的风险。因为采取安全控制策略从来都不是完美无缺的，所以仍然会留下较少量的剩余风险，通常这些风险被称为残余风险。残余风险通常会通过采取其他风险补偿机制（比如保险）来被接受或抵消。

## 2.2　攻击与对策概述

既然已经简要了解了威胁、漏洞和风险的相关内容，那么接下来就来深入研究物联网中所存在的攻击类型和原理，以及它们如何结合起来实施攻击行动的更多细节。在本小节中，还将介绍攻击树（以及错误树）来帮助读者设想并揭示现实世界中攻击是如何发生的。希望这些内容能在更广泛的威胁模型构建活动中得到更大范围的采纳和使用，而不是像本章后续的威胁模型示例那样。

### 2.2.1　通用的物联网攻击类型

本书中涵盖了很多攻击类型，下面列出了与物联网相关的最重要的一些类型：

- 有线 / 无线扫描映射攻击
- 协议攻击
- 窃听攻击（破坏机密性）
- 密码算法和密钥管理攻击
- 伪装欺骗（认证攻击）
- 操作系统与应用完整性攻击
- 拒绝服务与干扰
- 物理安全攻击（比如改装、接口暴露等）
- 访问控制攻击（权限提升）

以上攻击只是现实存在的攻击类型的一个小型代表样本。在现实世界中，大部分攻击都需要针对一个特定已知漏洞进行高度定制。一个未被广泛知晓，同时针对性的攻击利用手段通常已经被开发出来的漏洞被称为零日漏洞，许多攻击可能会利用这样的漏洞，而且很多攻击可能会为此在互联网上共享。完善部署的安全控制模块对于降低攻击者对漏洞进行攻击利用的可能性和严重程度是至关重要的。图 2-2 展示了由攻击、漏洞和控制所组成的生态系统。

针对物联网系统的攻击类型将随着时间不断增长，并且在某些情况下将像在不断发展的网络安全行业中所见到的那样，按照利益驱动的趋势发展。例如，如今在恶意软件行业中存在一种令人不安的趋势，即攻击者使用密码算法对受害人的个人硬盘数据进行加密。然后，攻击者以恢复解密数据为名进行敲诈。这种恶意软件被称为勒索软件，在物联网领域中存在这种攻击的可能性是令人恐惧的。设想一下，一个恶意攻击者对物理基础设施或媒介设备实施勒索攻击。用户接到通知声称他的起搏器已经不知不觉地被攻破了，受害人收到一个短暂而又非致命的震颤从而证明情况属实，然后他被命令立刻向一个目标账户转账，否则就有遭受一次完备的潜在致命攻击的风险。再设想一下汽车，车库门开启（在你度假期间），以及恶意行动者为了勒索而进行的其他潜在活动。在物联网领域必须认真对待这些攻击类型，而不能将其视为专家的臆想搁置起来。安全产业的最大挑战是找到当前现有的方法来对抗明天可能的攻击。

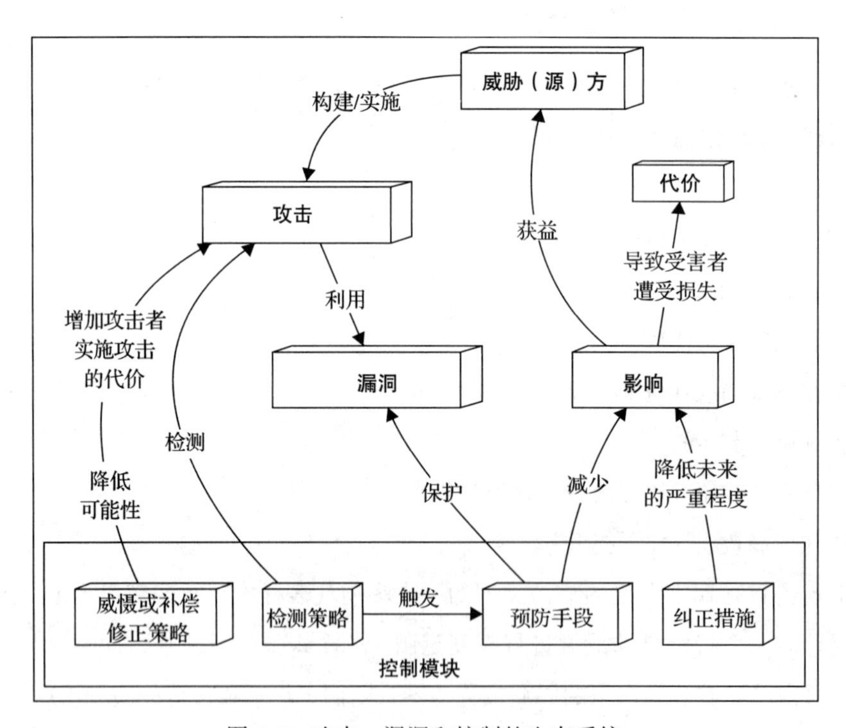


图 2-2 攻击、漏洞和控制的生态系统

## 2.2.2 攻击树

在安全行业很容易找到最新、最强大的漏洞利用和攻击方法。人们经常不带任何真正的特异性和严肃性地提起攻击向量和攻击面。如果攻击向量和攻击面是明确的，那么通常会以新闻报道或出版物的形式出现，这些内容由安全研究人员发布，主要是关于正常网络环境中所发现的新零日漏洞，以及这些漏洞针对某个目标的利用方式。换言之，关于攻击向量和攻击面的众多讨论都是简单而不受规范约束的。

针对设备或应用的一次简单攻击就为攻击者带来巨大的价值是可能的，攻击形式可能是为了产生物理影响而对设备进行信息破坏操控，或者是将设备网络的关键节点转移到其他位置的机会。然而在实践中，一项攻击通常是一次有组织的行动或系列子攻击及其他活动的一部分，每一阶段都从各种智能方法（比如人类社会工程学、资料搜集、扫描、互联网研究、熟悉系统等）中仔细挑选方法来实现。设计用来实现其近期目标的每一项活动都有一定程度的困难、代价和成功概率。攻击树能够辅助人们对设备和系统的这些特性进行建模分析。

攻击树是一种概念图，可以用来展示一项资产或目标可能被攻击的方式（https://en.wikipedia.org/wiki/Attack_tree）。换言之，当需要真正理解一个系统的安全态势，而不仅仅是下意识地为最新被轰动报道的一时流行的攻击向量而担忧时，就是时候构建一棵攻击树了。一棵攻击树能够帮助组织对漏洞序列进行设想、交流并形成一个更加现实的理解，这些漏洞可能会为了某些最终效果而被利用。

下面来看如何构建一棵攻击树。

如果之前没有做过类似的工作，那么构建一棵攻击树可能看起来像一项令人畏惧的任务，很难想象应该从何处入手。首先，需要一个工具为树构建模型以及对其进行分析。一个例子是 SecurITree 软件，这是一款由加拿大的 Amenaza（西班牙语单词，意为“威胁”，公司网址为 http://www.amenaza.com/）公司发布的基于能力的攻击树模型构建工具。或许最好通过一个简单实例来描述构建一棵攻击树的过程。

假设一个攻击者想要实现在航行期间对无人机系统，即一架无人机进行重定向的总体目标。图 2-3 展示了要实现该目标的攻击树顶层活动。

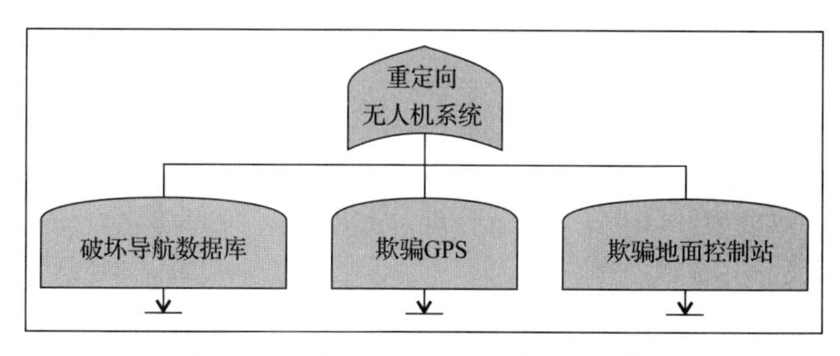


图 2-3　实现无人机攻击树的顶层活动

读者可能注意到了两个常用的逻辑操作符，分别是“与（AND）”（平滑圆顶）和“或（OR）”（尖顶），内容为“重定向无人机系统”的根节点代表了最终目标，它是由一个或操作组成的。这意味着该节点的任意一个子节点都可以满足这个最终目标。在这种情况下，攻击者可以通过以下任何一种方法来重定向飞行器。

- **破坏导航数据库**：一个导航数据库用于定位指定位置的具体空间方位（经度、纬度以及通常的平均海平面以上高度）。在实践中，有很多可能的途径能够用于攻破一个导航数据库，比如直接针对飞行器，或针对其地面控制站，乃至在导航和绘图供应链（这对于载人航空飞行器同样适用，因为商务航班的机舱计算机都使用外部导航数据库）中动手脚。
- **欺骗 GPS**：在这种情况下，攻击者可以选择实施一次基于射频的活跃 GPS 信号攻击，在这种攻击过程中会生成并传送虚假的 GPS 定时数据，无人机将会把这种数据翻译成一个虚假位置。作为响应，无人机（如果实在自动巡航模式下）将在不知不觉中基于它错误理解的位置进行导航，并且按照一条被攻击者恶意设计的路线航行（请注意，在此假设无人机并没有正在使用机器视觉或其他的无源导航系统。）
- **欺骗地面控制站（GCS）**：在这个选项中，攻击者可以找到一种方法来欺骗无人机的合法操控者，并且试图发送恶意的路由命令。

现在将攻击树稍微展开一点（每个节点底部指向一条水平线的小箭头，代表该节点可展开）。此处以展开“破坏导航数据库”这个目标节点为例，如图 2-4 所示。

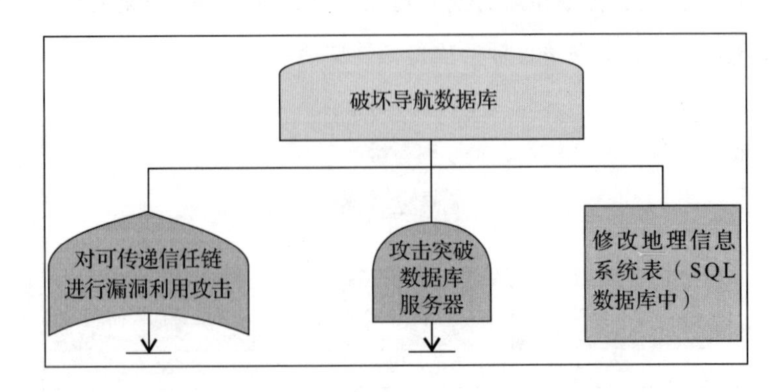


图 2-4　展开“破坏导航数据库”这个目标节点

这个“破坏导航数据库”节点是一个与操作，因此，其每个子节点必须都满足才能实现该目标。在这种情况下，需要进行以下每一项工作：

- 针对可传递的信任链关系进行漏洞利用的一些攻击，攻击者需要利用这些攻击渗透进入导航数据库的供应链。
- 针对导航数据库服务器的攻击突破。
- 对导航数据库中的地理信息系统表（Geographic Information System，GIS）进行修改（比如告诉无人机，它的目的地在东北方向 100 米且低于其实际目的地的位置，那么它可能会恰好撞向地面或建筑物）。

其中两个节点“对可传递信任链进行漏洞利用攻击”和“攻击突破数据库服务器”每一个都有子树，第三个节点“修改地理信息系统表”没有子树，因此此节点被称为一个叶子节点。叶子节点代表模型中的实际攻击向量入口点，即攻击者的活动，同时其父节点（与或节点）或者代表特定的设备状态和系统状态，或者代表攻击者通过其活动可能实现的目标。

展开“对可传递信任链进行漏洞利用攻击”节点的子树，得到如图 2-5 所示的内容。

不需要对每个节点的细节进行深入研究，很显然构建一棵实际有用的攻击树需要进行认真的思考。总的来说，树可能会有非常简单或复杂的子树。一般地，子树越复杂，越需要在隔离主树的情况下对其进行分析，这个过程称为“子树分析”。在实践中，要保证攻击树模型构建过程足够的严谨性，需要每个子树领域中许多专业人员的协作。强烈建议攻击树模型构建应该作为物联网系统（或设备）安全工程的一个必要部分。

SecurITree 工具能够完成比简单创建一棵树图更加深入的工作。工具交互能够通过建立如下指标来帮助用户完成对每一个攻击目标的建模工作：

- 攻击者的能力，比如技术能力、其容易理解的属性、攻击代价等。
- 行为与概率。
- 攻击对受害者的影响（需要注意的是，当子树的影响汇集到根节点时，最终的影响可能会非常巨大）。
- 攻击者所得的利益（通过造成预期的影响获得）对攻击具有驱动性的影响。
- 攻击者可能受到的损害对攻击来说属于消极因素。

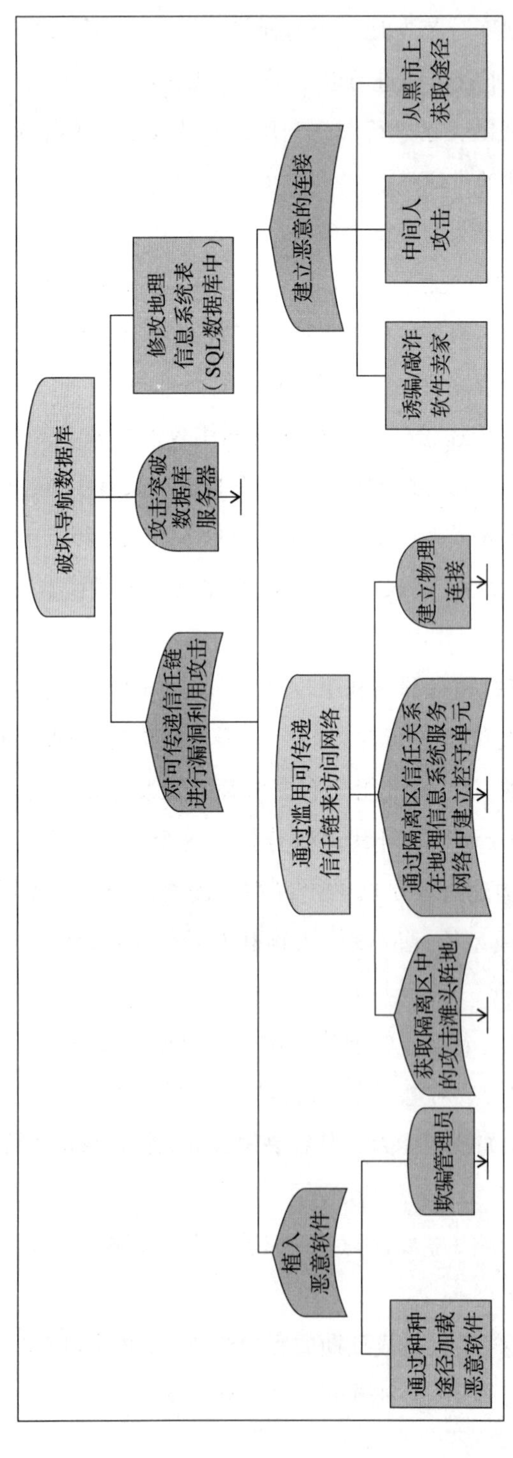


图 2-5 “对可传递信任链进行漏洞利用攻击”节点的子树

在将这些数据输入之后，真正的乐趣将在分析和报告中诞生。基于所有可能的树遍历路径，以及用于定义每一个攻击目标的逻辑操作，工具将计算每一个攻击向量（攻击场景）。对于每一个攻击场景，攻击的总体代价、可能性以及总体影响将被计算，然后这些信息将按照所选择的标准进行排序。需要注意的是，哪怕是一棵普通尺度的攻击树，也可能生成几千、几万或数十万种攻击场景，然而并非所有的场景都值得注意或可能发生（逐渐将攻击场景的集合减少到只包含最重要的场景，这个过程被称为约简）。

在攻击场景生成之后，值得关注的报告可能会被生成，比如一张显示意愿和能力之间比率的图表（针对所分析的攻击场景）。图表中曲线的倾斜程度显示了选定攻击型心理中值得关注的方面，譬如在面临能力限制的情况下，会针对哪些扩展方向继续开展攻击。这些信息在选择并优先处理安全控制问题以及所选择的其他对策方面将会非常有用。其他报告可能也会生成。比如累积风险将作为所计算的攻击场景数量的一个功能（基于每一个场景的功能），针对一个给定的时间段进行图表显示。

SecurITree 工具还有很多有趣、有用的特性。关于使用该工具的建议主要有以下几点：

- 将树分割成相互隔离的文件（子树），并且让专业人员在每一个子树域（不管是在组织内部还是外部）中维护与他们相关的内容。在某些情况下，一些子树会保持相对静态，它们可能会在攻击树指标保持一致的情况下，在公司和行业之间进行共享。
- 将树和子树添加到版本控制系统中，并且每当主系统设计发生变化时，或者任何可能影响物联网设备、系统或部署威胁类型的内容发生变化时，树和子树也要随之更新。
- 创建并维护（还是在版本管理中）攻击者描述。它们可能会随时间发生变化，特别是在部署环境开始收集新的更有价值的敏感信息类型时。甚至公司的发展和资金都可能会影响攻击者描述。

现实世界中的攻击可能会在攻击树中引入大量的反馈循环。针对多种中间设备和系统——每一种都被称为一个关键节点——的系列攻击和突破，可能会使得攻击者达成其最终目标。这肯定是你所不希望的。

然而要记住的是，物联网信息物理方面的内容，为根节点引入了新的攻击特性，以及可能远比数据泄露、拒绝服务和其他传统网络威胁还要严重的目标。新的攻击可能会选择物理世界的交互过程，以从关闭电灯到停止人类心跳的控制过程作为目标。

为此，我们还必须讨论一下错误树的相关内容。

### 2.2.3 错误（故障）树和信息物理系统

关于错误树的讨论放在介绍攻击及对策的章节中似乎不太合适。到目前为止，攻击树对于物联网实现和部署组织的价值，读者应该很清楚了。很显然，攻击模型越精确，据此所作出的决策就越准确。然而，单独试用版攻击树并不足以对很多新物联网范式的相关风险进行特征化描述。在第1章介绍了信息物理系统，它是物联网的一个子集。信息物理系统代表着一个令人不安的领域，在这个领域中物理安全和信息安全工程规范必须互相结合协调，从而生成能够同时应对物理安全和信息安全风险的工程解决方案。

物理安全和可靠性工程原则的模型构建工具被称为错误树（也被称为故障树），它被用于错误树分析（Fault Tree Analysis，FTA）过程中。除了表现形式方面以外，错误树与攻击树非常不同。

错误树最早于20世纪60年代在贝尔实验室开始应用，为美国空军在民兵I型弹道导弹工程中查找定位和解决经常发生的可靠性故障提供支持（https://en.wikipedia.org/wiki/Fault_tree_analysis）。此时，导弹系统——特别是它们的早期指导、导航和控制子系统设计——很容易频繁发生故障[⊖]。从那时起，错误树分析被引入航空航天的其他领域(特别是商用飞机的设计与验证)，并且目前在很多需要实现极高级别安全保障的行业中使用。比如美国联邦航空局（Federal Aviation Administration，FAA）安全需求规定，飞机制造商必须在商用飞机验收期间证明他们的设计能够满足故障率低于$1\times10^{-9}$（十亿分之一）。要实现如此低的故障率很多飞机系统中都会设计冗余的显著水平（某些情况下需要3倍甚至4倍的显著水平）。风险管理很多需要调整的内容（比如在美国联邦航空局的飞机验收过程中）都在很大程度上依赖于错误树分析。

#### 1. 错误树和攻击树的区别

攻击树和错误树的主要区别在于用户如何进入并遍历树，具体如下所述：

⊖ Drew的祖父Lt. Col. Arthur Glenn Foster，在20世纪60年代曾就职于加州范登堡空军基地，负责对民兵系列和泰坦Ⅱ型环球洲际弹道导弹的命令控制。至今他家还流传着很多故事，它们是关于在加州美丽中央海岸着陆的这些火箭所频繁发生的重大故障的。

- 错误树并不是基于精心编排的攻击行为来构建的，在错误树中，一个智能实体经过慎重考虑可以随意进入树的多个叶子节点。
- 错误树可以基于随机过程（故障 / 错误发生比率），从每个叶子节点经过所依赖的中间节点进行遍历。
- 错误树的每个叶子节点完全独立（错误随机发生，且彼此相互独立）于树的所有其他叶子节点。

大体上，一棵错误树可以描述飞机制动系统可能发生自发性故障的概率。

在之前所介绍的 SecurITree 工具中，用户也可以生成错误树。为此，用户必须为输的叶子节点定义一个概率指标。通过指标图表，可以为叶子节点发生的事件 / 行为输入一个概率（比如 1/100、1/10 000 等）。

### 2. 将错误树分析与攻击树分析结合起来

攻击树分析和错误树分析相结合的方法仅存在于文献中，但重要的研究工作正在不断发现新的有效途径，来针对使用信息物理系统的物联网实现综合树分析。需要一个流程来辅助物理安全和信息安全工程，在意识到可能存在不同攻击模式的情况下，以一种方式来指导系统的故障统计模式。需要解决的一个问题是，分析可能会产生巨大的状态空间，以及要求结果对制定最佳对策具有可用性和可控性所带来的挑战。

在牢记这些挑战的前提下，高物理安全和信息安全保障目前仍可以通过以下建议来实现：

- 将错误树分析整合到物联网中的安全关键设备和系统工程方法中（目前很多物联网实现方案可能并没有这样做）。
- 确保实际期望的物联网应用实例在错误树分析中表现出来了。例如，如果一个设备的电源过滤和供应模块发生故障或者引发欠电压的情况，它的微控制器会自动停止，还是会在不稳定行为的高风险下继续工作？在处理器中维护电源供应的临界值是非常标准的设计，但是是否设计了一个冗余的备用电池，能够让设备在需要时——比如用在一台安全至关重要的医疗设备中——继续正常工作？
- 在实施容错设计时（比如内置的冗余组件等），确保安全工程师参与其中。安全工程师应该通过确定冗余、网关、通信协议、终端和其他主机、环境，以及攻击突破其中任意设备的无数种可能途径，最终为设备（或系统）构建安全威胁模型。

- 在安全工程师确定必要的安全控制模块时，判断控制模块是否影响容错设计特性或所需的基本功能和性能。这是有可能发生的，比如发生在时敏安全遮断 / 中断机制中。安全工程师可能想要对数据总线或网络进行引发延迟的通信流扫描，但所引发的延迟可能会导致物理安全功能响应过于迟缓，最终导致灾难性的后果。解决方法是存在的，比如可以让定时信息通过备用线路进行传输。
- 物理安全 / 信息安全相结合所带来的最可怕的威胁是，攻击者可能会明确以一个物理安全设计特性为目标。比如攻击者可能会以一个用于处理电压或温度界限，以及防止热力系统发生崩溃的微控制器为目标并实施攻击使之瘫痪。冗余设备也可能成为攻击目标，因此当其他目标攻击同时或依次发生时，故障发生的概率将猛增。在这些情况下，物理安全和信息安全专业人员需要联合起来，共同认真思考：
  - 不会破坏所需信息安全控制的物理安全策略。
  - 不会削弱物理安全控制的信息安全策略。
- 这并不总是一件容易的事情，在某些情况下我们不得不妥协，这可能会在物理安全和信息安全两个领域造成可以承受的残余风险。

### 2.2.4　一次致命信息物理攻击的实例剖析

为了展示物联网的信息物理系统范畴中的一个攻击树场景，本小节着重介绍了一个假想信息物理攻击的灾难性示例。很可能大部分读者对于 Stuxnet 蠕虫病毒很熟悉，它以伊朗用于将铀材料提炼至可裂变级别的信息物理系统为目标。Stuxnet 蠕虫病毒在对伊朗目标造成极大破坏的同时，并没有引发物理安全故障。Stuxnet 致使工业控制进程发生故障，这导致铀材料提纯率陷入停滞状态。不幸的是，Stuxnet 蠕虫病毒——极有可能是由国家力量进行研发传播的——只是伴随针对信息物理系统的攻击而来的乱世序幕。要记住，以下所介绍的假想攻击并不是没有价值的，一般情况下它也需要国家层面上的资源支持。

正如在第 1 章中所提到的，信息物理系统是由多种多样的联网传感器、控制器和驱动器组成的，它们共同组成了一个独立或分布式的控制系统。在航空界——一个长久以来由物理安全驱动的行业——容错工程技术已经取得了惊人的成就；从根源上发生的众多经验教训引发了对很多悲剧的分析研究。喷气式发动机的可靠性、机身结构的完整性、航空电子设备的快速恢复能力，以及流体力学和电传飞行系统的可靠性，这都是现代喷气式飞机设计制造中需要考虑的元素。美国航空无线电技术委员会（RTCA）标准 DO-178B 中所制定的航空软件保障需求，是对某些经验教训的证明。不管是软件的容错特性、额外的冗余设备、机械或电子设计特性，还是软件保障的提升，物理安全方面的进步已经使得故障率成功降到 $1 \times 10^{-9}$ 以下，这是现代物理安全工程史上的一个奇迹。然而，物理安全工程需要在发展轨迹方面与信息安全工程加以区分；就物理安全工程自身而言，在以下攻击场景中它可能只能提供少量的保护。

在介绍这个信息物理系统攻击示例的过程中，重点关注了应用于计划、执行和针对此类攻击的防御中的工程规范之间的汇集融合。由于这种攻击目前来说是不可能发生的，所以在这里描述它的目的是为了着重介绍系统交互的复杂性，攻击者可能出于恶意目的对其进行攻击利用。攻击的顶层流程如下：

- 先决条件：
  - 攻击者事先拥有或获取重要的机载航空电子设备系统的相关知识（注意，有很多公司和国家拥有这方面的知识）。
  - 攻击者针对目标飞行器研发定制控制系统利用攻击工具。攻击传递流程包括了自动在飞行器系统上执行的恶意设计。
- 攻击者对一家航空公司的地面维护网络进行攻击突破。该网络中存放了航空公司从飞机制造商处下载的最新的航空电子设备软件负载。维护人员从网络中将航空电子设备的补丁载入客机的综合模块化航空电子设备（Integrated Modular Avionics，IMA）系统中。
- 攻击者利用所选择的攻击利用传递机制，在物理或逻辑层面对飞行器的合法软件/固件二进制程序（来源于制造商）进行篡改。目前，它仍需要机务人员通过平台才能载入机载航空电子设备的硬件中。
- 上传软件更新。恶意代码开始运行，并通过对控制器进行重新编程开始实施攻击利用过程。攻击利用工具是一个新的微控制器二进制程序，它能够针对控制系统的内循环过程执行逻辑功能。特别地，它包含了对控制器的陷波过滤逻辑的一个重写过程。

- 恶意的微控制器二进制程序覆盖了陷波过滤机制，这个过程瘫痪了系统用于抑制飞行器自然和调和的结构性频率（想象一下将翅膀弯曲，释放并观察一秒钟的撞击运动——这就是正常情况下想要抑制的自然频率）的俯仰模式（开启 / 关闭）。由陷波过滤器实施抑制的正常频率不再起作用，它被一个相反的响应所取代，即对其正常频率进行结构性激发。
- 飞机开始航程，并在起飞后遭遇短暂轻微的颠簸（请注意，遭遇颠簸可能并不是一定发生的事情）。颠簸使得机翼进入自然振动的模式，这种振动在正常情况下会被控制系统的陷波过滤器所抑制。反之，振荡刺激了机翼的自然调和模式；控制器的激发响应增大了振幅（机翼失去控制，剧烈的上下振动倾斜），最终导致机翼发生灾难性的结构故障和解体。
- 机翼结构发生解体，导致飞机坠毁。攻击者的最终目标达成。

既然已经引起了注意，那么必须重申一遍，这是一次发生可能性极低，而且极其复杂的攻击过程，想摧毁一架飞机有简单得多的方法。然而基于攻击者的动机，针对信息物理系统的攻击将会随着时间变得更加有吸引力，并且控制系统的网络化进程将为获取初始攻击据点提供新的攻击向量。令人难过的是，这样的攻击——不管是针对运输系统还是智能家电——将会随时间变得更为可行，除非已经讨论过的跨规程物理安全和信息安全协作成为标准实践并得到继续发展完善。

如前所述，存在很多对策可以防范针对飞机控制系统的攻击。例如，如果制造商使用密码算法对所有航空电子设备上的二进制程序进行签名，那么端到端的完整性可以得到保护。如果航空电子设备制造商仅仅使用循环冗余码校验（Cyclic Redundancy Check，CRC）进行保护，那么攻击者可能会找到简单途径实现绕过（CRC 是为了检测偶发性故障引起的完整性错误而设计的，而不能检测精心构造的完整性攻击）。如果二进制程序都利用密码算法进行了完整性保护，那么攻击者将发现，要在不引发安装和系统加电过程中完整性检查失败的前提下对代码进行修改是十分困难的。重新设计的控制器逻辑将很难被注入。在物理安全领域，通常使用 CRC 码就足够了，但在信息物理系统的信息安全领域，这样做是不够的，在信息安全领域应该尽可能地实现增强的端到端信息安全。简单地通过一条加密保护的网络连接信道（比如 TLS 协议通道）传输航空电子设备上的更新二进制程序，这无法实现对二进制程序进行从制造商到飞机端到端保护的目标。TLS

协议的加密连接通道，无法满足确保二进制程序没有在它的配送供应链中被篡改这一端到端需求。这个链条从编译和构建（根据原始的源代码）过程，一直延伸到航空电子设备上进行的软件加载、加电和自检过程。

在实践中，物理安全工程中的某些元素，比如三重或四重冗余控制器和独立数据总线，能够帮助缓解某些信息安全威胁。之前所描述的不太现实的攻击示例可以通过冗余控制器以及覆盖恶意命令的命令行输入方法来防范。然而，冗余组件在信息安全领域中并不是绝对保险的，因此，不要因为技术公司和政府部门而放弃你所怀疑和关切的内容。在特定的时间、资源和动机下，一个聪明的对手可能找到方法来故意引发物理安全工程师口中所谓的通用模式故障。通过精心构造，甚至设计中的容错特性——用于防止发生故障的方法——都可能转化为武器来引发故障错误。

## 2.3 当前对物联网的攻击手段

为了实现改善物联网安全状态的目标，当前研究人员已经对很多针对商用物联网设备的攻击进行了大量的研究分析工作。这些攻击通常都引起了广泛的关注，并多次引发了正在测试设备的安全态势发生改变。负责地讲，这类白帽和灰帽测试是有价值的，因为它能够帮助制造商在黑客出于不友善的目的利用漏洞实现广泛的攻击之前对漏洞进行处理修复。然而，这对于制造商来说通常是个苦乐参半的消息。很多制造商都在努力考虑如何对安全研究人员所报告的漏洞进行恰当的回应。某些组织通过诸如 BuildItSecure.ly 之类的研究组织，积极谋求研究社群的帮助。在这样的研究社群中，志愿者们应开发人员的请求，关注于发现软件或硬件实现中的漏洞。有些组织制定执行自己的漏洞报告奖励计划，鼓励安全专家发现并报告漏洞（并且因此获得奖励）。然而，还有一些组织选择无视针对他们的产品所报告的漏洞，或者更糟的是，试图起诉相关的研究人员。

2015 年，研究人员 Charlie Miller 和 Chris Valasek 对一辆 2014 款切诺基吉普车进行了一次攻击，这次攻击流程受到了广泛的关注。两位研究人员的发现在他们的报告《Remote Exploitation of an Unaltered Passenger Vehicle》中进行了完整的细节描述。

*来源*：Miller, Charlie and Valesek, Chris. Remote Exploitation of an Unaltered Passenger Vehicle. 10 August 2015. http://illmatics.com/Remote%20Car%20 Hacking.pdf.

他们的攻击是针对发现联网汽车弱点的一系列研究的一部分。两人的研究随着时间不断深入，并且伴随着加州圣地亚哥大学（University of San Diego，UCSD，）中进行的后续工作。针对吉普车的攻击过程依赖于大量的因素，它们共同作用，使得研究人员能够实现对车辆进行远程控制的目标。

机动车辆实现了控制器区域网络（Controller Area Network，CAN）总线，它使得名为电子控制单元（Electronic Control Unit，ECU）的独立元器件能够进行相互通信。ECU组件的例子包括物理安全关键组件，比如制动系统、动力转向等。CAN总线一般不会使用信息安全准则来确认总线上传输的消息来自于一个认证源，或者消息在抵达目的地之前未被篡改。这对于安全从业人员来说可能显得违反直觉；然而，总线上消息的时效性对于满足实时控制系统需求是极端重要的，在这种系统中延迟是不可接受的。

*来源*：Data Exchange On The CAN Bus I, Self-Study Programme 238. http:// www.volkspage.net/technik/ssp/ssp/SSP_238.pdf.

Miller博士和Valasek先生对吉普车所进行的远程攻击利用了一些基础设施中的缺陷和吉普车中独有的子组件。首先，用于支持汽车进行远程信息处理的蜂窝网络，允许用户从任何地方进行设备端到设备端的直接通信。这种特性就为研究者提供了与汽车进行直接通信，设置通过网络扫描潜在的受害者的能力。

在建立与吉普车的通信之后，研究人员就可以开始利用系统中的其他安全缺陷。其中一个例子是一个内建于射频单元的特性。该特性是一个执行函数，其代码可以通过执行任意数据进行调用。从这点入手，另一个安全缺陷为人们提供了横向穿透系统的能力，实际上就是将消息远程传输到控制器区域网络（IHS和C）上。在吉普车架构中，控制器区域网络都与射频单元相连，这些射频单元通过一块芯片进行通信，研究人员可以在无密码算法保护（比如数字签名）的情况下对芯片的固件进行更新。最后这一缺陷及其引发的攻击效果说明，很多系统中所存在的小瑕疵有时可能会引发严重的问题。

## 攻击方式

下面列举了一些针对企业物联网组件的经典攻击类别。

### 1. 无线侦察与探测

市面上的大部分物联网设备都使用了无线通信协议，比如ZigBee协议、ZWave协议、Bluetooth-LE协议、Wi-Fi 802.11协议等。类似于在以前的拨号时代，攻击者通过电话交换网络进行扫描识别电子调制解调器，如今研究人员成功实现了针对物联网设备的扫描攻击。其中一个例子是，总部位于德克萨斯州的 Praetorian 公司，在 Austin 和 TX 已经使用装备有一台定制的 ZigBee 协议扫描器的低空飞行无人机，扫描识别了支持 ZigBee 协议的物联网设备所发送的数千条信标请求消息。正如攻击者常常使用诸如 Nmap 之类的工具进行网络扫描来搜集关于网络中主机、子网、端口和协议的信息，类似的模式也可被用于针对物联网设备——即那些可以实现打开车库门、锁上前门、开启 / 关闭电灯等行为的实体。无线侦察通常在全面的设备攻击之前进行（http://fortune.com/2015/08/05/researchers-drone-discover-connected-devices-austin/）。

### 2. 安全协议攻击

很多安全协议可能在协议设计（规范）、实现甚至是配置阶段（在该阶段，用户需要设置多种不同的协议选项）引入漏洞，从而遭受攻击。比如研究人员在测试基于 ZigBee 协议的商用物联网实现方案时发现，协议仅针对易于建立和使用方面进行设计，而缺少安全相关的可能配置，并且在设备配对流程的实现上存在漏洞。这些流程使得第三方能够在 ZigBee 协议配对交互过程中，嗅探获取通信双方交换的网络密钥，从而获取使用 ZigBee 协议设备的控制权。真正理解所选协议的局限性非常关键，因为只有这样才能确定必须合理使用哪种附加的分层安全控制方案才能保证系统安全（https://www.blackhat.com/docs/us-15/materials/us-15-Zillner-ZigBee-Exploited-The-Good-The-Bad-And-The-Ugly-wp.pdf）。

### 3. 物理安全攻击

物理安全是一个物联网供应商经常会忽视的主题，供应商仅仅对制造设备、装置以及其他以前不会被攻击利用的工具感到熟悉。物理安全攻击是指如下过程，即攻击者对一台主机、嵌入式设备或其他类型物联网计算平台的附件进行物理解剖分析，从而获取对其处理器、内存设备和其他敏感组件的访问权。在通过一个暴露接口（比如 JTAG 接口）获得访问能力之后，攻击者可以轻而易举地访问内存、敏感密钥素材、口令、配置数据以及很多其他的敏感参数。如今很多的安全设备都包含了针对物理安全攻击的外部保护手段。存在多种篡改取证控制、篡改响应机制（比如内存自动擦除）和其他技术，能够保护设备不被物理解剖分析。智能卡芯片、硬件安全模块（Hardware Security Module，

HSM）以及其他多种密码学模块都使用这种保护措施来保护密码变量——即设备身份信息和数据——免受攻击。

### 4. 应用程序安全攻击

攻击者可以通过针对应用程序终端的攻击对物联网设备和连接进行攻击利用。应用程序终端包括用于控制设备的网络服务器和移动设备应用程序（比如 iPhone、Android 等）。运行于设备上的应用程序代码也可以作为直接攻击的目标。应用程序模糊攻击可以找到多种途径来攻击应用程序所在的主机，进而控制其进程。另外，逆向工程和其他著名攻击方式可以发现糟糕但仍普遍存在的实现方面的漏洞，比如硬编码密钥、口令以及二进制应用程序中的其他字符串。这些参数在多种攻击利用过程中都能发挥作用。

## 2.4　经验教训以及系统化方法

物联网系统可能是包含很多技术层面的非常复杂的实现方案，每个层面都可能将新的漏洞引入整个物联网系统。本书中关于可能发生的航班攻击和真实发生的汽车攻击的讨论，为读者提供了一个视角，来理解修复系统中每个组件的漏洞对于阻止积极主动的攻击者达到目的有多重要。

由于物联网同时涉及物理和电子世界中的物理安全和信息安全工程，所以这些主题正在变得愈加引人注目。如前所述，现在需要信息安全工程规范和其他的工程规范互相协作，系统设计人员才能将安全方案构建到产品的基础之中，并且对那些格外关注于规避、破坏和降低物联网信息物理系统中安全控制有效性的攻击进行抵御和防范。

与物联网相关的一个有趣的观点是，需要批判地看待那些稍后可能会添加到一个物联网部署方案中的第三方组件或接口。这方面的例子普遍存在于汽车制造业中，比如那些插入汽车 ODB-II 端口的售后设备。研究表明，在某些环境下，这些设备中至少有一个可被用于控制汽车。安全架构师必须理解，作为一个整体，系统安全的强度取决于链条中最薄弱的一环，以及当用户引入新组件时，就有可能导致攻击面变得比初始设计时要大得多。

安全社群也对以下事实达成共识，即很多研发人员从根本上对系统中的工程安全不熟悉。由于在软件工程领域中普遍缺乏安全训练和意识，这种观点基本上是正确的。原因还在于软件开发人员、安全以及其他类型的工程师之间的文化障碍。不论是探讨监控与数据采集（Supervisory Control and Data Acquisition，SCADA）系统、联网汽车还是智能冰箱，产品工程师并不必担忧恶意行为者能够获取目标的远程访问权限——这不再是正确的做法了。

本小节讨论所延伸的一个关键点是，对一个物联网实现及其部署方案的安全态势进行系统评价的需求。这意味着，正如企业架构师忙于整合一个物联网系统，对于OEM/ODM供应商来说，研发特殊的物联网设备是同样重要的。

构建威胁模型为人们提供了一个系统的方法，来对一个系统或系统设计进行安全评估。接下来将演示一个威胁模型的定制开发和使用。构建威胁模型有助于加深对一个系统中的人员、入口点和资产的透彻理解。它还针对系统所面临的威胁进行了细致描述。需要注意的是，构建威胁模型和构建攻击树/故障树模型密切相关。随后将介绍一个非常重要的构建威胁模型方法的相关内容。

## 为一个物联网系统构建威胁模型

在Adam Shostack的著作《Threat Modeling: Designing for Security》中，可以找到关于威胁模型构建的有价值的参考资料。

*来源*：Shostack, A. (2014), Threat Modeling: Designing for Security. Indianapolis, IN; Wiley

微软也定义了一种经过深思熟虑的威胁模型构建方法，该构建方法使用多个步骤来确定一个新系统所引入威胁的严重程度。需要注意的是，构建威胁模型是一次关于识别威胁和威胁来源的大型实践；而前文所述的攻击模型构建则主要关注攻击者，其设计目的是展示漏洞可能的利用途径之间的细微差别。在本例中将遵循的威胁模型构建流程，如图2-6所示。

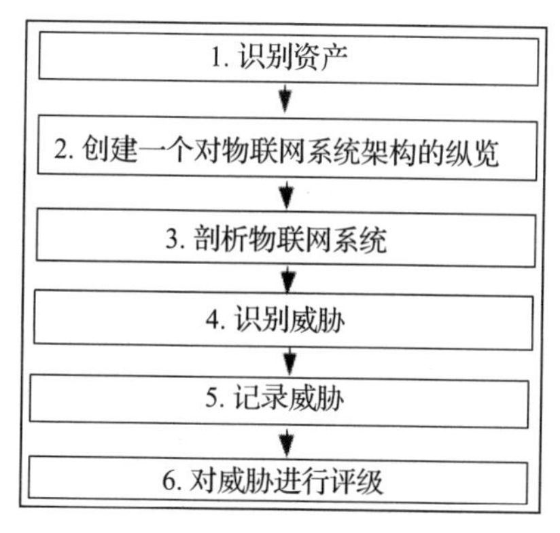

图2-6 威胁模型构建流程

为了讲解构建威胁模型的具体流程，下面将对一个智能停车场系统所面临的威胁进行评估。智能停车场系统是一个非常有用的物联网系统实例，因为它包含了将物联网元素部署到一个高威胁环境之中的过程（在条件允许的情况下，某些人可能会对停车付费系统进行欺骗，并且有说有笑地回到家里去）。系统包含了多种终端，它们对数据进行搜集，并将其发送给后台架构进行处理。系统进行数据分析来为决策者提供趋势分析结果，进行传感器数据的相关性分析来实时识别违反停车规定的人员，并且向智能手机应用程序开放应用编程接口来支持定制功能，比如实时停车位状态和付费等。很多物联网系统通过相似的组件和接口进行构建。

在本例中所描述的智能停车场系统和现实生活中的智能停车场解决方案有所区别。出于演示的目的，此处的示例系统包含一个更为丰富的功能集合：

- **面向用户的服务**：这使得用户能够确定附近停车位的空闲状态和费用。
- **灵活的付费方式**：这种功能能够接受多种付款方式，包括信用卡、现金 / 硬币以及移动支付手段（比如 Apple Pay 和 Google 钱包等）。
- **授权执行**：这种监测针对一个车位所购买分配时限的功能，能够判定何时授权过期，能够检测出何时车辆停放超出所购买的时限，并将这种违反规定的行为上报给停车场执法部门。
- **趋势分析**：这种功能能够对停车的历史数据进行收集并分析，并为停车场管理人员提供趋势报告。
- **响应需求的定价**：这种功能能够基于对每个空位的需求来改变定价。

来源：https://www.cisco.com/web/strategy/docs/parking_aag_final.pdf

假设系统的设计功能包括收集用户的付费方式，在未付费行为发生时向执法人员报警，以及基于当前的停车需求设置合理的定价，那么针对该系统的适当安全目标应该包括以下几点：

- 保证系统所收集的所有数据的完整性。
- 保证系统中敏感数据的机密性。
- 保证系统整体以及每个子组件的可用性。

在智能停车场系统中，敏感数据可被定义为付费数据和可能泄露私密信息的数据。示例中包括拍摄到车牌信息的影像记录。

### 第 1 步——识别资产

对系统的资产进行记录，能够加深对什么必须加以保护的理解。资产是指攻击者感兴趣的事物。对于智能停车场解决方案来说，可以从表 2-1 的描述中了解到传统资产的内容。需要注意的是，出于节省空间的目的，此处对资产列表进行了些许简化。

表 2-1 资产列表

| 编号 | 资产 | 描述 |
| --- | --- | --- |
| 1 | 传感器数据 | 传感器数据是通过遥感测量获取的，用于指示一个停车位当前处于空闲还是占用状态的信号。传感器数据由每个传感器产生，它们都部署在一个停车场结构的合适位置上。传感器数据通过 ZigBee 协议传输到传感器网关处。数据与其他传感器数据相结合，然后通过 Wi-Fi 网络传输到与云环境相连的路由器中。然后，传感器数据传送给一个应用程序进行处理，同时发送到一个数据库中，作为原始数据存储起来 |
| 2 | 影像视频流 | 网络摄像头拍摄得到影像视频流，并将数据传输到无线路由器中 |
| 3 | 付费数据 | 付费数据由一个智能手机或网亭传输到付费处理系统中。付费数据通常会在传输过程中加以标记 |
| 4 | 大量的传感器 | 车辆传感器会以掩埋或高架的形式安装，来确定一个停车位何时闲置或占用。传感器通过 ZigBee 协议与传感器网关进行通信 |
| 5 | 传感器网关 | 位于一个地理区域的所有传感器利用 ZigBee 协议汇集的数据。网关利用 Wi-Fi 网络与后台处理系统进行通信 |
| 6 | 网络摄像头 | 用于识别违反系统规则的人员的记录视频。数据通过 Wi-Fi 网络发送到后台处理系统中 |
| 7 | 停车应用程序 | 处理来自传感器的数据，并通过智能手机应用程序和网亭向用户提供停泊和费用信息 |
| 8 | 分析系统 | 直接从摄像头和传感器网关搜集数据 |
| 9 | 网亭 | 位于环境之中，并与停车场传感器和传感器网关进行通信 |
| 10 | 基础通信设备 | 提供对整个系统的通信访问，并与系统的所有组件进行交互 |

## 第 2 步——创建对系统 / 架构的纵览

这一步骤为理解物联网系统的预期功能，乃至攻击者可能以何种方式误用系统提供了坚实的基础。构建威胁模型流程的这一部分，可以划分为如下 3 个子步骤：

1）记录预期功能。

2）创建一个可以详细描述新物联网系统的结构化图表。这个阶段应该建立结构的信任边界。信任边界应该阐明角色之间的信任关系以及信任方向。

3）识别物联网系统中所用到的技术。

对系统功能进行记录，最好通过创建一系列的用例来实现，如表 2-2 所示。

系统的结构化图表详细描述了系统的组件及其相互之间的交互过程，以及交互过程中所用到的协议。智能停车场解决方案示例的结构化图表如图 2-7 所示。

表 2-2　一系列的用例

| 用例 1：用户为使用停车位的时间付费 | |
|---|---|
| 前提 | 用户已经在智能手机上安装了停车场应用程序<br>用户使用停车场应用程序将付费信息设置为交易可用状态 |
| 用例 | 用户打开智能手机上的停车场应用程序<br>智能手机与停车场应用程序进行通信并从中收集数据，然后提供附近空闲停车位的实时位置和价格<br>用户驶往停车位<br>用户使用智能手机应用程序为停车位付费 |
| 后置条件 | 用户付费停放车辆的行为已经经过了一段时间 |
| **用例 2：停车场执法人员收到未付费违规事件的警报** | |
| 前提 | 为一次停车交易所分配的时间过期，而车辆仍停放在停车位上 |
| 用例 | 停车场应用程序（后台）记录停车会话的起始时间<br>网络视频摄像头拍摄车位停放车辆的视频影像<br>停车场应用程序将车位停放车辆的视频与停车交易的起始时间和期限相关联<br>一旦交易过期，系统为视频验证设置标志<br>网络视频摄像头证明，车辆仍然停放在车位上<br>停车场应用程序向强制执行应用程序发送警报<br>执法人员收到 SMS 警报，然后派人去为车辆开出违章罚单 |
| 后置条件 | 停车场执法人员已经为车辆开出罚单 |

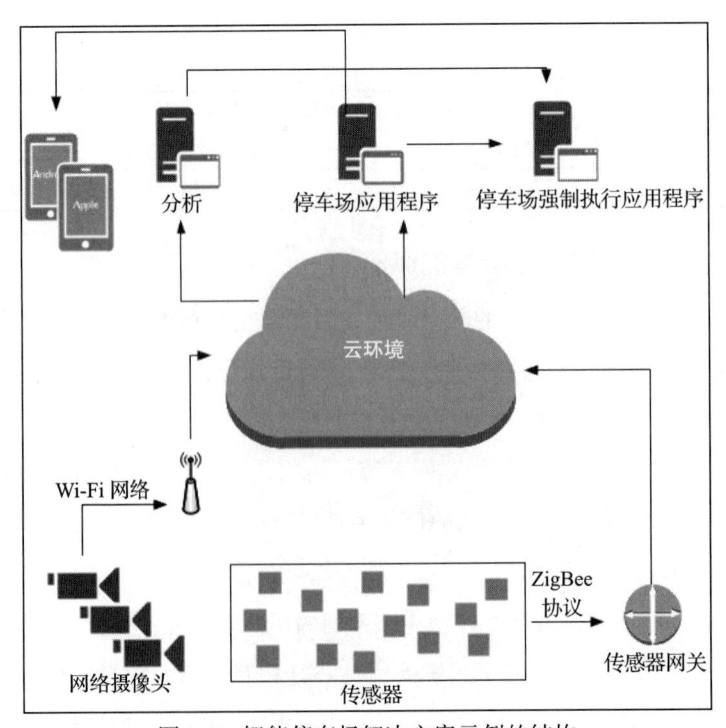


图 2-7　智能停车场解决方案示例的结构

在逻辑架构视图完成之后，重要的就是识别和测试用于实现物联网系统的特定技术。这包括了理解并记录终端设备的底层细节，比如处理器类型和操作系统。

终端细节为理解可能最终会被利用的特定类型潜在漏洞提供所需的信息，并且定义补丁管理和固件更新的过程。理解和记录每个物联网设备所使用的协议，也将充分考虑结构升级的问题，特别是在应用于系统和组织中所传输数据的加密控制存在缺陷的情况下。

技术 / 平台及其细节描述如表 2-3 所示。

**表 2-3 技术 / 平台及其细节**

| 技术 / 平台 | 细 节 |
|---|---|
| 通信协议：ZigBee 协议 | 用于处理传感器和传感器网关之间通信的中距射频协议 |
| 通信协议：Wi-Fi 802.11 协议 | 支持可用 IP 协议的摄像头和无线（使用 Wi-Fi 协议）路由器之间通信的射频协议 |
| 使用 ZigBee 协议的智能停车场传感器 | 支持 100m 的传输范围；2.4GHz 的 ZigBee 协议转发器；使用 ARM Cortex M0 型号的处理器；3 年的电池寿命；支持磁性和光学检测传感器 |
| 无线传感器网关 | 2.4GHz；100m 范围；物理接口包括 RS-232，USB 接口，以太网接口；使用 ZigBee 协议进行通信；支持同时连接多达 500 个传感器节点的能力 |
| 无线（使用 Wi-Fi 协议）路由器 | 2.4GHz Wi-Fi 带宽；100m 以上的户外覆盖范围 |

### 第 3 步——剖析物联网系统（见图 2-8）

在这个阶段，所关注的焦点是理解数据流过系统所经历的整个生命周期。这种理解使得我们能够识别那些在安全架构中必须加以关注的存在漏洞或薄弱的点。

首先，必须识别并记录系统的数据入口点。这些点通常是传感器、网关或控制管理计算资源。

然后，重要的是从入口点开始跟踪数据流，并记录贯穿系统的与数据进行交互的多种组件。识别对于攻击者来说具有吸引力的目标（可能是一棵攻击树的中间件或顶层节点）——它们可能是系统中用于汇集或存储数据的点，或者是那些具有较高价值的传感器，这些传感器需要重点保护来保证系统的整体机密性。在这项活动的最后，需要对物联网系统的攻击面（根据数据敏感性和系统运行）进行深入理解。

在数据流经过彻底测试之后，就可以开始对进入系统的各种物理入口点和数据流经的内部中间节点进行分类。同时，还需要识别信任边界。在识别系统相关的整体威胁的过程中，入口点和信任边界对于安全来说起着关键作用，如表 2-4 所示。

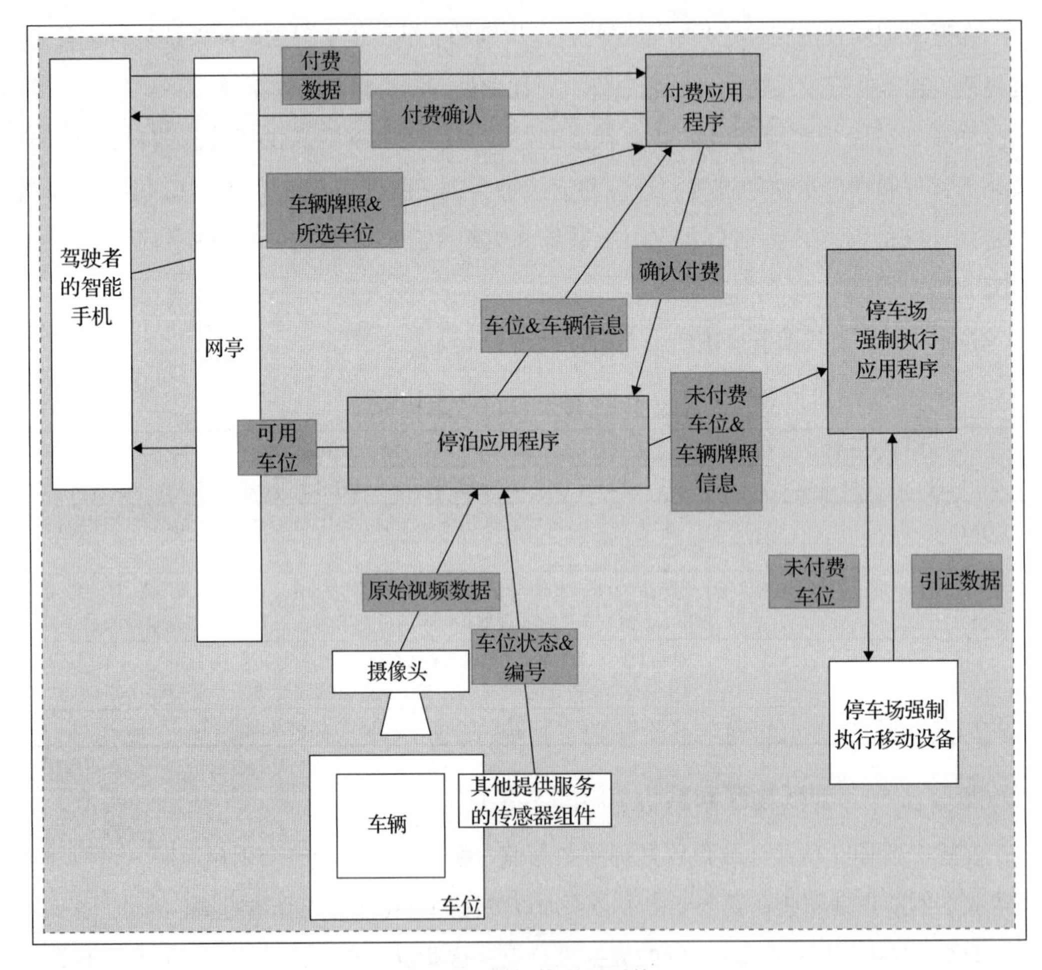


图 2-8　剖析物联网系统

表 2-4　入口点

| 编　号 | 入　口　点 | 描　述 |
|---|---|---|
| 1 | 停车场管理应用程序 | 停车场管理应用程序提供了一个网络服务来接收通过公开应用编程接口传入的基于 REST 模式的请求。一个网络应用防火墙在该服务的前部来过滤那些非授权的通信流量 |
| 2 | 智能手机应用程序 | 智能手机应用程序通过一个应用编程接口与停车场管理应用程序建立连接。只要下载智能手机应用程序，任何人都可以访问系统。智能手机应用程序是定制开发的，并且通过了安全认证测试。在应用程序和停车场管理系统之间会建立一条使用 TLS 协议保护的连接通路 |
| 3 | 网亭 | 拥有众多特性的独立网亭。网亭通过应用编程接口连接到停车场管理应用程序上。任何能够物理访问网亭的人员，都拥有访问系统的权力 |

（续）

| 编　号 | 入 口 点 | 描　述 |
| --- | --- | --- |
| 4 | 传感器网关管理账户 | 技术人员通过 Wi-Fi 网络上的远程连接（通过 SSH 安全通道）访问传感器网关的管理账户。通过直接串口连接也可以实现物理访问 |
| 5 | 网络摄像头 | 技术人员在 IP 网络上可以远程（通过 SSH 安全通道）访问网络摄像头上的根账户。理想情况下，使用 SSH 协议所建立的连接通道是基于证书（PEM 文件）的；也可以使用口令（尽管这会使得通道易于受到通用密码管理缺陷、字典攻击等问题的影响） |
| 6 | 强制执行应用程序 | 执法人员通过从强制执行应用程序发送到注册设备上的 SMS 警报来访问强制执行应用程序。这个过程中会用到诸如 Google 云端推送（Google Cloud Messaging，GCM）之类的服务 |

### 第 4 步——识别威胁

在物联网中，物理和电子世界很明显地混杂在一起。这就导致了相对简单的物理攻击都可以用于破坏系统的功能性。例如系统设计人员在设计用于为停车场强制执行相关部门提供数据的摄像头的位置时，是否充分考虑了完整性保护措施呢？

系统的人类参与程度也是决定用于对抗系统的攻击类型的重要因素。比如如果人类停车场执法官员并不参与到系统中（即系统自动为停放超时的行为开具罚单），则系统读取牌照的功能必须经过彻底测试。某些人是否能够通过简单地更换牌照来伪装车辆，或者通过在牌照上放置遮挡物来屏蔽系统读取牌照的功能呢？

在物联网系统部署过程中可以采用著名的 STRIDE 模型。使用流行的漏洞库（比如马萨诸塞州理工学院研究会（MITRE）的通用漏洞风险数据库）可以更好地理解环境。表 2-5 所示的威胁类型可以用来指导针对任何特定的物联网示例发现其独有的风险（需要注意的是，这同样也是一个很好的时机，来对某些实现和部署进行攻击 / 故障树分析）。

表 2-5　物联网威胁类型

| 威胁类型 | 物联网分析 |
| --- | --- |
| 身份欺骗 | 检查系统是否面临与机器身份欺骗和攻击者攻击设备之间自动信任关系的能力相关的威胁<br>仔细检查用于建立物联网设备以及其他设备和应用程序之间安全通信的认证协议<br>检查向每个物联网设备提供身份和凭据的过程；确保系统中存在适当的程序控制，从而防止向系统中引入流氓设备或者将凭据泄露给攻击者 |
| 篡改数据 | 检查贯穿整个物联网系统的数据路径；识别系统中可能发生敏感数据篡改的目标点：它们可能包括数据收集、处理、传输和存储的点<br>认真检查完整性保护机制和配置，确保系统能够有效处理数据篡改行为<br>当数据位于安全通道（比如通过 SSL/TLS 协议）中时，是否存在可能的中间人攻击场景？证书锁定技术的应用有助于缓解这些威胁 |

（续）

| 威胁类型 | 物联网分析 |
| --- | --- |
| 否认抵赖 | 检查物联网系统中那些提供关键数据的节点<br>这些节点可能是提供用于分析的多种数据的几组传感器。重要的是要能够从数据回溯到一个来源，并且确保它确实是提供对应数据的预期来源<br>检查物联网系统是否存在可能导致攻击者注入欺骗节点的缺陷，该节点被设计用来馈送不良数据。攻击者可能会通过欺骗节点注入来尝试扰乱上游工序或者破坏系统的运行状态<br>确保攻击者无法滥用物联网系统的预期功能（比如禁止进行非法操作）<br>应该考虑状态改变和时间变化（比如中断消息序列） |
| 信息泄露 | 检查贯穿整个物联网系统的数据路径，包括后台处理系统<br>确保任何处理敏感信息的设备都经过了身份识别，以及实现了适当的加密控制来防止信息泄露<br>识别物联网系统中的数据存储节点，并且确保使用了静态数据加密控制策略<br>检查物联网系统中是否存在物联网设备易于被物理窃取的情况，并且确保已经采取了恰当的控制手段，比如键归零 |
| 拒绝服务 | 执行一次将每个物联网系统与商业目标相互映射的活动，努力确保制定了适当的业务连续性（Continuity of Operation，COOP）计划<br>检查系统为每个节点所提供的吞吐量，确保它足以抵抗相关的拒绝服务（Denial of Service，DoS）攻击<br>检查消息传递基础架构（比如数据总线）、数据结构和物联网应用组件所用到的变量和API函数是否存在误用现象，从而确定是否存在漏洞可能导致流氓节点能够淹没一个合法节点的通信流量 |
| 权限提升 | 检查组成物联网系统的各种物联网设备所提供的管理功能。在某些情况下，管理人员只需要经过一层认证就可以对设备细节进行配置操作。而在其他情况下，系统中可能存在不同种类的管理员账户可用<br>识别在物联网节点中，将管理功能与用户层功能相互隔离的功能存在缺陷的情况<br>为了在系统中设计合适的认证控制策略，要识别物联网节点所使用的认证方法中的缺陷 |
| 物理安全绕过 | 检查每台物联网设备所提供的物理保护机制；针对所确定的任何可能的缺陷制定对策。对于位于公共或远程位置的，可能无人值守的物联网部署方案来说，这可能是最为重要的。物理安全控制手段，比如篡改取证（或信号指示）或篡改响应（将设备上的敏感参数自动主动销毁），可能是必要的 |
| 社会工程 | 对员工进行防范社会工程学攻击方面的内容的培训；经常性地针对犯罪行为监控资产 |
| 供应链问题 | 理解组成物联网设备和系统的多种技术组件；持续关注与这些技术层中任何一者相关的漏洞 |

STRIDE模型应用于支持物联网的额外组件中的情形如表2-6所示。

**表2-6　智能停车场威胁矩阵**

| 类　型 | 示　例 | 安全控制 |
| --- | --- | --- |
| 欺骗 | 停车场小偷通过访问用户的账户，对合法用户收取停车时间的费用 | 认证 |
| 篡改 | 停车场小偷通过对后台智能停车场应用程序进行未授权访问，获取免费停车的权利 | 认证<br>完整性 |

（续）

| 类　型 | 示　例 | 安全控制 |
| --- | --- | --- |
| 否认 | 停车场小偷通过声称系统发生功能故障，来获取免费停车的权利 | 不可抵赖性<br>完整性 |
| 信息泄露 | 恶意行为者通过攻破后台智能停车场应用程序，来访问获取用户的财务细节 | 认证<br>机密性 |
| 拒绝服务 | 恶意行为者通过一次 DoS 攻击，瘫痪智能停车场系统 | 可用性 |
| 权限提升 | 恶意行为者通过在后台服务器植入 rootkit 恶意软件，破坏智能停车场的正常运行状态 | 授权 |

## 第 5 步——记录威胁

这一步致力于对停车场系统所面临的威胁进行记录，如表 2-7 所示。

表 2-7　威胁记录

| **威胁描述 #1** | **停车场小偷通过访问用户的账户，对合法用户收取停车时间的费用** |
| --- | --- |
| 威胁目标 | 合法用户账户凭据 |
| 攻击技术 | 社会工程学；网络钓鱼；暴库攻击；中间人攻击（包括针对密码协议的攻击手段） |
| 对策 | 登录用于访问付费信息的账户，需要经过多因素认证 |
| **威胁描述 #2** | **停车场小偷通过对后台智能停车场应用程序进行未授权访问，获取免费停车的权力** |
| 威胁目标 | 停车场应用程序 |
| 攻击技术 | 应用程序漏洞利用；网络服务器渗透攻击 |
| 对策 | 在停车场应用程序网络服务器外部实现网络应用防火墙；对通过应用编程接口进入应用程序的输入信息要进行确认 |
| **威胁描述 #3** | **停车场小偷通过声称系统发生功能故障，来获取免费停车的权力** |
| 威胁目标 | 停车场服务人员或管理人员 |
| 攻击技术 | 社会工程学 |
| 对策 | 为系统所获取的所有传感器和视频数据实现数据完整性保护方法 |

## 第 6 步——对威胁进行评级

对以上每一种威胁发生的概率和造成的影响进行评估，有助于选择适当类型和层次的控制手段（及其相应的代价）来应对每一种威胁。具有更高风险级别的威胁可能需要更大规模的投入来应对。在这一步中，可以使用传统的威胁评级方法，包括微软的 DREAD 模型。

DREAD 模型针对每一层风险提出基本问题，然后为从一种特定威胁中暴露出来的每一类风险打分（1 ～ 10）。

- **破坏性**：一次成功的攻击所导致的破坏程度。
- **可重现性**：要对攻击进行重现的难度有多大？
- **可利用性**：攻击可以被其他人轻易利用吗？
- **受影响的用户**：一次成功的攻击能够影响多大比例的用户 / 股东群体？
- **可发现性**：攻击会被一位攻击者轻易发现吗？

下面以为智能停车场系统进行威胁评级为例，其中，停车场小偷通过访问用户的账户，对合法用户收取停车时间的费用。具体如表 2-8 所示。

表 2-8 威胁风险定级

| 项 目 | 描 述 | 项目评分 |
| --- | --- | --- |
| 可能造成的破坏 | 破坏仅限于单个用户账户 | 3 |
| 可重现性 | 除非发生大范围的用户数据库攻击突破行为，否则攻击并不是很容易重现 | 4 |
| 可利用性 | 非专业人士即可利用该威胁 | 8 |
| 受影响的用户 | 在大多数情况下是单个用户 | 2 |
| 可发现性 | 由于该威胁可以利用非技术性活动来实现，所以它具有很高的可发现性 | 9 |
|  | 总分： | 5.2 |

负责为物联网系统设计安全控制措施的安全架构师们应该持续进行这方面的工作，直至对所有威胁都完成评级。在完成之后，下一步工作是基于每一种威胁的等级（总分）对其进行相互对比。这将有助于优先考虑安全架构中的安全对策。

## 2.5 本章小结

本章通过展示一个组织如何对物联网系统的威胁态势进行定义、描述和建模，来研究物联网的漏洞、攻击和对策。在对安全（在某些情况下可能包括物理安全）风险有了透彻理解的情况下，就应该着手进行适当的安全架构设计开发，这样才能为整个企业中的系统和设备设计并部署合适的安全对策。

在下一章中，将对物联网安全生命周期中的各个阶段展开讨论。

# 第3章

# 物联网开发中的安全工程

安全工程大有学问。安全工程是一个专门的工程领域，专注于系统设计中的安全方面，从自然灾害到恶意行为，需要能够强有力地处理可能的中断源（https://en.wikipedia.org/wiki/Security_engineering）。

在现代快节奏的技术工业领域，为了快速开发具有竞争力的产品，安全工程通常只能退居次位。这是一种代价高昂的牺牲，因为它为恶意黑客提供了便利的沙盒来开发溢出漏洞。在理想化的情况下，系统化的方法包括确认和评估一系列功能化的业务需求。这些需求通过原型设计、测试、重定义，最终在开发、测试以及部署前形成架构。上述情况可能发生在近乎完美的瀑布模型中。但是世界本非完美，物联网设备和系统是由不同公司通过各种开发实践所推出的。

高德纳公司预计到2017年为止，50%的物联网解决方案都来源于起步不到3年的创业公司。这就为我们带来了挑战，因为大部分创业公司对于安全都有所忽略和轻视。云端安全联盟（CSA）物联网技术开发小组对2015年起步的物联网公司进行调查后发现，这些公司对安全缺乏重视并且缺乏经验丰富的安全专家。天使投资人和创业投资公司同样会对创业公司实质性的安全开发带来障碍。在通往成功的道路上，安全通常只是功能列表中一个可有可无的选项。在这种环境下，创业公司甚至更多的传统公司都只依赖于供应商提供的硬件和软件中的默认安全选项。无论部署的目标或者环境是否符合开发商的规定，这种情况都会发生（http://www.gartner.com/newsroom/id/2869521）。

在本章中，我们会阐述下列与物联网安全工程有关的内容：

- 针对物联网选择安全开发技术。

- 在项目开始时融入安全设计。
- 理解合规注意事项。
- 将物联网融入现有安全系统。
- 准备安全过程和协议。
- 选择支持物联网的安全产品和服务。
- 选择安全的开发技术。

# 3.1 在设计和开发中融入安全

在本节中，我们将讨论在物联网产品和系统中安全工程的必要性。无论是设计单个物联网产品还是将成千上万个物联网设备融入和部署在企业系统中，这些内容都会对读者有所帮助。我们的重点在于从项目开始就融入安全，其中包括从技术层面上理解威胁、全程跟踪安全需求并且确保对于数据安全有足够的重视。

简单地说产品团队或者系统工程团队在项目开始时就应构建安全体系，显然这表示在项目开始时，这些团队就对于如何在整个过程中增强项目安全的严格性进行了深入考虑。这正是当今众多快节奏的敏捷软件开发项目中所欠缺的。为了实现这种严格性，项目团队需要在时间和金钱上进行投资并且考虑实现安全目标所需的过程和工具。但比起在新闻上看到你的产品或者公司为社交媒体所批判，或是由于重大过失受到政府监管部门的罚款，这些成本几乎不值一提。

在着手开发或者整合前，需要完成的一项基本任务是选择开发方法并且思考如何增强其安全性。在本章中总结了一些方法。同样，对于产品和系统团队来说还有其他可用的资源，其中包括内建安全成熟模型（Building Security In Maturity Model，BSIMM），读者可以借此了解同领域的公司实现的安全措施（https://www.bsimm.com/）。

## 3.1.1 敏捷开发中的安全

在选择开发技术时，应该认识到在开发开始时就必须考虑到安全因素，以此来保证绝对的安全性，同时在开发和物联网设备或者系统升级中选择和跟踪隐私需求（此处系统是指一组物联网设备、程序或者服务组合起来满足某种商业功能）。这些模板化的方法可以应用在任何开发过程中，此时微软的安全开发周期（Security Development Lifecycle，

SDL)，它由多个步骤所组成，其中包括训练、需求、设计、实现、验证、发布和响应。读者可以访问 https://www.microsoft.com/ en-us/sdl 来了解微软的安全性开发周期。

由于敏捷技术拥有快速设计、开发以及分段的功能集，因此许多物联网产品和系统都是用此技术进行开发的。"敏捷宣言"声明定义了许多原则，其中的一些为融入安全工程方法带来了困难：

- 经常交付可以工作的软件，间隔为几周或几个月，交付时间的间隔越短越好。
- 能用的软件是最主要的进度衡量标准。

在敏捷安全开发周期内需要攻克的难点在于项目中短暂的开发时间表。通常产品需要满足众多安全要求。在较短的开发周期内要满足这些要求是非常困难的。同样对安全的重视会降低敏捷开发中开发功能性用户故事的团队的速度。

处理安全需求的方法是对于它和其他非功能性需求保持相同的想法以及重视，其中包括可靠性、性能、可扩展性、可用性、便携性和有效性。

有些人认为这些非功能性需求应该作为约束进行处理，首先定义为完成，随后由每个用户故事进行满足。然而，当开发团队需要满足成百上千的安全需求时，将所有的安全（以及非功能性）需求转换为约束的做法并不具备良好的可扩展性。

几年前微软推出了处理敏捷开发中安全要求的方法（https://www.microsoft.com/en-us/SDL/discover/sdlagile.aspx）。该过程致力于解决安全需求并且引入了需求分类这一概念，以此减轻开发团队在每个迭代周期内的负担。微软的技术提出了"一次性、每次迭代、桶状安全需求"的概念。

一次性需求适用于项目的安全创建以及其他在项目开始时就必须满足的需求，例如：

- 建立在整个开发中必须遵守的编码指南。
- 为第三方组件和库建立许可软件列表。

每个迭代周期需求适用于每次迭代并且在迭代规划中估计每项需求所需的时间，例如：

- 为了发现错误，在并入基线前对代码进行同行评审。
- 确保在持续集成（CI）环境中通过静态代码分析工具运行代码。

桶状需求指在整个软件生命周期内需要实现和满足的需求。把这些需求放置在桶中可以让团队在必要时将它们导入迭代周期规划中。

除了这些需求类型外，还需要将功能性安全需求添加到待办事项列表中。物联网设备功能性安全需求的一个示例是同设备网关建立安全的TLS连接。这些应该添加到产品的待办事项列表中并且在梳理会议中由产品负责人根据优先级进行排序。

威胁建模的方法在许多文档中已经有了详细的记录和讨论，比如本书的第2章。在最初的威胁建模完成后，需要对结果进行分析，以此来理解它们适用于物联网系统的开发或运行中的哪些过程。首先请确认必须融入物联网产品或者服务中的功能性安全需求。读者可以将这些功能性安全需求转换为用户故事并且将它们添加到待办事项列表中。需要添加到产品待办事项列表中的功能性安全需求示例如下所示：

- 作为用户，希望确保物联网设备或云服务上的所有访问密码的强度（例如复杂性、长度、组合）。
- 作为用户，希望能够跟踪物联网设备的授权使用（例如通过授权跟踪）。
- 作为用户，希望物联网设备上的所有数据都获得加密。
- 作为用户，希望通过任何物联网设备传输的数据都得到加密。
- 作为用户，希望确保存储在物联网设备上的关键资料都能得到安全保护，避免遭受泄露或者非授权访问。
- 作为用户，希望确保禁用或者卸载任何物联网设备上的无用软件和服务。
- 作为用户，希望确保物联网设备只采集必要的数据。

其他安全用户故事的示例请参看SAFECode文档《Practical Security Stories and Security Tasks for Agile Development Environments》，网址为http://safecode.org/publication/SAFECode_Agile_Dev_Security0712.pdf。需要注意的是，产品的待办事项列表应当包括以操作和硬件为重点的安全用户故事：

- 作为安全和质量工程师，希望确保通过密码保护UART接口。
- 作为安全和质量工程师，希望在产品启动前禁用JTAG接口。
- 作为安全和质量工程师，希望在物联网设备中实现篡改响应。

其中一些可能是敏捷特定的用户故事。

### 3.1.2　关注运行的物联网设备

一个有趣的现象是物联网正在迅速向供应商提供的产品即服务方向发展，客户例行为某些特定的授权进行付费，例如，价格高昂的医疗成像系统。该模型的特点是向客户出租物联网硬件，随后跟踪对它的使用来达到计费目的。

其他类型的物联网设备由供应商出售给客户，随后客户连接到供应商的云架构上管理产品的配置更改以及账户修改。有时这类产品会外包给管理物联网基础设施的第三方原始设计制造商。原始设备生产商将营运费用包含在两家公司之间的总服务协议中。除此之外，许多供应商还会提供同物联网设备交互的辅助服务，即使该服务在客户环境中实现。

由于需要访问客户的操作系统并且需要支持强健以及可扩展的后端基础设施，因此对于运行的物联网系统应当采用高强度的开发运维流程。简单来说，开发运维将敏捷开发过程（比如 Scrum 或者 Kanban）同运维融合在了一起。

开发运维的一个基本概念是消除开发与运维之间的隔阂。因此，在产品待办事项列表中同样需要包含运行安全需求（比如用户故事）。为此，开发运维团队必须做到以下几点：

- 理解正在开发的物联网设备的潜在部署环境，设计物联网设备的安全能力来承载这些环境。
- 评估物联网生态系统和开发环境中每个组件的安全性（比如网络服务器、数据库等），确保在微观或者宏观上不存在任何安全漏洞。

物联网引入了产品即服务的销售概念，而非传统地购买硬件设备。因此计划向消费者租借物联网设备的供应商在开发过程中应该全面地考虑运维安全的各个方面。例如：

- 运维环境中的约定条件。
- 在物理环境中保护设备的方法。
- 以安全方式支持授权管理的辅助系统。
- 以安全方式支持设备固件升级的辅助系统。

## 3.2 安全设计

物联网设备和系统的安全设计是物联网首要安全生命周期中唯一的组成部分。图 3-1 展示了现在讨论的生命周期中的设计部分。生命周期中的其他部分会在第 4 章中进行讨论。

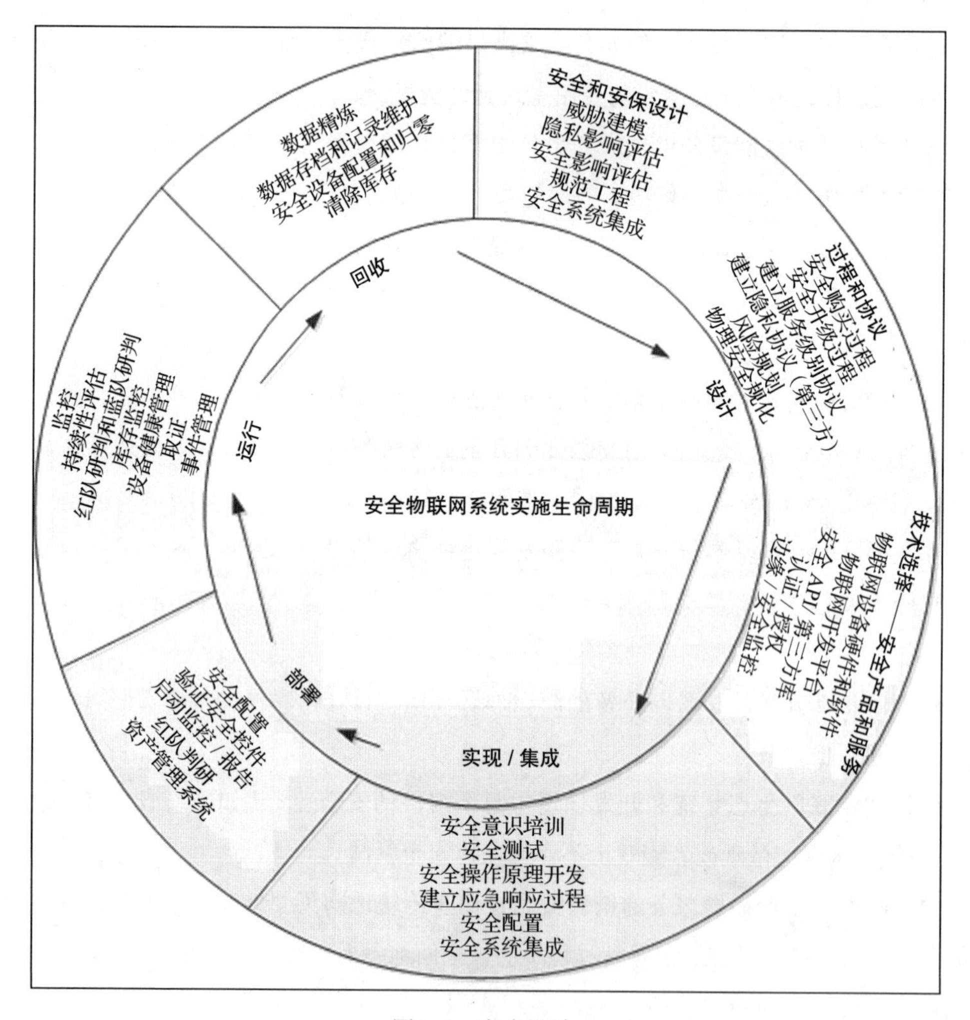


图 3-1　安全设计

## 3.2.1　安全和安保设计

我们已经介绍了在物联网设备和系统开发中进行威胁建模的必要性，现在将进一步讲解开发和集成步骤中的安全和安保工程过程。

### 1. 威胁建模

物联网安全生命周期同系统的开发过程紧密相连，因此在开始设计系统以及物联网系统中新的组件时，应对物联网系统中的安全运作进行规划。我们将威胁建模作为任何安全生命周期中的关键部分。根据生命周期的迭代性质，对此不应抱有任何怀疑的态度，在系统设计、运行或者曝光更改时，威胁建模应当随之进行维护和升级。在第 2 章中对威胁建模过程、检查攻击树以及其他相关技术进行了详细讲解。请务必在安全公司内部指定人员负责对安全建模定期进行维护（至少以季度为单位）以及处理关键变化，比如结构修改，引入新服务、配置、产品、供应商的更新和升级。

### 2. 隐私影响评估

物联网系统在设计阶段都应该进行隐私影响评估。根据评估信息，能够确定在系统设计和任何第三方协议或者服务级别协议中需要包含的对策以及技术供应商用来保护信息所需的细节。通常当物联网系统收集、处理或者存储隐私保护信息时，隐私权影响评估会在以下方面影响设计过程：

- 配置设备要求更多的管理权限。
- 进行内部审计或者合规审查，以确定是否在物联网设备上存放隐私保护信息。
- 设备上存储的数据采用高强度加密算法进行加密。
- 设备上流通的数据采用高强度加密算法进行加密。
- 限制只有授权用户才能访问设备（物理和逻辑层面）。
- 终端用户应该知晓隐私保护信息的使用、传输和处理并做出积极响应。

在实现物联网时，需要有一定的批判性思维才能对隐私影响有所理解。某些物联网隐私问题并不会非常明显。例如，在文章《Security Analysis of Wearable Fitness Devices》（https://courses.csail.mit.edu/6.857/2014/files/17-cyrbritt-webbhorn-specter-dmiao-hacking-fitbit.pdf）中，研究人员发现基于蓝牙的硬件地址就能对 Fitbit 穿戴者进行跟踪。能够理解物联网设备收集的所有信息以及任何能够实现以下功能的设备很重要：

- 被跟踪。
- 显示活动类型。
- 同个人身份或者个人财产建立关系。

请注意，简单地实现隐私影响评估是不够的。重要的是将隐私影响评估的结果关联到系统需求底线上，并且在物联网系统开发和部署时跟踪这些需求是否得到了满足。这些需求同样影响物联网和基础设施供应商之间的服务级别协议，以及负责处理物联网系统生成的数据的第三方之间隐私协议的创建。

### 3. 安全影响评估

物联网与传统的IT安全之间的一个主要区别在于进行安全影响评估的必要性。由于大部分物联网设备具有网络实体的特性，因此某些类型的设备漏洞可能是致命的。例如，攻击者通过暴露的低功耗无线接口对计步器进行欺骗，那么显然就能实现某些恶意行为。同样，如果攻击者通过一辆现代化汽车的CAN总线或者车载自动诊断系统接口对电子控制单元进行欺骗，那么通过新的访问权限，攻击者就可以利用CAN总线向负责安全（例如，汽车刹车功能）的电子控制单元发送恶意信息。在任何物联网实施中都应该进行安全影响评估。同样，在医疗界，还需要进行更为详细的健康影响评估。

通常在安全影响评估中需要解决和回答下列问题：

- 根据设备原本的用途，当共同工作的系统停止时是否会发生恶意的行为（例如拒绝服务）？
- 如果设备本身不是安全攸关的，那么是否有其他安全攸关的设备或者服务并且依赖于它？
- 如何将潜在的影响（设备故障引起）减到最小或者做到避免？
- 其他成员考虑到的与安全相关或对安全有害的因素有哪些？
- 是否有其他或者类似的部署被认为是安全的或是有缺陷的？

安全影响评估不是简单地检查服务或者系统运行的中止，还包括检测是否有由设备漏洞和可能的欺骗行为所导致的故障或者恶意行为。例如，不起眼的智能恒温器是否存在故障或者由于恶意操作被篡改了温度阈值的最高和最低值？如果没有自动的、保护良好的弹性温度调节中止特性，那么可能会导致严重的安全问题。

另一个示例是车辆生态系统中的网络路旁设备。假设路旁设备连接到交通信号控制器、后端基础设施、汽车或者其他系统上，从安全角度考虑不同层面的路旁设备欺骗可能会导致怎么样的后果？在道路上遭到欺骗的路旁设备会在本地启动何种服务？它是否会导致性命攸关的事件？比如发出错误的限速警告，导致司机对随后的路况做出错误的判断，或者在交通信号控制器内启动与安全无关的服务，中断或者降低信号交叉口的交通流量？

在进行风险缓释时，前述问题应该在进一步的风险管理中得到反馈。应该同时采取技术和策略措施将风险控制在安全的层面内。

### 4. 规范

规范代表继承的安全和策略要求，同时它能够应用于物联网的部署中。从安全生命周期的角度来说，不论是企业还是政府，规范完全取决于特定的行业监管环境。例如，信用和借记卡金融交易中的设备和系统必须遵守针对销售点终端以及核心基础设施的支付卡产业系列标准。军用系统中的要求来自认证机构 DITSCAP 和 DIACAP。用于金融交易的邮政设备（采用包裹和信件方式）必须遵守邮政行业的标准。邮资机通常打印邮费，通过邮寄形式支付物品的运费。

但是物联网可能会将规范变得更为复杂，因为人们无须了解不同组织之间的复杂数据交互，确认物联网设备中传输数据的目的地（例如，制造商发送的有关设备的元数据，但是它可能用于收集有关终端用户的信息）。如果物联网数据只限于某个行业或者某种用途，那么情况就变得简单多了。但是随着数据聚合和分析的发展，隐私法律和法规很可能会对物联网提出影响深远的规范要求。物联网部署的连接和数据共享范围越广，就越有可能涉及未知的规范和法律问题。

在设计物联网服务时，需要确定采用何种规范标准，重要的是检查所有物联网中部署的物理和逻辑连接点。我们必须了解网络连接、数据流、数据源、接收点以及组织边界，因为这可能要求我们在信息与连接方面同所实施的规范之间做出权衡。例如，在用户可穿戴技术中，可能不应该同医生、诊所以及医院分享心跳、血压等健康指标。原因何在？因为在美国，这些数据涉及健康保险隐私及责任法案（HIPAA）。除此之外，用于实际医疗的设备受到美国食品药品监督管理局的监督和规范。如果将可穿戴设备连接到医院系统中具有足够的商业价值，那么供应商可能会起草一份新的规范并且确认在长期市场渗透、利润等方面能否带来回报。下面的列表是部分特定行业的规范标准。

- 支付卡行业：Visa、MasterCard、美国运通、发现金融公司以及 JCB 组成的联盟，指导支付卡行业安全标准委员会开发和维护金融交易安全标准，比如支付卡行业数据安全标准以及 PIN 交易服务。
- 北美电力可靠公司（NERC）：该公司签署的重大基础设施保护标准用于保护重要的发电和分配系统。对重大资产、安全管理、周边保护、物理安全、事故报告和响应以及系统恢复进行了定义。
- 美国邮政署（USPS）：公布了邮政安全设备的安全要求和监管。邮政安全设备保障通过邮戳转账资金的安全，同时保证资金和邮戳之间的完整性。

- 美国汽车工程师协会（SAE）：该协会为汽车行业制定了各种安全标准。
- 美国国家标准技术研究所（NIST）：NIST的标准都是具有前瞻性的，许多产业都参考它们来满足特定的需求。这些标准由各种特别出版物、联邦信息处理标准以及风险管理框架组成，它们在交叉引用方面非常严谨，以此来确保标准的广度和独立性。例如，NIST的多项标准（包括产业特定标准）都参考并执行FIPS 140-2标准来保护加密设备。
- 健康保险隐私及责任法案：美国国会和美国卫生及公共服务部对该法案进行监管，并且对其安全规则定义如下：本规则建立了一套国家标准来保护适用主体创建、接收、使用或者维护个人的电子健康信息。本规则要求适当的行政、物理和技术保障措施，确保电子健康信息的机密性、完整性和安全性。

考虑到各种陈旧的系统以及日新月异的规范标准，应当在初期就通过案例来确定使用何种标准，查找组织元素和系统的边界。其关键在于需要将规范需求融入物联网系统的设计、开发、产品选择、数据筛选以及共享过程中。除此之外，许多潜在的标准还要求通过管制来为系统发放证书或者授权，其中的一些还要求自行认证。这些行为的成本以及所花费的时间通常都是高昂的，从而对物联网的部署造成了巨大的障碍。

那些想要在物联网实施中确定必要安全措施但同时想节约成本的组织，可以考虑流行的20个关键安全控制，它们涉及多个规范标准。这20个关键安全控制是由网络安全中心所维护的，本书的作者之一即是网络安全中心20个关键安全控制编辑小组的成员之一，他提供了一份精简版的“物联网关键控制”（版本6）内容。请参见网络安全中心网站上的附录（www.cisecurity.org）。

**监管规范**是物联网领域具有挑战性的一项工作，因为需要维护组织内部各种设备以及不同设备类型的安全状态。虽然时至今日只有极少数的解决方案能够完成这一挑战，但还是有一些供应商具有完成这项挑战的能力。

例如，安全供应商Pwnie Express能够为物联网规范监管和漏洞扫描。Pwnie Express Pwn Pulse系统能够检测并且报告未授权的、存在漏洞的可疑设备。通过该软件，安全工程师能够使用标准渗透测试工具验证安全策略、配置以及控件。扫描的结果能够同标准的规范要求进行比对。

### 5. 安全系统集成

物联网安全系统设计解决了如何确保将不同的物联网设备融入富有安全意识的更大型企业中的问题。这意味着设备能够安全地提供验证、凭证，接受测试、监控、审计以及进行升级。显然，众多物联网设备只能提供上述部分功能。图 3-2 显示了安全系统集成示例。

| 安全启动引导 | 账号和凭证 |
| --- | --- |
| 初始身份配置<br>默认安全参数<br>初始企业认知 | PKI 证书<br>证书状态和有效期<br>证书监管<br>账号和 ID 管理 |
| **补丁和升级** | **审计和监管** |
| 硬件和软件清单<br>安全下载<br>运行测试<br>配置升级<br>激活 | 加入安全信息和<br>事件管理<br>行为分析<br>规范监管<br>审计维护 |

图 3-2　安全系统集成

威胁建模、隐私影响评估、安全影响评估、规范分析的结果应该输入最终物联网安全系统设计中。例如，在物联网设备连接到企业或者家庭网络的引导启动过程中（初始配置和连接），必须采取必要的安全措施来处理默认密码，对新密码、一次性对称密钥的创建进行技术控制。

物联网安全系统必须包含支持系统安全策略的新技术，并且将它集成到现有的安全基础设施中。为了实现这项要求，建议根据威胁涉及的方向分离出安全功能和控件，通过这种方法完成物联网安全系统的设计。例如，某些威胁可能会涉及物联网设备，在这种情况下企业应该密切地监控设备的状态和活动（通过安全信息和事件管理系统进行）。在其他情况下，设备可能运行在不安全的物理或网络环境下，这就增加了企业受到攻击的风险。在这种情况下，企业必须在物联网网关中建立特别的网络监控点，对信息内容、信息格式、信息授权等进行验证。例如，受到欺骗或者伪造的命令和控制服务器可能会尝试重新对物联网设备进行不安全的配置。因此设备必须具备自省功能，确认处于默认的安全和安保配置状态。

根据图3-2，安全的企业会涉及下列话题：安全启动引导、账号和凭证、补丁和升级、审计和监管。

安全启动引导涉及设备和企业系统（能够发现设备）中密码初始配置、授权、网络信息以及设备的其他参数。当新设备加入网络时，它应该被标识为合法的，而不是恶意设备。人们通常忽略了安全启动引导在安全整体内的重要性。安全启动引导是由安全过程所构成的，它们确保新加入或者重新加入的设备接受如下信息：

- 接收经过安全策略严格审查的安全配置。
- 接收有关网络、子网、默认网关等的信息，包括端口和可以接收的协议。
- 接收网络和终端系统以及服务器的验证，通常的方式为安装默认的加密凭证（信任锚和信任路径）。
- 在所连接的网络或者终端系统中注册（直接或者间接形式）自己的身份。

如果启动引导过程没有遵从良好的安全准则，那么可能会导致严重的后果。例如，许多设备在生产之后或者运输途中都会处于高度的非安全状态。在这种情况下应该由经过严格筛选的可胜任人员在安全的设施或者房间内进行启动引导过程。在家用情况下，家庭所有者应该得到明确的说明，以免有所遗漏或者错误地进行操作。

（1）账号和凭证

账号和凭证是指在大型企业中的物联网设备身份以及身份管理。启动引导中的一部分过程会进行证书初始化或者密码升级，一旦配置完毕后，设备和终端系统必须定期验证和升级凭证。例如，如果设备作为安全传输层协议服务器或者向其他系统授权安全传输层协议客户端证书，那么它有可能采用X.509凭证，通过加密该凭证来签发传输层安全协议协商握手信息。这些X.509证书都具有过期日期，因此应对该日期进行跟踪，避免由于过期而导致设备失去它的身份。在维护账号和凭证时，应该采取更为广泛的身份管理，并且这些过程应该融入硬件和软件库存管理系统中（通常在安全信息与事件管理数据库中进行维护）。

（2）补丁和升级

补丁和升级指在物联网设备中配置软件和固件的方式。大部分老旧系统甚至是新系统都要求同本地进行直接连接（例如 USB、控制台、JTAG、以太网等）并且手动将设备升级到新版本。由于云监控和管理的运用，许多新设备能够通过网络从生产商或者指定的设备、系统管理员那里获取升级包或者补丁。在升级软件或者安装补丁过程中可能会存在巨大的漏洞，因此在设备设计过程中，必须确保在任何远程安装补丁过程中都能做到以下几点：

- 端到端软件或者固件的完整性，通过与设备之间的分期传输同构建系统进行验证（在大部分情况下需要实现机密性）。
- 软件或者升级过程只能通过特定的访问功能才能进行，并且该功能只有拥有高权限的用户（如管理员）才能使用，或者由设备（推送）向授权的终端软件升级系统进行查询后进行。

有关安全软件配置的更多信息，将在本章随后的过程和协议中进行讲解。

（3）审计和监管

审计和监管是指企业安全系统以及它们捕获和分析异常的能力。其中包括监测物联网设备中的主机和网络异常。物联网设备应该根据环境威胁分配在特定的安全区域内，在这些区域内，设备的网管由集成防火墙或者安全信息与事件管理系统进行监控。如果由负责设备运行的企业进行管理，那么就可以对物联网设备进行审计。如果是家用设施或者设备，那么它们应该能够向生产商的网络服务提供审计和事件数据，这项功能应该向设备的所有者进行开放。当然，如果没有设备主人或者用户单独的允许以及协议，隐私数据不应该通过审计接口进行传输。此类信息应该在隐私影响评估中进行发掘和评估。

### 3.2.2 过程和协议

安全不仅仅是简单地查找技术解决方案，将正确的过程和步骤布置到位，需要建立一个强大的安全基础。

#### 1. 安全购买过程

定期采购众多物联网设备的企业，应当确保采购过程本身不会成为企业的攻击向量。在获取新的物联网设备时，请列出授信的供应商，确保不会采购和在网络中安装包含有恶意软件的设备。

### 2. 安全升级过程

安全升级过程的设计可以用来维护物联网系统中允许的补丁、软件以及固件版本。这就需要对支持物联网设备供应商的升级过程有所了解。物联网设备的升级通常要求从设备上加载镜像，其中包含了底层的操作系统（如果存在）以及任何程序代码。其他设备可能会将升级功能分隔出来，因此必须建立一个过程，保证物联网设备各个层面上的技术都升级到最新。

将物联网设备升级到最新版本同样是防御软件溢出漏洞的一个重要方式，同样重要的是在升级过程中防御恶意代码和固件镜像的插入。这通常要求建立分步的解决方案，在向设备传输补丁前，可以先使用加密签名进行验证。

运行测试同样也是升级策略的一部分。创建物联网测试网络可以确保升级的软件不会产生异常的运行行为。在审批过程中对升级和补丁进行运行测试，之后允许代码在物联网设备上进行升级。

### 3. 建立服务级别协议

正如之前所提到的，物联网供应商通常会向公司出租智能硬件，由此形成了一种权力的机制。这种权力可能会带来欺骗，例如，一些传输可能在预先设定的时间进行。随着物联网在不同行业越来越受到欢迎，企业可能会面临决定是租借还是购买智能产品的问题。关键的是，这些企业要在租借服务级别协议中包含安全对象，以此来帮助维护网络的安全。

应当在服务级别协议中加入物联网设备供应商，以此最小化设备带给企业的额外风险。物联网设备的租借服务级别协议示例如下所示：

- 在重大升级出现后，为物联网设备打补丁的时间。
- 响应同设备有关事件的时间。
- 物联网设备的可用性。
- 供应商处理物联网设备收集的隐私数据的方法。
- 规范目的——确保设备根据可用的规则进行维护。
- 事件响应功能以及联合协议。
- 供应商如何处理设备收集数据的机密性。

应该为支持物联网部署的云基础设施添加额外的服务级别协议。请访问云安全联盟网站（www.cloudsecurityalliance.org）获取有关云服务级别协议的指导。

### 4. 建立隐私协议

在共享物联网数据的组织之间应当建立隐私协议。这对于物联网是尤为重要的，因为数据经常在组织边界中进行共享。可以通过在物联网系统中进行威胁建模测试的结果了解数据在所有企业间的流向，所有和数据流有关的企业都应该参与到协议的起草中来。

云安全联盟编写了《Privacy Level Agreement Outline for the Sale of Cloud》，其网址为：https://downloads.cloudsecurityalliance.org/initiatives/pla/Privacy_Level_Agreement_Outline.pdf

以此作为起点，可以更好地理解在隐私协议内应当包含的内容，如下所示：

- 数据的处理方式。
- 数据传输的规则。
- 用于数据的安全措施。
- 为了防止入侵，系统处理监控数据的方法。
- 违规通知出现的方式。
- 在向其他组织提供数据前，首先应当获得哪些准许和报告。
- 数据存储的时间。
- 数据删除的时间以及方式。
- 负责保护数据的人员。

### 5. 考虑新责任和防御风险曝光

物联网为企业 IT 从业者带来了责任，但是与传统意义上的又是有所不同的。因为物联网侧重于使用网络上的物理设备，因此不同的企业必须考虑连接这些新设备所带来的责任。

举一个极端的例子——自主驾驶。在编写本书时，自主驾驶刚刚开始崭露头角。Tesla 提供了一种操作模式，能够允许汽车自动进行驾驶，Freightliner 甚至在内华达州获得了卡车的驾照。随着自主驾驶的普及，许多公司开始考虑在自己的车队中使用它们。我们应当从责任角度考虑这种变化所产生的影响。

另一个例子是无人机（航拍机）。到目前为止，在商用法律方面，根据美国联邦航空管理局2012年改革与现代化法案第333条规定，无人机已经加入了美国国家空域系统。因此无人机带来了全新的责任风险。迄今为止，无人机的责任风险都是由私人保险公司承担的，其中大部分以普通的民用飞机进行承保。由于用途的差异性巨大，全新的按用途付费的保险模式（用于管理风险）已经在无人机行业出现了。其中的一个示例是Dromatics，它是来自Transport风险管理公司的一项按用途付费的无人机保险方案。通过这种模型，投保者根据每次飞行的用途支付保单。这种根据用途支付费用的责任管理模型可能会在其他领域得到推广，尤其是在用途会发生迅速和动态变化时。可以在物联网设备中加入特定的监控特性来满足这种保险方式所需要的规范检查。

另一项物联网责任风险是潜在的敏感数据的滥用和泄露。尽管隐私协议是由所有的与数据共享有关的机构所起草的，但是仍然需要考虑第三方参与者是否会违背所有应该承担的新责任。

在将遗留系统（例如，监控与数据采集系统）联网到信息物理系统时，应该从责任角度对此进行审查。新增的连接是否增加了这些系统的风险？如果是，增加的风险将如何对用户产生伤害？

#### 6. 建立物联网物理安全规划

请读者务必理解实施物联网所需的物理安全需求，以此来防御信息泄露以及恶意软件的入侵。物理安全防御会影响架构设计、策略、步骤甚至是技术的引进手段。应该根据威胁建模的结果制定物理安全规划并且考虑物联网资产是否处于暴露的环境下。如果情况确实如此，那么请采购包含有物理防篡改保护功能的物联网设备。

请确保安全团队对于任何特定物联网设备的底层安全风险有准确的理解。例如，对某个物联网设备进行逆向工程，确保采取的安全措施能够使其免遭毒手。检查调试端口（例如JTAG）是否具有密码保护，确认在设备中没有任何硬编码的账号密码。在发现这些信息后，请及时升级威胁建模或者修改技术引进方式。

除此之外，许多物联网设备都提供了物理端口（比如USB端口），此类端口支持同其他设备或者计算机的连接，甚至是与更高层部件的连接。在部署和运行时，请谨慎考虑是否开启这些端口。

最后，物理安全同样涉及监控解决方案（例如摄像头）的部署，它们本身也属于物联网设备。这带来了一个重要的概念。Cisco系统提倡将网络安全与物理安全系统结合在一起，以此获得对环境更为广泛的整体认识，同时将人为干预与安全系统结合在一起。

### 3.2.3 技术选择——安全产品和服务

在这部分将会重点讲解选择物联网技术以及安全产品和服务时所需要注意的事项，旨在帮助读者满足物联网系统安全设计所需的安全和隐私需求。

#### 1. 物联网设备硬件

在启动设备时，物联网设备开发者拥有众多技术选项。这些技术通常都有能够用来保护客户信息以及防御威胁的安全特性。连接到物联网的产品通常都采用单片机，同时配有收发器或者传感器，它们都集成在物联网产品内部。开发者应该清楚每种单片机提供的安全选项。

#### 2. 选择单片机

在设计硬件时，首先应当选择物联网实施中使用的单片机。单片机的选择主要基于物联网设备的运行需求，它是否提供对低功率程序、性能程序以及无线程序的支持。这些片上系统提供了物联网设备所需的许多核心功能。例如，片上系统为单片机提供了集成在单个系统上的近场通信转发器。

虽然某些物联网设备是非常复杂的，但是在选择片上系统时，许多传感器通常只要求最少的技术组件。同样，片上系统的选择是物联网设备开发中关键的安全部分。在选择片上系统时，请考虑片上系统是否提供了下列功能：

- 支持安全固件升级的加密引导加载程序。
- 支持高效加密处理的硬件加速，加速器支持哪些算法？
- 安全内存保护。
- 内置防篡改保护（例如，JTAG 熔断保险丝或者篡改响应机制）。
- 防逆向工程保护措施。
- 在非易失性内存中存储加密密钥的安全机制。

在选择完片上系统后，还需要完成额外的硬件安全工程。开发者必须检查任何测试或者调试端口并将它们锁定，方法主要取决于片上系统所提供的功能。例如，某些片上系统可能提供 JTAG 熔断保险丝，或者提供密码保护来锁定调试接口。

### 3. 选择实时操作系统

除了需要微硬件安全保护外，还应该使用安全的操作系统。许多物联网设备的配置文件都变得十分小型化，但是强大的片上系统组件能够运行各种安全的启动操作系统，它们支持严格的访问控制、可信任执行环境、高度安全的微内核、内核隔离等其他安全功能。请注意不同的物联网设备可能需要不同的实时操作系统，如图 3-3 所示。

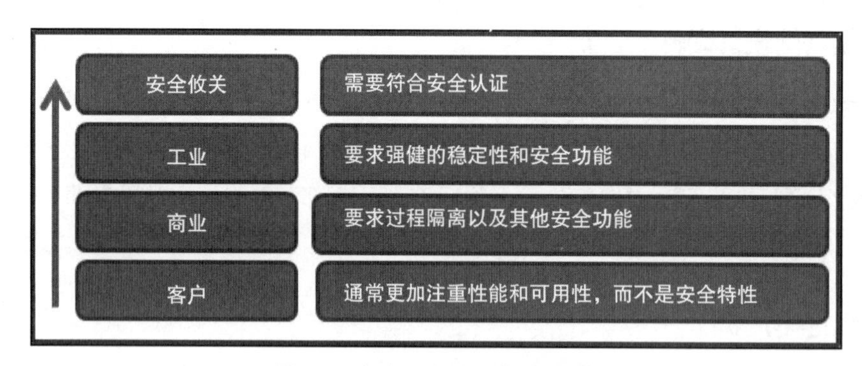


图 3-3　如何选择实时操作系统

在图 3-3 的顶部（安全攸关的物联网设备），实时操作系统的选择应该重点考虑是否需要满足特定的行业标准。这些标准的示例如下。

- DO-178B：机载系统的软件标准以及航空电子系统的设备认证。
- IEC 61508：工业控制系统的功能安全。
- ISO 62304：医疗器械软件——医疗器械的软件生命周期过程。
- SIL3/SIL4：运输以及核动力系统的安全完整性等级。

可以获得许多强健的实时操作系统，例如，LynxOS 以及 Green Hills Software，在建立安全攸关的物联网系统时，它们都是应该考虑使用的对象。通常将这些系统称为信息物理系统。

### 4. 物联网关系平台

物联网技术最为关注的一个方面是是否在企业物联网系统中使用物联网产品关系平台。这些平台正变得越来越流行，目前的领头羊分别是 Xively 和 ThingWorx。除了运行功能外，这些供应商还能提供支持安全特性的解决方案。因此，开发团队可以使用这些平台实现下列功能：

- 资产管理功能。
- 认证和授权功能。
- 监控功能。

（1）Xively

从本质上讲，Xively 和 ThingWorx 都和产品管理平台进行连接。它们允许开发者通过软件开发套件、API 以及适配器与物联网设备建立关系。在室内物联网部署中采用这种平台能够减少许多集成的负担。根据 Xively 标准的特性，它还能提供额外的服务，其中包括 Xively Identity Manager 和 Xively Blueprint。Xively Blueprint 允许设备、用户以及程序连接到 Xively 的云服务上，它支持身份配置以及在云端将身份映射为权限。Xively Identity Manager 支持对这些身份的管理。

Xively 支持多种通信协议，其中包括 HTTP、WebSockets 以及 MQTT，在这些信道中它采用 TLS 来实现端到端的安全。TLS 的安全性主要依赖于生成真随机数的能力，它是保证独特性以及防止猜解的基础，这对于嵌入式设备来说这是一项严峻的挑战。

（2）ThingWorx

ThingWorx 为流行的物联网平台（例如 Raspberry Pi）提供了入门套装。ThingWorx 设置提供预先建立的物联网程序。采用这种第三方供应商平台运行的企业应该确认程序经过了严格的安全测试，同时还需要进行室内安全测试，以此来确定正确的安全基准线。

使用 ThingWorx 进行物联网开发的企业应该同时采用该平台的资产管理以及安全远程管理功能。针对终端设备，ThingWorx 还新增了兼容 FIPS 140-2 标准的软件加密库，并且提供支持设备远程管理以及资产管理的功能，其中包含了远程向物联网设备发送软件升级包。

### 5. 加密安全 API

安全应用程序接口通常以加密库的形式实现，它位于管理、联网或者数据程序可执行程序的底层。根据调用者的需要以及在软件栈中的位置，安全应用程序接口会在运行时进行静态或者动态链接。同样，它们会嵌入加密芯片。安全应用程序接口以及可执行文件会在下列情况下进行调用。

- 程序数据（休眠或者传输）：
  - 加密

- 验证
- 完整性保护

- 网络数据 / 包：
  - 加密
  - 验证
  - 完整性保护

由于需要在不同的位置实现安全功能，设计者必须考虑是否在端到端中通过安全通信保护所有的程序数据（即隐藏程序协议）、中介系统是否需要访问数据（即点到点保护）、是否只对位于设备上的数据进行安全保护（内部存储）等。除此之外，无须在端到端对数据进行加密就可以保护它的完整性和真实性。当中介系统和程序需要检查或者获取非加密数据，但是又不能破坏端到端安全关系时（保护端到端数据原始验证和完整性），这对于我们来说是非常有帮助的。程序级别的加密可以实现这项要求，或者使用实现 TLS 以及 IPSec 等协议的安全网络库。

在为物联网选择库时，通常会将库的大小以及封装作为考虑的因素。由于成本低廉以及在内存和处理能力方面的严重限制，许多设备只能为加密安全过程提供有限的资源。除此之外，某些加密库还依靠类似 AES-NI（例如 Intel 处理器）这样的技术进行底层硬件加速。通过硬件加速可以降低处理器时钟周期、内存消耗并且缩减程序或者网络数据的加密周期。

在加密库的构建和选择过程中，应当考虑其中存在的潜在漏洞，同时思考这些漏洞会如何影响物联网程序数据。例如，2014 年公布的 OpenSSL 心脏滴血漏洞，对全球范围内的互联网网站造成了灾难性的危机（https://en.wikipedia.org/wiki/Heartbleed）。

许多公司都未能察觉到自身已经暴露在这个漏洞之中，原因在于他们未能及时在终端系统中跟踪软件的供应链。因此物联网安全工程公司的职责包括跟踪开源和其他有关安全的软件库的漏洞信息，确保这些漏洞不会出现在公司内部特定的设备和系统中。

目前市面上有多种安全加密库，它们由不同的语言实现。其中有一些是免费的，另一些则通过购买来获得商业许可。其中一些库的名称如下所示：

- mbedTLS（之前称为 PloarSSL）
- BouncyCastle

- OpenSSL
- WolfCrypt（wolfSSL）
- Libgcrypt
- Crtpto++

在第 5 章中将会进一步介绍有关这些库（如上面例子中所展示的一部分）所提供的加密功能。

### 6. 认证 / 授权

在开始定义物联网安全架构时，理解部署认证和授权的最佳方法是选择安全技术作为重要的一点。实际的解决方案的选择很大程度上取决于物联网基础设施的部署设计。例如，如果读者正在使用亚马逊云服务，那么就应该了解内置的认证和授权解决方案。在编写本书时，亚马逊可以提供两种解决方案：X.509 证书和亚马逊自己的 Sig V4 认证。对于物联网部署，亚马逊只提供了两种协议：MQTT 和 HTTP。在使用 MQTT 时，安全工程师必须选择 X.509 证书用于设备的认证。请注意，读者也可以将证书加入到策略中，实现更为细致的认证支持。安全工程师应该使用亚马逊云服务中的身份识别与访问管理服务来管理（签发、作废等）证书和认证（https://aws.amazon.com/iot/how-it-works/）。

未采用云物联网服务（例如亚马逊云服务）的公司应当在认证功能中使用公开密钥基础设施证书。由于在公司中可能会部署大量的物联网设备，SSL 证书提供的传统价格点已经无法满足实际的需求。因此，公司在部署物联网设备时应该评估供应商提供的物联网证书价格，旨在降低证书的成本价格，例如，GlobalSign 和 DigiCert 公司就可以实现这样的目标。

X.509 证书只是实现物联网认证和授权功能的起点。请关注支持身份关系管理的供应商，该功能是由 Kantara Initiative 公司提供的。身份关系管理主要从客户、互联网方面全方位进行实现，而不是在雇员以及在企业内的特定范围进行管理。诸如 GlobalSign 这样的公司已经将这种概念融入了他们的身份识别和管理解决方案中，并且通过 RESTful JSON API 提供高容量证书的发送。

采购 X.509 证书的另一个方法是构建自己的基础设施。如果你的公司在设计和安全部署基础设施方面有丰富的经验，那么可以使用这种自主化的方法。安全公钥基础设施设计是一个高度专业的领域。读者可能会在许多方面犯错误，例如，未能安全地保护根证书，或者不经意间导致注册机构账号受到欺骗。

另外，有关公开密钥基础设施证书需要注意的一点是X.509不会永远是物联网中约定俗成的标准。例如，在车联网市场中，汽车中用于支持认证证书的基础设施是以IEEE 1609.2标准为基础的。在高容量以及资源紧张的端点中，它比X.509具有更高的效率。

其他提供物联网认证和授权解决方案的公司包括Brivo Labs（http://www.brivo.com/），它主要提供人与设备间的认证社交交互，以及ForgeRock（https://www.forgerock.com/solutions/devices-things/）和Nexus。

### 7. 边缘

根据雾计算和协议转换，Cisco系统已经体现出在物联网架构中将数据处理技术设施拓展到网络边缘的必要性。Cisco将这种概念称为雾计算。在这种概念中，从物联网设备产生的数据无须传输到云处理和分析中心就能使用。初始的分析处理可以在新的边缘数据中心中进行，以此通过更低的成本收集有用的信息，或者在短时间内对数据采取积极的措施。对于以边缘处理为主的设计，它们的安全架构应该更多地注重传统安全概念，例如，通过边界防御来确保边缘基础设施设备的安全。同时，安全架构还必须注重对各种形式数据（预处理/已处理）的保护，以此确保客户、雇员以及合作者敏感信息的安全。

供应商同样能够提供更多传统的作为中间人或者协议转换器的物联网网关。诸如Lantronix物联网网关这样的产品含有内置的SSL加密和用于管理功能的安全外壳协议。亚马逊网络服务中的物联网网关同样包含内置的TLS加密（http://www.lantronix.com/products-class/iot-gateways）。

软件定义的网络和物联网安全将服务和处理都转移到了网络边缘上，由此为物联网设备和路由带来了更多需要考虑的因素。随着软件定义网络的普及和流行，它作为动态管理物理和虚拟网络设备的方法为物联网设备带来了许多新的安全因素。这些因素需要在安全生命周期中进行审视。在物联网设备中使用软件定义网络协议（例如OpenFLow），能够为网络和设备管理员提供配置设备路由交换、表以及对应策略的便捷方法。采用这种控制面板的物联网设备会暴露许多敏感数据元素以及设备通信方法，因此应该采用认证协议来保护其完整性和机密性，以此确保软件定义网络南向接口（在物联网设备以及软件定义网络控制器间的协议）以及北向接口（用于提供上游网络商务逻辑的程序）的安全。除此之外，软件定义网络协议的商务逻辑（运行在物联网设备上的软件定义网络客户端）应当运行在受保护的进程中，同时控制数据结构（例如路由表和策略）应该同物联网设备一起得到保护。如果忽略了这些安全控制类型，可能会导致攻击者重新配置和重新路由（或者路径多宿），将这些私人数据转移到非法组织中。

### 8. 安全监控

物联网中一个有趣的话题是与传统企业安全解决方案不同的安全监控的定义。在传统意义上，企业需要安全信息和事件管理工具从宿主、服务器和程序中收集数据。一个理想的物联网监控方案是从网络中的每个设备中收集数据，这本身就非常具有挑战意义。为物联网设计一个完整的安全监控方案要求融合各种不同的安全产品。

因为存在限制及时完成这项任务的约束，通常来说很难从全部的物联网设备中获取必要的安全日志文件。例如，从省电的角度来说，通过射频连接向聚合器传输安全日志数据的成本是非常高的。除此之外，某些设备甚至不会对安全相关数据进行采集。想要建立高效物联网安全监控解决方案的公司首先应该采用对不同设备进行连接提供灵活基础的工具。Splunk 是一个非常适合的例子，它们的平台提供了具有这种灵活性的协议，因此它是一个不错的选择。

Splunk 可以接收多种格式的数据（例如 JSON、XML、TXT），随后将其转换为进一步评估所需的格式。公司需要建立直接从物联网协议（例如 MQTT、CoAP、AMQP 以及 REST）获取数据的模块。Splunk 还为物联网提供了额外的功能。例如，提供了能从亚马逊 Kinesis 索引数据的模块，以及在亚马逊云服务中从物联网设备收集数据的组件。（http://www.splunk.com/blog/2015/10/08/splunk-aws-iot）

亚马逊云服务同样提供了能够在亚马逊云服务物联网实施中进行初步安全分析的日志功能。亚马逊云服务的 CloudWatch 服务能够开启物联网设备上的事件日志功能（要求设备使用 MQTT 或者 REST）。日志可以设置为调试、信息、错误以及禁用。亚马逊云服务的 CloudWatch API 描述了下列物联网设备上的日志条目。

- 事件：描述动作。
- 时间戳：记录发生时间。
- TraceId：随机鉴定。
- PrincipalId：证书指纹（HTTP）或者事件名称（MQTT）。

- 日志等级：日志的等级。
- 主题名称：MQTT 主题名称。
- ClientId：MQTT 客户端的 ID。
- ThingId：事件 ID。
- RuleId：触发的规则 ID。

能够在单个或者多个设备中发现异常是一项很重要的安全功能。虽然在这个领域还需要更多的研究来开发最新的产品，但在小型物联网部署中已经有基于行为的监控解决方案。例如，Dojo 实验室已经准备发售 Dojo 家庭物联网监控解决方案，它提供对用户友好的安全监控来检测和解决家用物联网设备的安全问题。Dojo 实验室的产品通过信号颜色向使用者显示在家用物联网生态系统中是否有安全问题。通过对某种设备类型标准行为特征的理解，该产品能够分辨是否发生了值得注意的事件，例如：

> "连接网络的恒温器在正常情况下只会发送类似温度这样的小型数据，当它突然开始发送类似视频传输这样大量的数据包时，就证明设备可能已经受到了欺骗。"
>
> 来源：http://www.networkworld.com/article/3006560/home-iot-security-could-come-from-a-glowing-rock-next-year.html

随着时间的推移，我们期待更多类似的安全功能。行为分析所面临的挑战是理解受到系统监视的设备的行为方式。同人类的行为分析不同，物联网的行为分析并不是监视安全行为（例如，在每天特定时间使用设备），它的概念与此大相径庭。根据设备的类型，例如，自主驾驶汽车或者智能电表，它们正常运行的参数完全不同。这就要求深度理解这些设备的正常运行参数，通过大量分析确定对哪些违背这些正常参数的运行行为发出警报。

美国国防高级研究计划局正在探索网络防御者根据模拟设备运行特征（例如，发出的声音、功率消耗等）来确定恶意行为的方法。虽然这些设备距离走向市场还有很长的一段路，但是值得注意的是安全研究者（例如 Ang Cui）已经展示了欺骗物联网设备的新方法，比如振动 MCU 针脚，以此通过 AM 无线电建立数据泄漏信道，这种入侵方法也称为 Funtenna。

另一个安全工程面临的问题是无线通信的使用。无线带来了影响企业监控能力的新问题。例如，能够在物理环境中检测非法设备或者使用新方法对建筑进行监控，因为我们需要监听诸如蓝牙、ZigBee、ZWave 这样的射频通信。Bastille 公司是解决该问题所需的新型物联网监控技术的领头羊。该公司的产品 C-Suite 无线安全方案能够对空域进行监控并且在新设备连接到企业网络时发出警报（https://www.bastille.io/）。

物联网的复杂特性意味着公司必须花费资源整合不同供应商的产品，以此来设计一个完整的安全监控解决方案。同时安全托管服务商也开始推出物联网监控产品。其中的一个产品是来自 Trustwave 的物联网安全管理服务。

## 3.3 本章小结

本章讲解了许多问题的解决方法以及有关安全部署物联网系统的技术，包括安全、隐私设计、过程和协议的建立以及相关安全产品和服务的选择。

在下一章中，我们会详细讲解有关物联网安全生命周期运行方面的内容。

# 第4章

# 物联网安全生命周期

大型或者联合企业都会面临在单个物联网系统中部署几千个设备，或是成百上千个单独的物联网端点的挑战。随着复杂度的增加，每个物联网在形式和功能方面都可能有所差异。例如，经营零售商店的企业可能在仓储管理中使用以仓库为基础的射频识别系统，在零售场所的信标能够调整客户体验，同时在运行的各个方面融合诸如车联网、无人机和机器人等技术。

安全工程师的职责是检查和理解这些系统的特性并且定义一个合理的生命周期来维护企业的安全状态。在本章中会对物联网系统安全生命周期进行讨论，它与安全开发、融合以及部署过程有着极为密切的关系。生命周期应当具有迭代的性质，这样就能在企业中增加新的物联网安全功能。通过解决技术、规则以及程序的生命周期的问题，实现一个强健的物联网安全环境，它能够根据系统的运行需求进行不间断地升级和调整。物联网安全生命周期应当支持的企业物联网生态环境的功能如下所示：

- 由于通过第三方泄露敏感信息或元数据的潜在风险，需要对隐私有所关注，要求全方位的机密控制。
- 安全配置新设备以及设备类型，防止针对企业的新型攻击向量。
- 会加剧入侵影响的自动化操作以及设备间的交互。
- IT 员工尚未面临的传统安全风险。如果攻击者通过物理手段欺骗物联网系统，那么这些风险可能对雇员和客户造成伤害。
- 在租借（非自主）的产品中同样存在着潜在的风险。这为生命周期带来了些许难题，因为供应商必须能够维护他们的系统。

- 在网络边缘对数据分析进行预处理和初始化（程序以及安全），将日志和事件数据传送到云端进行进一步的分析。

## 4.1 安全物联网系统实施生命周期

在第 3 章中对整个物联网系统实施生命周期的安全设计进行了讲解。在本章中将会重点讲解物联网安全生命周期的其他重要方面，其中包括实施、融合、运行、维护以及处置。图 4-1 所示是物联网安全生命周期的示意图，它的起点是系统设计阶段的安全以及隐私，终点是当物联网资产到期时进行的安全处置。

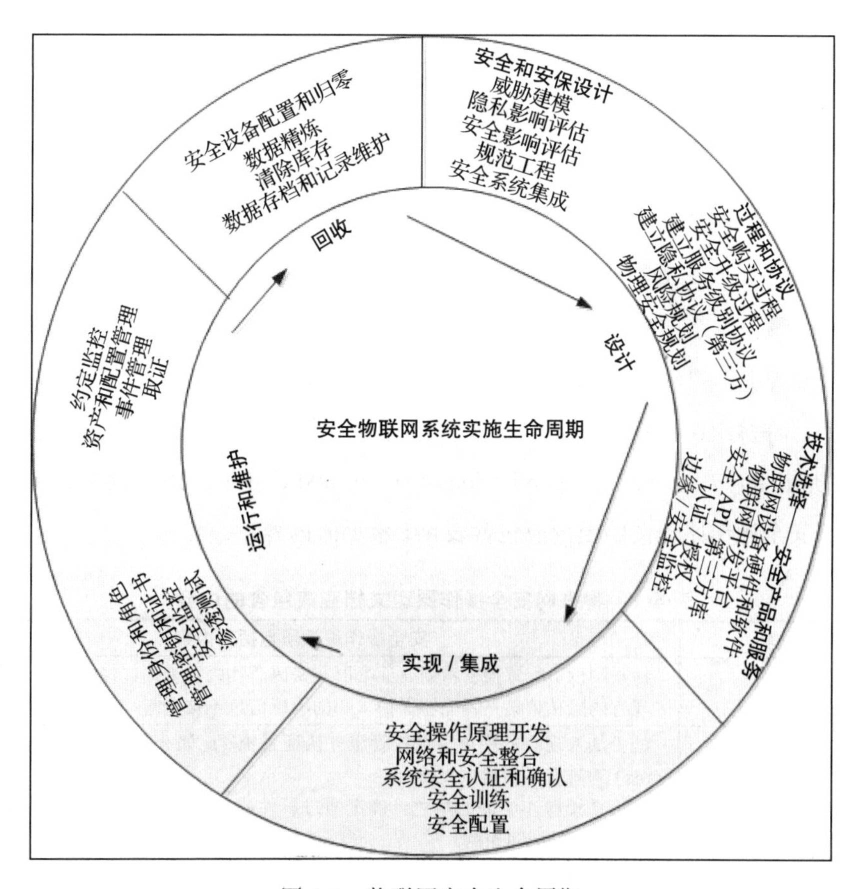


图 4-1 物联网安全生命周期

## 4.1.1 实现和集成

终端用户企业有多种方法来部署可用的物联网功能。某些企业可能会自行开发物联网系统，然而大部分企业会采购预先打包的物联网系统，其中的物联网设备会预先同边缘基础设施、云接口、终端分析处理系统等建立连接。

例如，随着针对超视距无人机系统运行规定的涌现，系统集成商将无人机管理和控制系统进行打包，方便需要监控、确保安全或者其他功能的企业购买。这些系统能够对无人机载具终端的多种类型数据进行捕获，将这些数据通过预先配置的信道传输到网关系统中。随后网关将这些数据反馈到终端或者地面系统，实现自动路径规划以及针对特定任务的群合作。

虽然这些系统在设计和开发过程中会预先配置一定的安全选项，但是计划使用它们的企业仍然应该进行一系列的工作，以确保安全地将这些特性融入现有的企业中。

安全生命周期中的第一步是创建操作原理文档对系统进行剖析，理解安全需求以及满足的方法。

### 1. 物联网安全操作原理文档

通过安全操作原理文档，企业能够有条不紊地对物联网系统的安全运行进行详细设计。该文档应该由物联网系统操作者编写，以此在实施和融合中对系统实施者提供指导。在安全操作原理中不应对任何细节抱有幻想，否则实施者就会感到困惑并且做出有违文档意图的操作。许多组织都提供了安全操作原理文档的模板，其中的一个示例是NIST SP-800-64，网址是http://csrc.nist.gov/publications/nistpubs/800-64-Rev2/SP800-64-Revision2.pdf。

物联网安全操作原理文档至少应包含表4-1所示的内容：

表4-1　物联网安全操作原理文档应该包含的内容

| 安全服务 | 安全操作原理所包括的内容 |
| --- | --- |
| 机密性和完整性 | 物联网设备配置加密密钥、证书以及密码套件以及管理这些加密素材的方法<br>现有的隐私策略是否能够保护未知的敏感信息不被泄露 |
| 认证和访问控制 | 是否加入现有的中央目录托管服务认证系统（比如Active Directory或者Kerberos）对现有系统提供支持<br>执行系统操作所需的角色，确定通过属性或者角色进行控制，或两者同时实施（例如时段访问控制）<br>系统中的安全角色以及配置这些角色的方法<br>根据每个关键点考虑安全控制（例如支持发布/订阅协议） |

（续）

| 安全服务 | 安全操作原理所包括的内容 |
|---|---|
| 监控、约定以及报告 | 执行安全监控以及从物联网设备日志中提取数据的方法。网关是否作为日志聚合器？应该为安全信息与事件管理事件警报编写何种规则<br>接收日志文件的系统，用于安全事件日志分析<br>在物联网系统的生命周期中必须遵守哪些约定规则<br>大数据分析在增强物联网系统安全监控中的地位 |
| 事件响应和取证 | 负责定义和执行事件响应活动的人选<br>将商务功能迁移到新的物联网系统<br>故障或者遭受欺骗的物联网系统影响分析 |
| 运行、维护以及部署 | 需要何种额外的安全文档支持物联网系统安全运行，其中包括配置管理计划、持续监控计划以及权变计划<br>如何定期对系统进行维护来保持健全的安全策略<br>确定利益关系者应当接受何种安全培训以及完成培训的频率<br>物联网系统资产安全配置和验证的方法 |

## 2. 网络和安全整合

由于存在种类繁多的物联网功能，因此很难对物联网网络实施进行确切的描述。下面会讲解有关无线传感器网络和车联网的网络和安全整合。

（1）检查无线传感网络的网络和安全整合

在一个典型的无线传感网络中，有成百上千的以电池驱动的低功率传感器通过射频协议（例如 ZigBee）进行通信。这些设备使用修改的物联网协议（例如 MQTT-SN）在应用层进行通信，它们可以直接运行在 ZigBee 或者类似的协议上（删除了在边界基于 IP 的通信需求）。在这种情况下，在传感器中实现 MQTT-SN 要求有一个在 MQTT-SN 和 MQTT 协议之间进行协调的网关。

网关提供了无须同云端进行 IP 连接就能部署物联网设备的能力。除此之外，网关还作为物联网设备以及处理数据的分析系统之间的协议中介。由于网关从多种设备中聚合数据（大部分情况下临时进行存储），因此需要确认网关和物联网终端设备以及终端云服务之间的通信配置是否安全。

在寻找用于保护这些通信的安全服务时，通常会使用传感器与网关之间射频协议的安全特性，例如，在 MQTT 网关和终端服务间使用诸如 TLS 这样的协议。

然而企业没有必要完全使用修改过的 MQTT-SN 协议。某些物联网设备支持通过 MQTT 直接同网关进行通信的能力。亚马逊网络服务实现了对 MQTT 的支持，做法是使用受保护的 TLS 信道实现支持直接连接的云 MQTT 网关。

（2）检查车联网网络和安全整合

这种方法有着截然不同的特性。假设有一队网联汽车使用专用短程通信技术互相连接。这些汽车每秒向对方以及路边设备多次发送信息，依靠邻近的其他组件对这些信息进行处理。这些信息通过专用短程通信技术的功能进行保护，其中包括提供数据原始认证的功能。通常企业都会使用这些协议配置基础设施组件来保护这些通信的安全。

无论采用何种类型的物联网部署，都要配置这些系统和现有的技术基础设施进行通信。从安全生命周期的角度来说，工程师应该花费大量的精力来规划这些整合行为。企业内不良的物联网系统整合规划可能会带来新的溢出风险。

（3）现有网络和安全基础设施升级规划

有关整合规划的生命周期活动要求将新的物联网服务融合到现有的基础设施中，有时这会导致对原有系统的巨大改动。某些物联网实施要求近实时的反馈来支持自动决策。尽管物联网最初的转变主要侧重于从传感器收集数据，但是未来的趋势是让这些数据在日常生活中体现价值。在企业中配置分析、控制系统或者其他功能能够更好地实现这一目标。

如果物联网系统必须近实时对数据进行处理，那么有必要重新评估统一数据处理的方法（http://www.forbes.com/sites/moorinsights/2015/08/04/how-the-internet-of-things-will-shape-the-datacenter-of-the-future/）。

Cisco 系统公司提出了雾计算（其模型如图 4-2 所示）的概念，以此来解决向分布式模型转变的需求，该模型侧重于增强物联网系统的稳定性、可扩展性以及容错性。雾计算模型将计算、存储以及程序服务都部署在网络边界或者向物联网设备提供服务的网关内。边界运算的概念依赖于众多集中式系统来实现近实时的分析以及性能方面的提升。数据可以在本地进行处理和分析，无须将它们发送到高度集中的程序中。在边界处理完毕后，结果数据可以直接发送到云端进行长期存储或者加入到更深一层的分析服务中。

设计一个具有可扩展性并且能够防御拒绝服务攻击的物联网是十分重要的。对网络基础设施以及分析架构重新进行思考是其中很关键的一个方面。在对现有基础设施进行规划和升级时对物联网服务进行分权能够在增加新服务的同时提升灵活性。

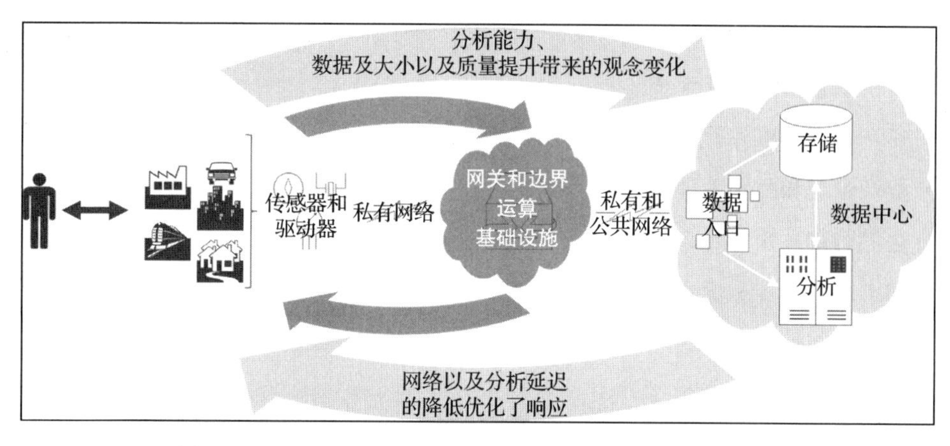


图 4-2 Cisco 系统公司提出的雾计算（图片由 Cisco 提供）

（4）规划配置机制

工程师必须配置使物联网设备和网关正常运行的网络信息。在某些情况下包括 IP 地址的分配。所支持的物联网协议通常决定了对 IP 地址的要求。无线传感器网络使用的通信协议（例如 Bluetooth、ZigBee、ZWave）不需要对 IP 地址进行配置，但是类似 6LoWPAN 这样的协议需要为每一个设备配置 IPv6 地址。某些设备同时支持多种无线协议和 IP 连接。

选择为设备配置 IPv6 地址的企业需要完成额外的安全工程任务，因为必须确保安全地开启了 IPv6 路由基础设施。

企业必须为任何需要整合的域名系统做好规划。这点对于任何需要使用 URL 进行通信的终端或者网关都是必要的。例如，用于网关与基础设施通信以及回程服务通信的基于 DNS 的命名实体身份验证协议，通过使用 DNSSEC，能够将证书和命名实体（URL）更紧密地结合在一起，以此帮助人们阻止各种基于网络的中间人攻击。

（5）整合安全系统

物联网系统需要同现有的企业安全系统进行整合，这要求对这些系统的接口进行接入以及测试。在理想情况下，在物联网系统的开发过程中会对这些系统接口进行创建，但是在某些情况下，必须开发胶水代码来完成整合。在其他情况下，需要通过简单的配置同企业系统中的安全产品进行交互。物联网系统部署可能会涉及的企业安全系统如下所示：

- 目录系统。
- 身份识别访问管理系统。
- 安全信息与事件管理系统。
- 资产管理和配置管理系统。
- 边界防御系统（例如防火墙以及入侵检测系统）。
- 加密密钥管理系统。
- 无线访问控制系统。
- 现有分析系统。

（6）物联网和数据总线

除了使用IP和无线协议的物联网系统外，还有依靠数据总线同邻近设备进行通信的物联网系统。例如，在现代的汽车内部通常使用控制器区域网络总线在汽车部件（电子控制元件）之间进行实时传输。在不久之前，汽车制造商们开始将更丰富的娱乐功能融入汽车平台中。在许多情况下，这些新系统（例如信息系统）都会与关键的控制器区域网络总线相连接。优秀的安全方案是将这些系统进行隔离，但是尽管如此，关键的控制器区域网络总线还是有遭受攻击的可能性。

请仔细研读2015年Charlie Miller和Chris Valasek发布的研究报告，这样读者就能明白汽车行业所面临的某些挑战。在承载网络中的错误配置、软件构成中的不良安全设计以及对微控制器（负责隔离汽车信息系统以及关键的控制器区域网络总线）的逆向工程能够让研究者成功地远程控制汽车（http://illmatics.com/Remote%20Car%20Hacking.pdf）。

将物联网系统融入安全关键系统的重点在于安全域的分隔，也就是说通过分隔技术将敏感和非敏感功能分隔开来。除此之外，完整性保护、认证、防御信息重放以及机密性同样适用于大部分场合。传统网络中的一个关键点在于安全信息与事件管理的整合，人们通过它对流量进行监控并且确保数据根据规则通过现有的安全区域。在未来会需要模拟系统以及实时数据总线。

### 3. 系统安全认证与确认

我们需要执行足够的测试（主动以及被动）来确认是否满足了功能性的安全需求。该测试应该在系统融入企业基础设施中后的运行环境中进行。在理想状态下该测试应该在开发、实施、整合、部署以及运行的生命周期内执行。

认证能够确保系统根据符合利害关系人利益的要求运行。确认能够保证物联网产品、服务或者系统满足客户以及其他认证利害关系人的要求，也就是说系统的定义和设计能够防御威胁。认证是评估产品、服务或者系统是否符合规定、要求、规范或者市场约束的限制。对于物联网系统来说，这意味着安全服务和功能应该根据设计进行实现（https://en.wikipedia.org/wiki/Verification_and_validation）。

验证功能性安全要求的一个方法是创建测试驱动或者模拟器对功能进行模拟。例如，创建一个模拟设备间安全连接（比如 TLS）以及认证初始化的模拟器能够让测试者了解每个设备是否按照定义的安全要求运行。

需要通过系统测试来确认物联网实施的功能性安全要求是否在开发和整合过程中得到满足。物联网系统测试应当尽可能做到自动化，同时展示系统可预见和不可预见的行为。

在确认问题后应该创建差异报告。在系统升级完毕以及新版本发布前，开发团队应该对差异报告进行闭环跟踪。可以通过各种跟踪工具对差异报告进行跟踪，例如，传统的配置管理工具（DOORS）或者基于敏捷性的工具（例如 Atlassian 套装中的 Jira）。

### 4. 安全培训

2015 年 OpenDNS 的企业报告给出了安全从业者未来所要面临的挑战。报告中陈述了企业雇员将自己的物联网设备带入企业，但是诸如智能电视这样的设备不在企业防火墙或者互联网服务的范围内。报告表示有必要对雇员和安全管理员在网络连接以及鉴别未能正确连接的客户物联网设备方面进行再次培训。

安全培训的创建要求定期进行检查、建立支持各种物联网模型的安全策略。这些策略应当作为终端用户安全意识培训以及安全管理培训的源头资料。

（1）面向用户的安全意识培训

物联网系统通常都有传统 IT 系统所不具备的特性。有关提升用户安全意识培训的内容如下所示：

- 有关物联网设备的数据、网络以及物理风险。
- 将个人物联网设备接入企业的相关策略。
- 物联网设备收集数据的相关隐私保护要求。
- 同其他物联网设备接口（如果存在）连接的步骤。

（2）针对物联网的安全管理培训

安全管理员应当获得足够的技术和程序信息来确保物联网系统的安全运行。用于更新安全管理培训的内容如下所示：

- 企业中允许物联网使用的策略。
- 有关最新物联网资产的详细技术概况以及最新物联网系统支持的敏感数据。
- 将物联网设备上线的步骤。
- 监控物联网设备安全策略的步骤。
- 升级物联网设备和网关固件、软件的步骤。
- 管理物联网资产的授权方法。
- 如何在企业内检测未授权的个人物联网设备。
- 响应物联网设备相关的事件。
- 合理处置物联网资产的步骤。

任何与物联网系统或者物联网数据打交道的企业人员都应该接受相应的培训。

### 5. 安全配置

物联网系统包含众多不同的组件，应该以安全的方式对其进行配置并且确保组件之间的接口也得到了安全的配置。我们通常很容易忽略更改默认设置以及选择正确的安全运行模式的必要性。请根据现有的安全配置指导来理解锁定物联网系统以及通信服务的方法。

（1）物联网设备配置

我们需要对某些使用实时操作系统的强大物联网设备的配置文件以及默认设定值进行重新审视。例如，应当对操作系统的启动引导特性进行审视和升级，确保只采用经过验证以及完整性保护的固件进行升级。还需要对开发端口以及协议进行审视，对与运行无关的端口和协议进行锁定。除此之外，在实现程序白名单控制时还需要对默认端口设定进行管理。总而言之，需要通过默认的底线来为每种设备类型创建安全的环境。

硬件配置的安全同样重要。正如在之前章节中讨论的那样，请锁定任何开放的测试接口（例如JTAG）来限制攻击者访问被盗或者暴露设备的能力。与设计者一样，应当使用固件中包含的安全特性。这些特性包括动态篡改检测以及响应（例如，在发现篡改时自动删除敏感数据）、关键接口的覆盖以及阻塞等。

安全协议配置同样值得引起重视。在部署物联网之前，应当审视、理解以及遵守任何能够为物联网协议或者协议栈提供最佳体验的协议相关标准。安全蓝牙物联网配置指导的示例如下所示：

- 美国国家安全局信息保护署的蓝牙安全指导（https://www.nsa.gov/ia/_files/factsheets/i732-016r-07.pdf）。
- NIST SP 800-121 NIST Guide to Bluetooth Security。

由于制造商对于可用性中的安全参数有争议，导致物联网组件在运输过程中都是采用非安全的默认配置。例如，ZigBee 协议使用程序文件支持 ZigBee 间的互通性。这些程序文件包含默认的密钥，因此在系统运行前必须进行更改。

Tobias Zillner 和 Sebastian Strobl 对更改这些默认密钥的必要性进行了完美的阐述。他们提出 ZigBee 灯控解决方案（ZLL）以及 ZigBee 家庭自动化公共应用配置文件（HAPAP）都是以 ZigBeeAlliance09 为基础的。如果在任何物联网系统中没有对默认密钥进行修改，会导致企业中众多通信安全控制失效。这些密钥应该在 ZigBee 物联网上线前进行升级（https://www.blackhat.com/docs/us-15/materials/us-15-Zillner-ZigBee-Exploited-The-Good-The-Bad-And-The-Ugly.pdf）。

（2）安全网关和网络配置

在物联网设备安全配置升级完毕后，请检查同物联网终端交互的网关设备的配置。网关是众多物联网设备的聚合点，因此必须对它们的安全配置给予特别的重视。在某些情况下，这些网关同物联网设备都运行在本地，但是有时物联网设备直接与位于云端的网关进行通信（例如亚马逊云物联网服务）。

网关配置的一个关键在于如何实现同上行和下行设备的安全通信。网关与终端基础设施的通信应当采用 TLS 或者其他 VPN 连接（例如 IPSec），在理想状态下采用双路（相互）证书认证。这就要求与网关进行交互的通信基础设施根据网关配置的证书采用对应的访问控制。配置中经常会忽略的一个方面是支持的可用密码套件强度。请确认两个端点都支持强度最高的密码套件。除此之外，还推荐企业和开发者使用最新版本的 TLS。例如，在编写本书时，应该使用 TLS 1.2，而不是 TLS 1.1 或者 1.0，因为之前的版本中都已经有公布过的漏洞。目前互联网工程任务小组正在编写 TLS 1.3。在它最终完成并且发布后，读者应该采用最新的版本。

除了密码套件外，同其他程序服务器通信的网关还应该确保服务与PKI证书之间进行关联。正如之前讲解的那样，其中的一个实现方法是使用基于DNS的命名实体身份认证，DNSSEC使用该协议和基于DNS的命名实体身份认证记录来确认数字证书与服务器之间的关联性。通过创建基于DNS的命名实体身份认证来减少现实世界中与伪造证书以及DNS相关的PKI部署威胁。

网关与下行设备之间同样应该进行安全通信。其关键在于物联网设备应当采用协议中的安全模式进行通信。例如，使用Bluetooth-LE同网关进行通信的物联网设备可以使用图4-3所示选项（http://www.ncbi.nlm.nih.gov/pmc/articles/PMC3478807/）：

| | | 配对 | 加密 | 数据完整性 | 层 |
|---|---|---|---|---|---|
| LE 安全模式 1 | 第一级 | 否 | 否 | 否 | 数据链路层 |
| | 第二级 | 未认证 | 是 | 是 | |
| | 第三级 | 已认证 | 是 | 是 | |
| LE 安全模式 2 | 第一级 | 未认证 | 否 | 是 | 属性协议层 |
| | 第二级 | 已认证 | 否 | 是 | |

图4-3 使用Bluetooth-LE同网关进行通信的物联网设备选项

上行数据库同样应当进行安全的配置。读者应该考虑安全锁定程序，例如，禁用匿名访问、加密节点间的数据（包括远程过程调用（RPC））、配置后台进程以非root权限运行以及更改默认端口。

### 4.1.2 运行和维护

物联网系统的安全运行和维护包括管理凭证、角色和密钥以及对系统的安全策略进行主动和被动监控。

#### 1. 管理身份、角色和属性

在企业中首先要解决的重大难题之一是为物联网设备创建公共的命名空间。除此之外还要建立清晰的注册过程，它应该根据设备处理数据的敏感性以及感染的影响进行分层。例如，安全关键设备的注册要求将设备与管理员组进行关联。次要的设备可以根据预先配置的信任锚进行在线配置组织身份。

某些现有的物联网实体中存在着对身份以及角色权限的不当管理。例如，在早期的车联网汽车后排座椅娱乐系统中使用默认或者共享的用户名以及密码。根据这些设备的地理分散性，我们不难理解使用这些不安全配置的原因，但是为了更好地锁定物联网基础设施，在执行管理功能时必须要求必要的凭证和权限。

在物联网系统中必须有多种可用的安全相关功能。在将它们映射到物联网环境前必须对这些功能进行检查。并不是所有的物联网设备都有这样一整套功能，正常的物联网管理所需的安全功能如下所示：

- 浏览审核日志。
- 删除（关闭）审核日志。
- 增加 / 删除 / 更改设备用户账号。
- 增加 / 删除 / 更改设备权限账号。
- 开启 / 关闭以及浏览当前设备服务。
- 在设备上装载新固件。
- 访问物理设备接口 / 端口。
- 更改设备配置（网络等）。
- 更改设备访问控制。
- 管理设备密钥。
- 管理设备证书。
- 配对设备或者升级配对配置。

（1）身份关系管理和上下文

由于物联网的特殊属性，读者可以考虑采用身份关系管理。Kantara Initiative 致力于定义和推广这一新兴概念，它主要以认证过程中的上下文为基本概念。Kantara Initiative 定义了一组身份关系管理核心概念，部分内容如下所示：

- 客户和事务优于雇员。
- 互联网规模优于企业规模。
- 广度优于边界。

（2）基于属性的访问控制

理解上下文与物联网，尤其是与基于属性的访问控制之间的关系是十分重要的。根据设备的身份，上下文为决策过程提供了包含额外输入的认证和授权系统：

- 在地理围栏边界外的物联网设备应当禁止与基础设施建立连接。
- 在信任维修设施内的车联网允许上传新固件。

针对基于属性的访问控制，NIST 提供了一份实用的资源，网址是 http://nvlpubs.nist.gov/nistpubs/specialpublications/NIST.sp.800-162.pdf。

（3）基于角色的访问控制

安全身份管理首先要确认相关身份以及对应的权限角色。可以对这些角色进行修改来满足特定物联网系统部署的特殊要求，在某些情况下应该考虑使用基于角色的访问控制对责任进行分割。例如，为管理审核日志单独提供一个角色能够减轻内部管理员修改这些日志所带来的威胁。如果缺少现有或者定义的角色，表4-2中包含了适用于管理、认证以及访问控制系统中与安全相关的角色以及服务。

表4-2 基于角色的访问控制

| 角　色 | 责　任 |
|---|---|
| 物联网企业安全管理员 | 增加 / 删除 / 更改设备权限账号 |
| 物联网设备安全管理员 | 浏览审核日志<br>增加 / 删除 / 更改设备用户账号<br>开启 / 关闭设备服务<br>在设备上装载新固件<br>访问物理设备接口 / 端口<br>更改设备访问控制<br>更改设备密钥 |
| 物联网网络管理员 | 更改设备配置（网络等）<br>管理设备证书<br>配对设备或者升级配对配置 |
| 物联网审核管理员 | 删除（关闭）审核日志 |

物联网设备同基础设施中其他组件进行直接或者间接通信时可能还需要额外的服务角色。通过限制权限对这些服务进行全方位的锁定是很重要的。

（4）考虑第三方数据要求

设备制造商通常要求访问设备数据用于监控设备健康度、跟踪状态或者权利。读者可以设计并升级 AAA 系统来支持在必要时将这些数据安全传输给制造商。

同样请考虑升级 AAA 系统来支持访问用户资料数据的隐私偏好授权。这要求对外部身份进行管理，例如，可以允许客户和病患决定共享他们资料的何种属性以及共享的对象。在许多情况下，这要求将 AAA 服务融入为了处理数据管理客户和商务合作伙伴偏好的第三方服务中。

（5）管理密钥和证书

在交通部门中，运输部和汽车工业部门致力于创建一个新型的、高强度可扩展 PKI 系统，该系统每年能够签发超过 1700 万份证书来启动、覆盖以及支持 3.5 亿台设备（亿万份证书），其中包括轻型车辆、重型车辆、摩托车甚至自行车。该系统称为安全凭证管理系统，为理解物联网所需的加密支持涉及的复杂性和广度提供了一个很好的参考点。

密钥和证书允许安全数据在设备和网关、多种设备以及网关和服务间进行传输。虽然大部分企业同 PKI 提供者已经签署了有关 SSL 的协议，但是物联网设备的证书配置通常并不符合典型的 SSL 模型。在决定使用何种第三方 PKI 提供者的物联网证书以及是否使用现有的室内 PKI 系统时，有许多需要考虑的因素。

更多有关 PKI 证书的讲解请参见第 6 章。关于物联网设备的操作和维护，请读者思考下列问题：

- 在物联网设备中密钥以及证书的安全引导方法。
- 实现物联网设备身份认证的方法。
- 物联网设备和服务处理撤销检查的方法。是否使用在线证书状态协议，如果使用，如何配置设备进行连接。
- 每个设备所需的证书数量以及证书的有效期限。某些物联网使用案例倾向于非常短的有效期限。
- 是否由于隐私考虑，防止证书同设备进行绑定（例如，在车联网中将设备同人进行直接绑定）。
- 第三方提供的证书价格是否满足部署的成本范围限制。
- 根据系统的限制（例如通信和存储要求），X.509 证书是否是最佳的方法？

针对物联网正不断产生新的证书格式，例如，在连续复制管理系统中针对安全 V2V 通信所采用的 IEEE 1609.2 规范格式。由于设备以及范围的限制，这些证书是针对要求最小延迟以及降低带宽消耗的环境所设计的。它们同 X.509 证书采用相同的椭圆曲线加密算法，但是在大小上更为精简，因此能很好地适用于机器之间的通信。笔者希望能够看到这些证书格式在其他物联网领域得到采用，因此最终在其中融入了诸如 TLS（由于它的程序和权限属性）这样的现有协议。

### 2. 安全监控

物联网系统的运行要求对设备的异常行为进行完全监控，以此减少隐形的安全事故。物联网带来了一系列传统安全信息与事件管理系统所无法完成的挑战，原因如下所示：

- 某些物联网设备不会生成安全审核日志。
- 物联网设备不支持诸如系统日志这样的格式并且可能要求自定义接口。
- 在多数情况下很难从物联网设备及时访问审核日志。
- 物联网设备审核日志完整性机密程度的限制。

实施物联网设备安全监控的第一步是列出能够从物联网设备、网关、服务中获取何种数据以及在物联网系统中如何处理和关联事件数据来确定可疑行为。这个概念包括同周边基础设施组件以及其他物联网设备或者传感器的关联。对于可用输入的理解有助于定义在企业安全信息与事件管理系统中的实施规则。

除了传统的安全信息与事件管理规则外，还可以通过基于物联网的信息进行数据分析。即使在无法访问设备审核日志的情况下，也能更快捷地确定物联网系统的异常行为。例如，网络温度传感器的正常行为是该设备处于与邻近设备间的百分比范围内，这样当单个传感器偏离该范围时（根据定义的方差）应当产生警报。这是信息物理控制系统监控与安全监控系统结合的示例。可以使用诸如 ArcSite 这样的工具或者开发、采购自定义的 Flex 连接器将物联网设备（传感器、促动器等）同物理、逻辑以及网络设备进行结合。

物联网系统中典型的异常行为如下所示：

- 无法连接设备。
- 基于时间的异常行为。
- 行为的反差，特别是在奇异的时间点。
- 发布或者定位物联网设备的新协议。
- 收集数据的方差超过了阈值。
- 认证异常。
- 尝试提升权限。

- 速度或者行为下降。
- 设备物理状态的快速变化（例如，温度迅速增加、浮动等）。
- 与未知目标的通信（即使在物联网网络中）可能表示内网漫游。
- 收到损坏的数据。
- 预想外的审核结果。
- 预想外的审查存储池卷以及审核轨迹（设备或者网关）。
- 清理主题（在发布或者订阅协议的情况下）。
- 重复的连接尝试。
- 异常断链。

虽然这些可能都是有趣的异常行为，但是应该对每个物联网系统进行检查来确定适当的运行底线以及异常行为的组成。在网络实体系统中将安全规则进行整合以及确定底线是非常重要的。如果可能，请将安全自我检查融入物联网设备和系统中。通过确认安全服务是否正常运行，可以鉴别异常行为。

Splunk 平台能够为物联网监控提供很好的支持。它是作为处理机器数据的产品进行设计的，因此能够为物联网提供坚实的基础。Splunk 支持数据收集、索引以及搜索和分析。

通过附加应用程序，Splunk 能够支持一系列物联网协议，比如信息处理协议 MQTT、AMQP 以及 REST，同时还提供对 Amazon Kinesis 索引数据的支持。

### 3. 渗透测试

对企业的物联网进行评估，要求对硬件和软件进行测试，其中包括在运行周期内的定期渗透测试以及自主测试。

除了良好的安全实践外，许多规则还要求第三方的渗透测试在未来能够包含物联网设备以及系统。渗透测试同样能够验证现有的安全控件并且确认正在运行中的安全控件缺陷。

在红队进行演习时，蓝队也应该对企业的安全策略进行持续评估。同样地在将新的物联网基础设施软件和硬件组件融入架构前，必须对安全策略进行评估。

（1）红蓝对抗

同传统的 IT 系统相比，对物联网系统进行渗透测试并没有太大的区别，但还是有更多需要考虑的方面。测试的最终目标是查找并且报告最终可能导致溢出的漏洞。对于物联网系统，渗透测试人员必须拥有能够检测软件、固件、硬件，甚至是使用射频频谱协议的配置中的安全隐患的能力。

进行有效的渗透测试要求测试人员将重点放在实践中最为关键的部分。请思考对于企业来说最为重要的商业价值（例如，用户数据隐私的保护、运行的连续性等），随后对影响这些目标的信息资产测试进行规划。

可以进行白盒或者黑盒测试。两者各有所长，黑盒测试能够用于模拟外部的攻击者，白盒测试能够进行更为彻底的评估，这样测试团队能够更好地发挥他们的技术来查找漏洞。

同样地，可以创建攻击者资料来模拟尝试入侵特定系统的攻击者，这样做的好处在于能够节省成本并且提供一个更为实际的攻击模式，这些模式为拥有不同经济资源的攻击者所使用。

渗透测试的目标是确定系统中安全策略的漏洞，因此物联网系统测试人员必须经常检查开启了的薄弱环节，如下所示：

- 在物联网设备或者网关、服务器以及支持它们的其他宿主或者网络设备中使用的默认密码。
- 在物联网设备、网关或者支持它们的服务中使用的默认加密密钥。
- 如果未经修改，容易导致系统被扫描的默认配置（例如默认端口）。
- 物联网设备中实施的非安全配对过程。
- 在基础设施或者设备中进行的非安全固件升级过程。
- 物联网设备向网关发送的未加密数据流。
- 非安全射频（蓝牙、ZigBee、ZWave 等）配置。

（2）评估硬件安全

同样地，必须对硬件安全进行评估。由于没有相关的测试工具，因此这是一项具有挑战性的任务。不过目前已经出现了相关的安全平台，其中包括研究者 Julien Moinard 和 Gwenole Audic 开发的 Hardsploit。

Hardsploit 是一款具有灵活性的模块化工具，可以和多种数据总线进行连接，其中包括 UART、Parallel、SPI、CAN Modbus 等。更多有关 Hardsploit 的信息请参见 https://

hardsploit.io。

对企业中物联网硬件安全的评估相当简单。测试人员应该了解硬件设备是否会在系统中造成新的漏洞，以避免降低保护系统资产以及数据的能力。渗透测试中应该进行的物联网硬件评估如下所示：

1）确认设备是否处在受保护的区域。在无人察觉的情况下能否拿走设备？如果被拿走，那么是否有报告显示该设备不在线？能否将它换掉？

2）打开设备，评估防篡改保护措施。

3）转存内存，尝试盗取敏感信息。

4）下载固件用于分析。

5）上传新固件并且运行。

（3）电波

物联网同传统 IT 另一个不同的方面在于对无线通信的依赖。无线通信增加了企业中隐藏后门的可能性，因此要对此进行防御。在渗透测试中必须确认是否遗漏了从环境中监控或者盗取数据的恶意射频设备。

（4）物联网渗透测试工具

许多传统的渗透测试工具同样适用于物联网，在网络上也出现了许多针对物联网的特定工具。有助于进行物联网渗透测试的工具如表 4-3 所示：

**表 4-3 物联网测试工具**

| 工　具 | 描　述 | 网　址 |
|---|---|---|
| BlueMaho | 蓝牙安全工具套装，能够扫描和跟踪蓝牙设备并且支持模拟扫描和攻击 | http://git.kali.org/gitweb/?p=packages/bluemaho.git;a=summary |
| Bluelog | 在某个点进行长期扫描以确定可发现蓝牙设备 | http://www.digifail.com/software/bluelog.shtml |
| crackle | 破解蓝牙加密工具 | https://github.com/mikeryan/crackle |
| SecBee | ZigBee 漏洞扫描工具，以 KillerBee 和 scapy-radio 为基础 | https://github.com/Cognosec/SecBee |
| KillerBee | 评估 ZigBee 网络的安全策略。支持终端设备以及基础设施设备的模拟和攻击 | http://tools.kali.org/wireless-attacks/killerbee |
| scapy-radio | scapy 工具的修改版，用于射频测试。支持 Bluetooth-LE、802.15.4 协议以及 ZWave | https://bitbucket.org/cybertools/scapy radio/src |
| Wireshark | 一款老牌工具 | https://www.wireshark.org/ |

（续）

| 工　具 | 描　述 | 网　址 |
|---|---|---|
| Aircrack-ng | 用于攻击 Wi-Fi 网络的无线安全工具，支持 802.11a、802.11b 以及 802.11g | www.aircrack-ng.org/ |
| Chibi | 集成开源 ZigBee 栈的微控制器 | https://github.com/freaklabs/chibiArduino |
| Hardsploit | 与 Metasploit 类似，是致力于为物联网硬件测试提供灵活性的新型工具 | https://hardsploit.io/ |
| HackRF | 针对 RX 和 TX（1 MHZ ～ 6GHZ）的高灵活性统包平台 | https://greatscottgadgets.com/hackrf/ |
| Shikra | Shikra 设备允许用户通过 USB 接口同各种不同的数据接口进行连接，其中包括 JTAG、SPI、I2C、UART 以及 GPIO | http://int3.cc/products/the-shikra |

测试团队必须对影响物联网的最新漏洞进行跟踪，比如随时访问美国国家漏洞数据库（NVD），网址是 https://nvd.nist.gov/。在某些情况下，漏洞可能不存在于物联网设备中，而是存在于它们所链接的软件和系统中。物联网系统管理者对企业中所有的设备的系统和软件进行全面跟踪。这些信息应当定期与漏洞数据库进行比对并且向白盒渗透测试团队进行共享。

### 4. 规范监控

对物联网安全规范进行持续监控是一种挑战，如果监管机构准备将现有的指导方针融入物联网中，那么在未来这同样是一项艰巨的任务。

正如在第 2 章中讨论的那样，网络安全中心发布了 20 个关键控制涵盖了物联网中的每个控件。这提供了一个很好的出发点，因为连续监控和规范软件通常将 20 个关键控制作为在线监控能力的一部分。

### 5. 资产和配置管理

除了简单地跟踪每个组件的物理位置外，有关物联网资产管理还有更多可以讨论的内容。对于某些物联网设备，预测分析有助于确定资产何时需要维护并且实时跟踪资产在线情况。通过将新的数据分析技术添加到物联网生态系统中，企业能够从这些新技术中获得帮助并且将它们运用到物联网资产中。

对于工地上的自动驾驶汽车或者生产车间内的机器人来说，能够预测故障是非常重要的。然而预测只是第一步，因为物联网已经具备了成熟的新技术来自动响应这些故障，甚至能自动用新的部件将损坏的部件换出。

假设有一组用于安全和监控程序的无人机，其中每架都是一个物联网端点，因此像其他资产一样，企业必须对它们进行管理，也就是说在资产数据库中针对每架无人机都有一个条目，其中包含的属性如下所示：

- 注册号。
- 机尾编号。
- 传感器载荷。
- 制造商。
- 固件版本。
- 维护日志。
- 飞行性能特性，包括飞行包线限制。

在理想情况下，这些无人机平台能够自我监控。它们配备有多维度的传感器，能够监控飞行器的健康状况并且将数据传送到能够进行预测分析的系统中。例如，无人机能够测量诸如温度、压力以及力矩这样的数据，这些数据可以用于预测平台中单个组件的零件故障。从安全角度来说，保护数据的端对端完整性是十分重要的，因为用于查找方差的预测算法不应该包含在计算中。这只是两种安全在同一个生态系统中交互的一个示例。

良好的资产管理要求能够维护一个同物联网设备属性有关的数据库，以此来对资产进行例行维护。物联网系统部署者应该考虑两种配置管理模型：

- 完全融合物联网资产组件（例如固件）并且由物联网设备供应商一次性进行升级。
- 通过多种技术模块化开发物联网资产并且单独进行维护和升级。

在第一种情况中，升级物联网资产非常简单，但是同样存在着漏洞溢出的风险。请确保最低限度地对新固件进行数字签名（安全存储验证固件签名的公钥信任锚）。同样还要确保固件分配基础设施的安全，包括最先配置签名证书的系统。在将新固件装载到物联网平台时，在允许固件启动并且载入可执行内存前，首先应该使用受保护的信任锚（公钥）验证数字签名。

除了对固件包进行数字签名外，应将设备设置为只允许进行数字升级。在升级服务器和固件之间开启加密信道，在执行升级时建立策略、步骤以及适当的访问控制。

可咨询诸如 Xively 以及 Axeda 这样的供应商来获得强健的物联网资产和配置管理解

决方案。

### 6. 事件管理

正如物联网将现实和电子世界融合起来一样，它也将传统的IT行业同商务流程融合在了一起，在受到侵扰时，商务流程会对企业的底线产生影响，包括经济以及名誉损失，威胁到个人安全甚至让人付出生命代价。管理物联网相关事件要求安全从业人员对于物联网系统的欺骗和入侵如何影响企业有着良好的理解。响应者应该熟知业务连续性计划(在开发物联网系统时建立)，以此确定在事件响应中采取何种补救措施。

微电网为事件管理提供了宝贵的示例，它包含了发电、分配以及管理系统并且独立于更大型的电力分配基础设施。确认有关可编程逻辑控制器的事件要求响应者首先理解某个可编程逻辑控制器下线产生的影响。在响应过程中，他们的工作地点应该非常靠近受影响的商业运行地点。对于企业中的每个物联网系统，安全从业人员都应该实时维护一个有关紧急可编程逻辑控制器以及有关关键资产以及商务功能一般描述的数据库。

### 7. 取证

物联网为取证过程带来了新机遇有丰富的数据。从取证角度来说，在每个物联网端点上尽可能多地保存数据有助于调查。同传统的IT安全不同，资产本身可能无法访问(例如遭到偷窃)、无法存储任何有用的数据，或是遭到了篡改。访问受欺骗的物联网设备产生的数据以及环境中的相关设备是处理该事件一个良好的开端。

正如物联网数据有助于开启和受益于预测分析那样，还应该使用物联网历史数据研究安全事件的根本原因。

## 4.1.3　处置

对系统的处置过程适用于整个系统或者系统中的单个组件。物联网系统可以生成大量数据，然而在设备本身仅保存最少的数据。这并不表示可以忽略同物联网数据相关的控件。良好的处置过程有助于防御竞争对手通过各种手段物理访问物联网设备（例如，通过垃圾搜寻查找废弃的电子元件）。

### 1. 安全设备处置和归零

许多物联网设备都配置有加密凭证，允许它们加入本地网络或者通过认证安全地与其他远程设备或者系统进行通信。在处置这些设备前必须将这些加密凭证删除并且从设备中移除。请确保安全从业人员能够根据策略或者步骤来安全删除密钥、证书以及其他处置设备时需要删除的敏感设备数据。物联网设备上的账号也应该删除以确保任何用于自动交互的账号凭证不会被泄露或者劫持。

#### 2. 数据清除

在将网关设备移出系统时，应该进行彻底的检查。这些设备可能含有隐藏数据，其中包括关键的认证凭证，这些数据必须被删除并且无法进行恢复。

#### 3. 库存管理

资产管理是企业信息安全的一个关键组成部分。如果想要维护一个健康的安全策略，那么必须对设备以及它们的状态进行跟踪。许多物联网设备的成本低廉，但是这并不意味着可以草率地将它们进行替换。如果可能，请通过自动化库存管理系统对库存中所有的物联网资产进行跟踪并且根据安全处置中的规则来从库存中移除这些设备。许多安全信息与事件管理系统都维护有设备库存数据库，保持系统运营商同安全信息与事件管理运营商之间的通信有助于实现稳定的库存管理。

#### 4. 数据归档和记录管理

数据的保留时间很大程度上取决于某个特定行业的要求和规则。在物联网系统中满足这些规则可能要求人工干预或者要求一个能够收集和延长数据存储时间的数据仓库。Apache 和亚马逊数据仓库（S3）提供了所需的用于物联网记录管理的功能。

## 4.2 本章小结

在本章中，讨论了与物联网设备实现、融合、运行以及处置有关的安全生命周期管理过程。其中每一步都包含关键的子过程，在任何物联网部署或者其他任何行业中都应该建立和遵守。除了将主要的精力都放在安全的设备设计外（或者根本没有），我们还应该坚定不移地关注安全融合以及运行部署。

在下一章中，会介绍有关物联网的应用密码学。我们介绍这些背景的原因是许多刚刚涉及安全的新兴行业可能无法正确地在产品中采用和结合密码学。

# 第5章

# 物联网安全工程中的密码学基础

本章将关注物联网的实施者，也就是那些开发物联网设备（民用或工业）或者将物联网通信整合到企业中的人。本章提供了物联网实施和部署中的密码学安全知识。虽然本书的大部分内容着眼于实践应用和指导，但本章稍微偏离这方面内容，对所应用的密码学知识和密码实现相关的主题进行了深入研究。有些安全从业人员可能认为这部分内容属于常识，但考虑到目前有无数的密码实现方面的错误和不安全的部署方式（如今甚至那些极具安全意识的技术公司也仍在这样使用相关知识），我们认为这些背景知识是有必要介绍的。风险正在不断加剧，事实证明很多过去对信息安全不熟悉的行业（比如家用电器制造商）正在持续不断地将它们的产品连接到网络并成为物联网的一员。在这个过程中，此商家正在犯很多本可以避免的错误，而这些错误可能会对他们的用户造成损害。

在本章中，我们对用于保护物联网通信和消息协议的密码学知识的用法进行了详细介绍，并对在技术栈的不同层次上，某些协议的使用如何引发对密码保护的额外需求提供了相关指导。

本章对于后续章节中与 PKI 及其在物联网身份和信任管理中的应用来说很重要，解释了 PKI 所依赖的底层安全方面的内容和密码学的概念。

本章分为以下几个主题单元：

- 密码学及其在保护物联网方面所扮演的角色。
- 物联网中密码学概念的类型及用途。
- 密码模块的原理。

- 密钥管理基础。
- 你的组织未来可能采用的密码部署方案。

## 5.1 密码学及其在保护物联网方面所扮演的角色

我们正见证着互联网和私有网络上空前增长的机器互联趋势。不幸的是每一天，更多关于个人、政府和企业网络安全漏洞的新闻报道，都在削弱互联互通所带来的好处。黑客行为主义者、有计划的犯罪联合组织与安全行业玩着一场永无休止的猫鼠游戏。我们都是受害者，不管是一个网络漏洞导致的直接结果，还是由于我们在改善安全技术服务、预防和其他降低风险的措施上所花费的代价。企业董事会以及政界高层都意识到了对于更加安全和私密保护的需求。这一需求的重要部分是，要更广泛地使用密码学知识来保护用户和机器的数据。密码学在保护物联网方面将扮演越来越重要的角色。无论现在和将来，密码学都将被用于针对无线边际网络（网络、点对点）、网关通信流量、后台云端数据库、软件 / 固件镜像以及众多其他应用进行加密保护。

在信息时代，密码学为保护数据、交易和个人隐私提供了无可替代的工具集。从根本上说，在经过正确实现的情况下，密码学可以为任何数据（不管是处于传输状态还是静态）提供如表 5-1 所示的安全特性。

表 5-1 密码学提供的安全特性

| 安全特性 | 密码服务 |
| --- | --- |
| 保密性 | 加密 |
| 认证性 | 数字签名或消息认证码（Message Authentication Code，MAC） |
| 完整性 | 数字签名或消息认证码 |
| 不可抵赖性 | 数字签名 |

表 5-1 中提到的安全控制手段，涵盖了信息保障（Information Assurance，IA）五大核心概念中的四个。剩下的一个，即可用性，不能从密码学中获得支持，甚至密码学糟糕的实现实例肯定会破坏可用性（比如存在密码同步问题的通信栈）。

密码学所提供的安全效益——保密性、认证性、完整性和不可抵赖性——针对很多主机、数据和通信安全风险提供了一对一的缓解对策。在不太遥远的过去，作者（Van Duren）曾为帮助美国联邦航空局处理操控人员与无人机之间通信所需的安全问题（从物理安全和信息安全层面上将无人飞行器整合到国家空域系统的先决条件）付出了相当多的时间。在介绍所需的控制内容之前，首先需要理解可能对无人飞行器造成影响的不同通信风险。

理解所用密码学知识的原则十分重要，因为很多安全从业人员——他们可能必须对协议层的控制进行设计——至少应该停止在安全嵌入式设备和系统层安全架构的开发过程中选择高层的密码组件。这样的选择总是伴随着风险。

### 5.1.1 物联网中密码学概念的类型及用途

想到密码学，大多数人首先映入脑海的就是加密。他们认为数据可以说是“保密”的，因此未经过认证的一方不能对其进行解密和解释。然而，现实世界中的密码学是由许多其他的概念组成的，其中每一个都能够部分或者完全地满足之前的 IA 目标之一。对密码学概念进行安全实现并将其整合到一起，来实现一个更大的、更为复杂的安全目标，这项工作应该由那些精通所用密码学和协议设计的安全专家来实施或监督管理。最微小的错误都可能妨碍安全目标的实现，并导致代价高昂的漏洞。比起正确实施一种密码实现方案，搞砸的方法更多。

密码学概念的类型主要有以下几种：

- 加密（和解密）。
  - 对称。
  - 非对称。
- 散列。
- 数字签名。
  - 对称：用于完整性和数据来源认证的消息认证码。
  - 非对称：基于椭圆曲线（Elliptic Curve，EC）和整数因数分解（Integer Factorization，IF）的密码。这些密码提供了完整性、身份信息和数据来源认证，并且提供了不可抵赖性。
- **随机数生成：**大部分密码的基础都需要用到由高熵源产生的极大数。

然而，密码学构件很少被孤立地使用。反之，它提供了高层通信和其他协议中所用到的底层安全功能。比如，蓝牙协议、ZigBee 协议、SSL/TLS 协议和其他多种协议都定义了它们独有的底层密码学概念，以及将这些概念整合到消息、消息编码和协议行为（比如，如何处理一条未通过消息完整性检查的消息）中的方法。

### 5.1.2 加密与解密

加密是大部分人所熟悉的密码学服务，因为它被用于所谓的保密或掩盖信息操作中，从而保证非目标方无法对其进行读取或解释。换言之，加密被用于保护信息的机密性不被窃听者破坏，而只允许信息由目标方进行解读。加密算法可以是对称或非对称的（稍后加以解释）。在这两种情况下，加密算法以密钥和未受保护的数据为输入，然后对其进行数学计算，即加密。在处于这种状态之后，它就能够受到保护并免受窃听者侵害。接收方在需要时使用密钥来对数据进行解密。未受保护的数据称为明文，接受保护的数据称为密文。基本的加密与解密过程如图 5-1 所示。

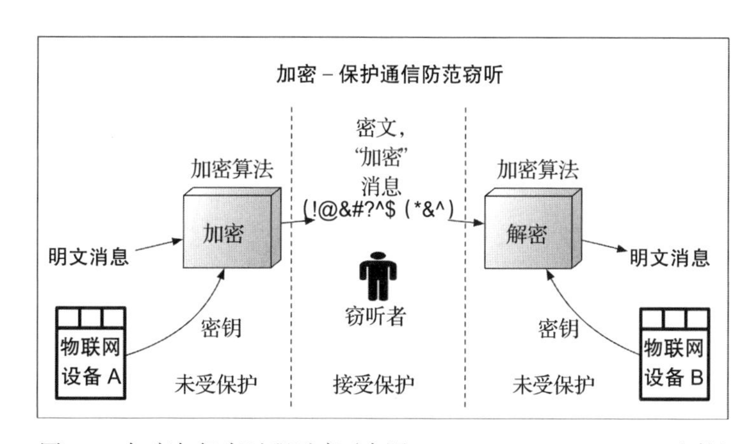


图 5-1 加密与解密过程示意（来源：Encrypt-decrypt.graffle 文件）

从图 5-1 中可以明显看出，如果数据在抵达物联网设备 B 之前被解密，那么它就容易遭到窃听者的攻击。而这就会给通信栈和实现加密的协议（即终端所具有的功能）带来问题。当出于通信目的需要进行加密时，系统安全工程师需要根据他们在构建威胁模型过程中所得到的信息决定选用点到点加密还是端到端加密。这是很容易出错的一项工作，因为很多加密协议操作都只是基于点到点，所以必须穿越多种网关和其他的中间设备，这一路径可能是非常不安全的。

在目前的互联网威胁环境中，会话和应用层中的端到端加密是最重要的，因为在一个中间媒介进行解密的过程中可能会发生严重的数据丢失。电气行业及其中通常使用的不安全的监控与数据采集协议提供了一个恰当的例子。安全修复通常包括构建安全通信网关（其中通常会实现最新添加的加密手段）。在其他情况下，要通过接受保护的端到端安全协议来为非安全协议开辟通道。系统安全架构应该为所使用的每一种加密安全协议做出清晰的说明，并且突出强调明文数据所处的位置（存储或传输），以及在何处需要将其转换为密文（加密）。一般来说，在任何可能的时候，都应该增强端到端的数据加密。换言之，应该一直增强默认安全态势。

### 1. 对称加密

简单来说，对称加密是指发送方（加密者）和接收方（解密者）使用完全相同的密钥。既能用来加密也能用来解密的算法（依赖于模式）是一种可逆操作，如图5-2所示。

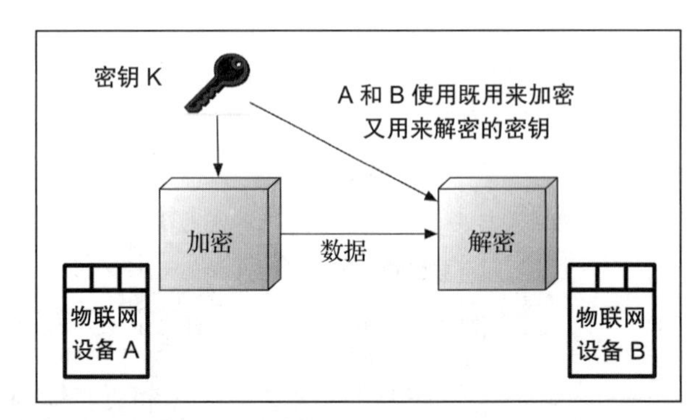


图5-2　对称加密示意（来源：Symmetric-encryption.graffle 文件）

在很多协议中，不同的对称密钥被用于通信的每个方向。因此，设备A可能利用密钥X来加密发向设备B的通信，双方都拥有密钥X。相反的通信方向（B到A）可能会使用密钥Y，双方也同样拥有该密钥。

对称算法由加密操作组成，操作过程使用明文或密文作为输入，然后将其与共享密钥相结合。常见的对称加密算法包括以下几种：

- AES——高级加密标准（基于Rijndael算法，在FIPS PUB 197文档中进行了描述）
- Blowfish
- DES和3 DES
- Twofish

- CAST-128
- Camellia
- IDEA

密钥的来源涉及所使用的具体密码以及密钥管理主题，在本章接下来的内容中将会加以介绍。

除了需要向密码算法馈送密钥和数据以外，经常还需要一个初始向量（Initialization Vector，IV）来支持某些密码模式（马上将会解释）。简单来说，基本密码算法上的密码模式是指用于启动密码算法来对明文和密文数据的连续块（分组）进行操作的不同方法。电子密码本（Electronic Code Book，ECB）是基本的密码操作模式，它每次对明文或密文的一个分组进行操作。ECB 密码操作模式本身很少使用，因为完全相同的明文重复块将得到完全相同的密文格式，这就导致加密数据容易遭受灾难性的通信流量分析攻击。ECB 模式中不需要初始向量，只需要待操作的对称密钥和数据。在 ECB 模式之上，分组密码可以以分组链接模式和流 / 计数器模式进行操作，接下来将对其进行讨论。

（1）分组链接模式

在密码分组链接（Cipher Block Chaining，CBC）模式中，加密通过输入一个初始向量与明文的第一个分组进行异或（XOR）操作来启动。异或操作的结果通过密码算法进行处理，得到加密密文的第一个分组。密文的这一个分组再与明文的下一个分组进行异或，所得结果再一次通过密码算法进行处理。这一过程持续进行，直至明文的所有分组处理完毕。由于明文和密文的重复分组之间进行了异或操作，所以两个完全相同的明文分组不会得到相同的密文表达。因此，通信流量分析（从密文识别得到对应明文的能力）变得困难很多。

其他的分组链接模式包括密码反馈链接（Cipher-Feedback Chaining，CFB）和输出反馈模式，每一种模式在初始向量最初所使用的位置、与明文和密文分组进行异或的内容等方面有所不同。

如前所述，分组链接模式的优势是相同明文的重复分组不会产生相同的密文格式。这阻止了使用最简单的通信流量分析方法，比如利用字典单词频率来解读加密数据。分组链接技术的缺点包括，任何数据错误（比如射频通信中的比特翻转）将会向下传播。例如，如果一条大型消息 M 通过 AES 算法以 CBC 模式进行加密的第一个分组被破坏，则

M 的所有后续分组都将遭到破坏。接下来将讨论的计数器模式中不会存在这样的问题。

CBC 是一种常见的模式，并且目前可以作为一种备选方案（还有其他模式），在 ZigBee 等协议中使用（基于 IEEE 802.15.4 标准）。

（2）计数器模式

加密并不是必须针对完整的分组进行操作。某些模式用到了计数器，比如计数器模式（Counter Mode，CTR）和伽罗瓦计数器模式（Galois Counter Mode，GCM）。在这些模式中，明文数据实际上并不通过密码算法和密钥进行加密，至少是不直接通过这些因素加密。相反，明文的每一位与不断生成的、由不断增长的加密计数器值组成的密文流相异或。在这种模式中，初始的计数器值就是初始向量。它通过密码算法（利用密钥）进行加密，生成密文的一个分组。这个密文分组与需要保护的明文分组（或分组的一部分）进行异或操作。CTR 模式经常用于无线通信，因为在传输过程中发生的位错误不会传播超过一个单独的位（与分组链接模式相比）。计数器模式同样可以在 IEEE 802.15.4 标准中使用，该标准支持大量的物联网协议。

### 2. 非对称加密

简单来说，非对称加密指的是存在两个不同的成对密钥，一个公开，另一个私有，两者分别用于加密和解密。在图 5-3 中，物联网设备 A 使用物联网设备 B 的公钥来对发往设备 B 的通信进行加密。反之，设备 B 使用设备 A 的公钥来加密发往设备 A 的信息。每个设备的私钥要秘密保存，否则拥有私钥的任何人或任何实体都将能够解密并查看信息。

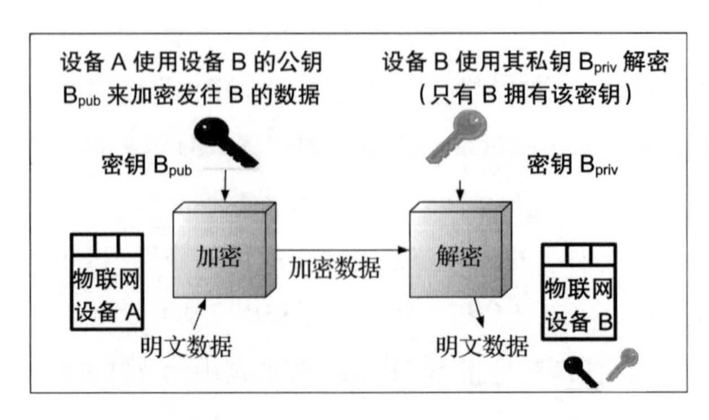


图 5-3　非对称加密示意（来源：Asymmetric-Encryption.graffle 文件）

目前唯一在用的非对称加密算法是RSA（即Rivest，Shamir，Adelman）算法，这是一种整数因数分解密码（Integer Factorization Cryptography，IFC）算法，该算法在实践中主要用于对少量数据（最大尺寸为所使用的模数大小）进行加密和解密。

这种加密技术的优点是，只有拥有成对RSA私钥的一方才能够对通信进行解密。一般来说，私钥专属于一个实体。

如前所述RSA的缺点就是，它限制加密的最大尺寸为当前在用的模数大小（1024位，2048位等）。考虑到这个缺点，RSA公钥加密最常见的用法是加密传输其他小型密钥（通常是对称密钥），或用作密钥种子的随机数。例如，在TLS客户端中服务器协议中，客户端使用RSA算法，利用服务器的RSA公钥对预主密钥（Pre-Master Secret，PMS）进行加密。在将加密的预主密钥发送到服务器上之后，通信双方都拥有了一份精确副本，从中可以提取会话的对称密钥素材（会话加密等操作所需）。

然而，由于大数因式分解技术和计算能力的进步，使用RSA算法的整数因式分解密码算法正变得不再流行。如今，NIST建议选用更大的RSA模数尺寸（为了抵御更高的攻击计算性能）。

### 5.1.3 散列

由于加密散列能够以一种较短长度的独特指纹（散列值）来代表任意长度的消息，因此它们被应用于多种安全功能中。加密散列具有以下特性：

- 不会泄露散列处理的与原始数据相关的任何信息（这称为抵抗第一原像攻击的性质）。
- 不会发生对两条不同的消息进行散列计算，得到相同散列值的情况（这称为抵抗第二原像攻击和碰撞的性质）。
- 能够生成看似高度随机的值（散列值）。

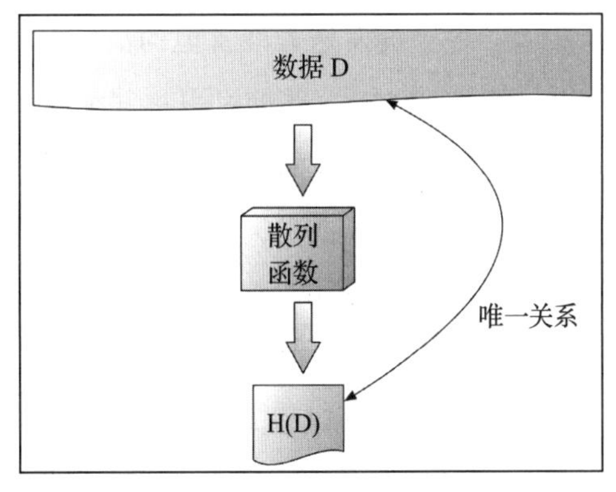


图 5-4　加密散列示意（来源：Hash-functions.graffle 文件）

图5-4演示了任意数据块D通过散列计算得到散列值H(D)的过程。H(D)非常小且尺寸固定（取决于所使用的算法）；从其中用

户无法（或理论上不能）识别出原始数据 D 的内容。

考虑到这些特性，散列函数经常用于实现以下目标：

- 通过对口令和其他认证素材进行散列计算（然后，原始口令无法通过反向还原得到，除非利用字典攻击），得到一个看似随机的摘要值，实现对其进行保护的目的。
- 通过存储适当的数据散列值，并在稍后重新计算该散列值（通常是由另一方来进行该操作），来检查一个大型数据集合或文件的完整性。任何对数据或其散列值的修改都将被检测出来。
- 实施非对称数字签名。
- 为某些消息认证码提供基础支撑。
- 实施密钥导出。
- 生成伪随机数。

### 5.1.4 数字签名

数字签名是一种用于提供完整性、认证性、数据来源，以及在某些情况下不可抵赖性保护的密码学功能。就像手写签名一样，数字签名经过精心设计，且对于签名者来说是唯一的。签名者是指对签名消息负责的个人或设备，以及签名密钥的所有者。数字签名分为两种类型，分别代表了所使用的密码学技术类别：对称（私密，共享的密钥）或非对称（私钥不共享）。

图 5-5 中的发送方准备他的消息，并对其进行签名计算以生成签名。此时可以将签名附加到消息之后（当前可以称其为已签名的消息），这样一来，任何拥有对应密钥的人都可以实施签名操作的逆过程，即签名验证。

如果签名验证成功，就可以认为以下事实成立：

- 数据确实是由一个已知或所宣称的密钥进行签名的。
- 数据没有被破坏或篡改。

如果签名验证过程失败，那么验证方就不应该信任数据的完整性，或者考虑数据是否来自正确的来源。这对于非对称签名和对称签名而言都是正确的，但两者都有各自独有的特性，接下来将对其进行描述。

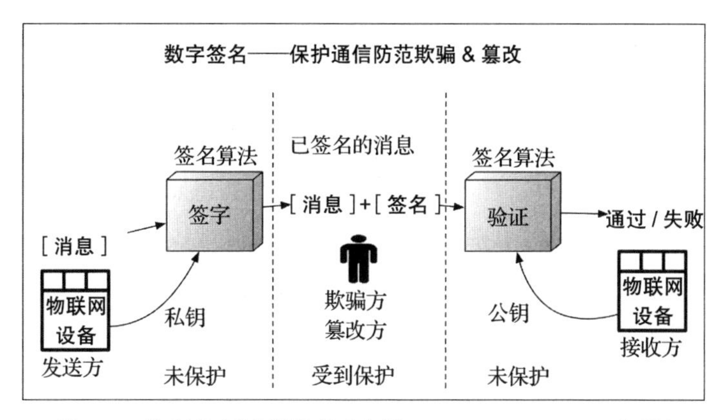


图 5-5　数字签名过程示意（来源：sign-verify.graffle 文件）

## 1. 非对称签名

非对称签名利用与共享公钥相关的私钥来生成签名（即签字），过程示意如图 5-6 所示。基于非对称的特点和私钥通常不会（或者一般来说它们不应该）共享的事实，非对称签名为实现实体和数据认证，以及保护数据完整性和实现不可抵赖性的功能提供了一种有价值的方法。

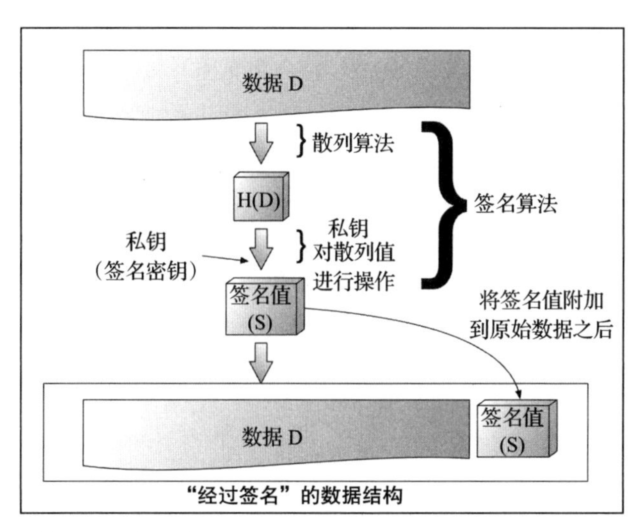


图 5-6　非对称签名过程示意（来源：Asymmetric-signature.graffle 文件）

常用的非对称数字签名算法包括以下几种：

- RSA 算法（使用 PKCS1 或 PSS 标准填充方案）。

- DSA 算法（Digital Signature Algorithm，数字签名算法）(FIPS 180-4 规范)。
- ECDSA 算法（Elliptic Curve DSA，椭圆曲线数字签名算法）(FIPS 180-4 规范)。

非对称签名被用于从一台机器到另一台的认证过程，如对软件 / 固件进行签名（从而验证来源和完整性)，对任意协议的消息进行签名，对公钥证书进行签名（这部分内容将在第 6 章中讨论)，以及验证以上所提到的每一种签名的有效性。考虑到数字签名是利用一个单独的私有（非共享）密钥生成的，因此任何实体都无法声称它没有对一条消息进行签名操作。签名只可能来源于实体的私钥，因此保证了不可抵赖性。

非对称签名被用于多种具有加密功能的协议中，比如 SSL、TLS、IPSec、S/MIME 等协议，以及 ZigBee 协议的网络、互联汽车系统（IEEE 1609.2 标准）等。

### 2. 对称签名

签名值也可以利用对称密码来生成。对称签名也称为消息认证码（MAC)，并且类似于非对称数字签名，它可以为一段已知的数据片段 D 生成一个 MAC。本质区别是 MAC（签名值）是利用对称算法生成的，因此用于生成 MAC 的密钥同样也可以用于对其进行验证。要记住的是，术语 MAC 经常用来指代算法，但它也用来指代所生成的签名值。

对称 MAC 算法经常依赖于散列函数或对称加密算法来生成消息认证码。在这两种情况下（如图 5-7 所示)，MAC 密钥都将用作发送方（签名方）和接收方（验证方）的共享密钥。

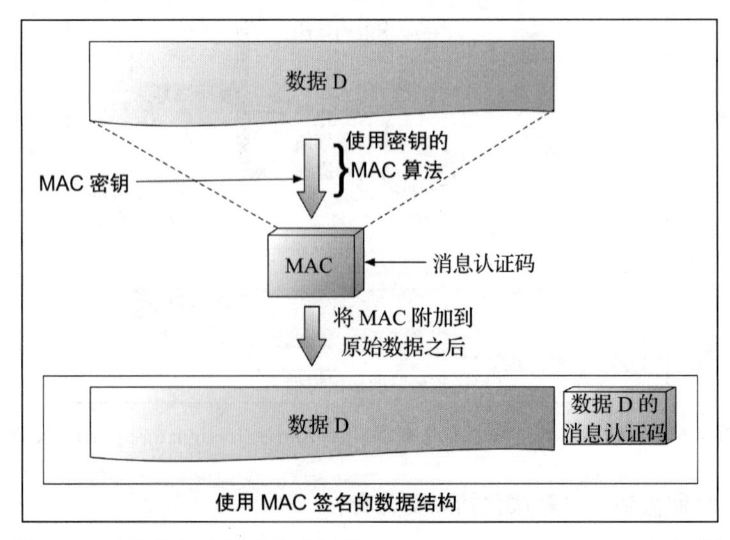


图 5-7 对称签名过程示意（来源：Symmetric-signature.graffle 文件）

考虑到用于生成 MAC 的对称密钥可能会被共享，因此 MAC 算法通常不会用来提供基于身份信息的实体认证功能（因此也不会提供不可抵赖性的保护），但是正如它们被认为能够提供数据来源认证一样，MAC 确实能够为来源提供充分验证（尤其是在短期交易中）。

MAC 算法在多种协议中得到应用，比如 SSL 协议、TLS 协议、IPSec 协议等。MAC 算法的示例包括以下几种：

- HMAC-SHA1。
- HMAC-SHA256。
- CMAC（使用如 AES 算法之类的分组密码算法）。
- GMAC（Galois Message Authentication Code，伽罗瓦消息认证码）是 GCM 模式的消息认证元素）。
- MAC 算法通常与加密密码算法相互整合，来实现所谓的认证加密过程（同时提供机密性和认证性）。认证加密示例如下所述。
- **伽罗瓦计数器模式**：这种模式将 AES-CTR 算法计数器模式和 GMAC 算法结合起来，生成密文和消息认证码。
- **带有 CBC-MAC 算法的计数器模式（Counter mode with CBC-MAC，CCM）**：这种模式将 CTR 模式的 128 位分组密码算法（比如 AES 算法）和 MAC 算法 CBC-MAC 结合起来。CBC-MAC 值包含在相关的 CTR 模式加密的数据之中。

认证加密可应用于多种协议中，比如 TLS 协议。

### 5.1.5 随机数生成

考虑到数值在生成很多不同的密码变量（比如密钥）中的应用，其随机性是密码学安全的重点。随机大数很难猜测或遍历（除非进行暴力搜索），而十分确定的数值则不是这样。随机数生成器（Random Number Generator，RNG）主要分为两类，即确定性的和非确定性的。简单来说，确定性 RNG 是基于算法的，并且对于一个简单的输入集合，它们总是会生成相同的输出结果。非确定性 RNG 是指 RNG 以另一种方式来生成随机数据，通常是从非常随机的物理事件，比如线路噪声和其他低偏置源（甚至是操作系统中所发生的半随机中断）中提取。考虑到随机数对安全的巨大影响以及作为密钥来源的作用，RNG 通常置于一台密码设备最敏感的组件之中。

任何一种能够破坏一台设备的 RNG 以及识别它所生成密钥的方法，都会使得密码设备的保护机制完全失效。

RNG（更新的一代发生器被称为确定型随机比特发生器（Deterministic Random Bit Generator，DRBG））的设计目的是生成随机数据，用作密钥、初始向量、现时标志（Nonce）、填充材料或其他意图。RNG 需要被称为种子的输入，它必须是高度随机的，并且从高熵源中提取。种子或其熵源不达标（由于拙劣的设计、偏向性或功能故障）将导致 RNG 输出随机性的削弱，进而导致密码实现存在缺陷。结果就是：有人解密你的数据，欺骗你的消息，或者更糟。对 RNG 熵生成利用种子流程的整体描述如图 5-8 所示。

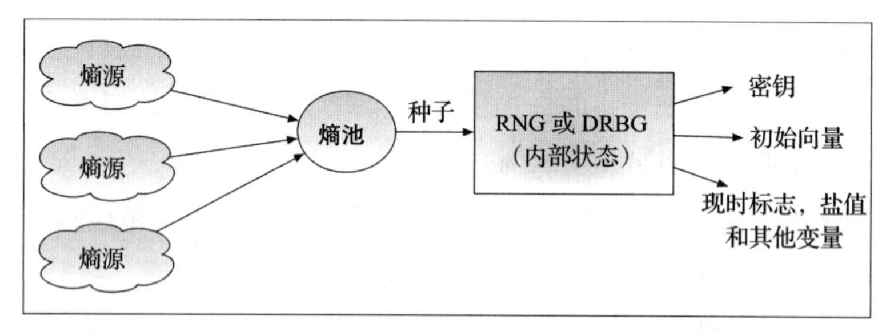


图 5-8　对 RNG 熵生成利用种子流程示意（来源：RandomNumberGeneration.graffle 文件）

在图 5-8 中，几个任意选取的熵源汇聚到一起，并且当需要时，RNG 从这个熵池中提取种子值。熵源和熵池从 RNG 的左侧进入的过程，通常被统称为非确定性随机数发生器（Non-Deterministic random Number Generator，NDRNG）。NDRNG 几乎总是作为种子来源辅助 RNG。

与物联网相关的是，对于物联网设备来说，通过高熵源为物联网 RNG 提供种子进而生成密码素材，以及对熵源进行完善的保护从而防止发生泄露、篡改或者任何其他形式的操控行为，这些都是至关重要的。比如，电子线路的随机噪声特征会随温度的改变而改变，因此在某些情况下妥善的做法是建立温度阈值，并在超过温度阈值时及时停止使用依赖于线路噪声的熵采集功能。这是在智能卡（比如用于信用 / 借记交易的芯片卡等）中广泛使用的特性，其目的是应对通过改变芯片功能来引发 RNG 输入倾向性的攻击。

熵的质量应该在设备设计期间加以检查。特别需要注意的是，应该对最小熵特性进行评估，而且物联网设计应该能够适应 NDRNG 陷入“卡顿”而一直向 RNG 发送相同输入的情况。为了减少部署方面的考虑，物联网设备制造商应该在对设备的密码架构进行设计期间，格外关注包含高质量随机数生成的功能。这包括高质量熵的生成、熵状态的保护、卡顿 RNG 的检测、RNG 输入倾向性的最小化、熵池逻辑、RNG 状态、RNG 输入以及 RNG 输出。需要注意的是，如果熵源情况很差，那么可以做一次工程方面的权衡，即简单采集（汇集成池）设备中更多的熵来发送给 RNG。

NIST Special Publication 800-90B 为理解熵、熵源和熵测试提供了很好的资源。制造商可以借助独立密码测试实验室或者按照 SP800-90B 文件（http://csrc.nist.gov/publications/drafts/800-90/draft-sp800-90b.pdf）中的指导意见来对 RNG/DRBG 的一致性和熵质量进行测试。

### 5.1.6 密码套件

密码学知识有趣的地方是，可以将一种或更多的上述算法类型组合起来，从而实现特殊需求的安全属性。在很多通信协议中，这些算法集群通常被称密码套件。根据当前所用协议的不同，密码套件指定了算法的特殊集合、可能的密钥长度以及每一种算法的使用方法。

密码套件可以以不同的方式来指定和列举。例如，TLS 协议提供了一系列的密码套件来为网络服务、通用 HTTP 通信流量、实时协议（Real-Time Protocol，RTP）和很多其他场景提供网络会话保护。一个对 TLS 密码套件进行列举和解析的示例如下所示。

TLS_RSA_WITH_AES_128_GCM_SHA256，对该套件进行解读可知，它使用：

- RSA 算法，用于服务器公钥证书认证（数字签名）。RSA 算法也被用于基于公钥的密钥传输（为了将客户端所生成的预主密钥传送到服务器端）。
- AES 算法（使用 128 位长度的密钥），用于加密所有通过 TLS 协议通道进行传输的数据。
- AES 算法加密过程利用伽罗瓦计数器模式实现，这为每一个 TLS 协议数据报提供通道密文以及消息认证码。
- SHA256 算法，用作散列算法。

利用密码套件中所指示的每一种密码算法，TLS 协议连接及其建立过程所需的特定安全属性得以实现：

1）客户端通过验证服务器的公钥证书上一个基于RSA算法实现的签名（事实上，RSA签名是通过对公钥证书进行SHA256散列计算来实现的）来对服务器进行身份验证。

2）现在需要一个会话密钥来加密通道。客户端利用服务器的RSA公钥来加密它随机生成的大数（即所谓的预主密钥），然后将其发送给服务器（即只有服务器能够解密，从而防止中间人攻击）。

3）客户端和服务器使用预主密钥来计算一个主密钥。双方都可以实现密钥导出过程，从而得到一个完全相同的密钥分组，其中就包含将用于加密通信流量的AES密钥。

4）AES-GCM算法被用于AES加密/解密过程——AES算法的这种特别模式还可以计算附加于每个TLS协议报文之后的MAC消息认证（需要注意的是，某些TLS协议的密码套件使用HMAC算法来实现该功能）。

其他密码协议使用了类似的密码套件类型（比如IPSec协议），但关键在于不管是采用哪种协议（即无论是在物联网还是其他类型网络中），密码算法均以不同的方式组合到一起，来应对协议预期应用环境中的特定威胁（比如中间人攻击）。

## 5.2 密码模块的原理

到目前为止，我们已经讨论了密码算法、密码输入、用法以及应用密码学知识的其他重要内容。然而仅仅熟悉密码算法是不够的。尽管密码学知识的正确实现（称为密码模块）不是一个简单的主题，但要实现物联网安全则需要这方面的内容。在Van Duren早期的职业生涯中，不仅参与了很多密码设备的测试工作，而且以实验室主任的身份管理过两个最大的NIST授权的，按照FIPS 140-2标准建设的密码测试实验室。在这个职务上，Duren纵览并协助验证了上百种不同设备的硬件和软件实现、智能卡、硬盘驱动器、操作系统、硬件安全模块以及很多其他的密码设备。在这一节，我将与读者分享从这些经历中所获得的一些智慧。但是首先，必须对密码模块进行定义。

密码实现可能来源于设备OEM、ODM、BSP供应商和安全软件企业，甚至任何人。密码实现组件可能以硬件、软件、固件或者三者组合的方式来实现，它负责执行密码算法以及安全存储密钥（要记住，密钥泄露就意味着你的通信内容或其他数据泄露）。借用美国政府密码模块标准FIPS 140-2中的NIST术语来描述，密码模块是指“用于实现所应用安全功能（包括密码算法和密钥生成）的硬件、软件和固件的集合，它受到密码边界的限制”（http://csrc.nist.gov/publications/fips/fips140-2/fips1402.pdf）。密码边界也在 FIPS-140-2 标准中定义，指的是用于建立密码模块物理边界的、明确定义的连续周长，并且限定了密码模块的所有硬件、软件和固件组件。一个密码模块的通用表达如图 5-9 所示。

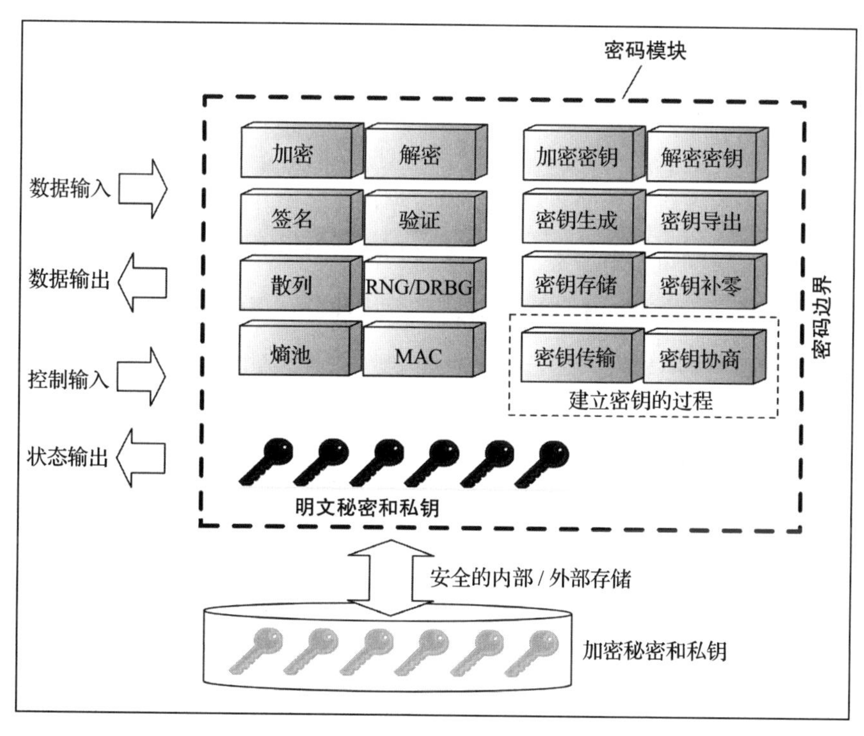


图 5-9　密码模块的通用表达（来源：Crypto-modules.graffle 文件）

因为我们并不想撰写一部关于密码模块的专著，所以此处涉及的密码模块的安全主题主要包含以下内容：

- 密码边界的定义。
- 保护一个模块的端口和其他接口（物理方面和逻辑方面）。
- 识别何人或何物与密码模块相连（本地或远程用户），如何对他们进行认证，以及模块为他们提供何种服务——是否与安全相关。
- 自检和发生错误的情况下，对状态适当地管理和指示（主机物联网设备所需的功能）。
- 针对篡改的物理安全防护，和对篡改状态的响应。

- 与操作系统进行整合的问题，如果合适的话。
- 与模块相关的密钥管理（稍后将从系统角度对密钥管理进行更为细致的讨论），包括密钥如何生成、管理、访问和使用。
- 密码自检（检查实现组件的健康状态），以及对故障的响应。
- 设计保障。

以上每一方面内容大致对应于FIPS 140-2标准中关于安全的11项主题内容的每一项（需要注意的是，当前标准正准备进行更新修订）。

密码模块的一个主要功能就是保护密钥免受攻击。为什么？很简单。因为如果密钥泄露，那么利用密码学知识来加密、签名或用其他手段来保护数据完整性就完全没有意义了。如果不能针对所面临的威胁环境对密码模块进行合理的工程设计和整合，那么可能就没有必要使用密码学知识。

通过密码学知识对物联网设备进行加固的一个最重要的内容，就是对另一个设备的密码边界进行定义、选择或融合。一般来说，设备可能会有一个内嵌的密码模块，或者设备自身就可能是密码模块（即物联网设备的外壳就是密码边界），如图5-10所示。

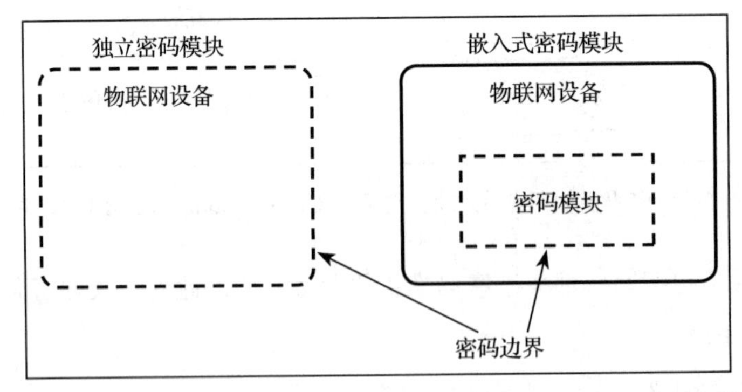


图5-10　加密模块体现（来源：crypto-module-embodiments.graffle文件）

从物联网的角度来说，密码边界定义了一个安全岛，在一个既定设备中所有的密码功能都要在该岛上实现。在使用嵌入式密码模块的情况下，物联网购买方和集成商应该对物联网设备制造商针对是否存在密码组件在嵌入式密码模块边界之外实现的问题进行验证。

不同的密码模块具体实现既有好处也有坏处。一般来说，模块越微小紧凑，攻击面越小，并且需要维护的软件、固件和硬件逻辑越少。边界越大（比如在一些独立密码模块中），对非密码逻辑进行修改的灵活性就越差，而这对于制造商和可能需要采用通过美国政府验收的 FIPS 140-2 密码模块（稍后讨论）的系统所有者来说，是更为重要的事情。

产品安全设计人员和系统安全集成人员，都需要清楚地理解设备如何实现密码学知识的相关内容。在很多情况下，产品制造商会选择实现并集成内部的密码模块，这些模块已经通过了独立 FIPS 测试实验室的验证。

出于以下原因，强烈建议采用这种做法。

- **算法选择**：由于算法选择是一个涉及国家主权的有争议的问题，所以一般来说，大部分组织（比如美国政府）不希望使用强度较弱或是未经验证的密码算法来保护敏感数据。是的，有一些优秀的算法因为没有通过美国政府的批准而未被投入使用。但除了确保良好算法的选择和规范之外，NIST 还要不遗余力地确保在密码分析和计算攻击变得过时时，旧算法和密钥长度要终止使用。换言之，坚持采用一个大型政府组织所信任的、经过妥善构建和完善规范的算法，并不是一个坏主意。NIST 认可的很多算法也获得了美国国家安全局（National Security Agency，NSA）的信任，从而用于保护最高绝密数据——附加条件是，密码模块要满足与保密信息所需的保护等级相关的 NSA 类型标准。在特定场景下，像 AES（256 位密钥长度）、ECDSA 和 ECDH 之类的算法，NIST（针对非保密信息）和 NSA（针对保密信息）都允许使用。
- **算法验证**：测试实验室在对模块进行操作的过程中，验证——作为密码模块测试套件的一部分——密码算法实现的正确性（利用多种已知结果测试和其他测试）。这是有用的，因为最微小的算法或实现错误都可能导致密码组件无效化，并且会造成严重的信息完整性、机密性和认证性损失。算法验证不是密码模块验证，而是其子集。
- **密码模块验证**：测试实验室还会根据其安全策略，验证每一个适用的 FIPS 140-2 标准安全需求是否在所定义的密码边界范围内得到满足。这项工作是利用多种一致性测试来实现的，测试范围从设备规范和其他文档、源码，到非常重要的效用试验（包括之前所提到的算法验证）。

这有助于识别 FIPS 140-2 标准或其他安全一致性测试方案中的一些危害，特别是当它们与物联网相关时。作为一个美国政府标准，FIPS 140-2 标准极为广泛地应用于许多设备类型，也正是因为如此，它可能损失了一定程度的解释特异性（取决于用户试图应用标准的设备特性）。另外，验证只能应用于制造商所选定的密码边界，但这个边界不一定能真正适应特定环境和相关风险。这就是 NIST 所不愿承担的工作。在很多情况下，在与设备制造商磋商时，建议制造商们不要定义那种我认为在最好情况下是虚假的，而在最坏情况下是不安全的密码边界。然而，如果制造商能够在他们所选的边界中满足 FIPS 140-2 标准的所有要求，那么作为一个独立测试实验室，我没有任何理由拒绝他们的策略。一致性要求以及通过满足这些要求所获得的实际安全，是标准体和一致性测试方案中的一场无休止的斗争。

考虑到以上好处（也包括危害），针对 FIPS 140-2 标准密码模块在物联网实现中的使用和部署问题，给出如下建议：

- 除了由其父密码模块所提供的接口之外，任何设备都不应该利用接口来调用密码算法（这意味着从密码边界的外部访问）。事实上，一台设备不应该在安全范围之外实现任何密码功能。
- 任何设备都不应该在其密码模块边界之外存储明文密钥（甚至是仍位于设备内，但处于其嵌入式密码模块之外的情况也不可以）。更好的方法是，以加密格式存储所有的密钥，然后使用最严格的保护措施来保护密钥加密密钥（Key Encryption Key，KEK）。
- 在整合密码设备时，系统集成人员应该在设备整合之前，就密码模块如何定义的问题咨询设备制造商并检索公开可用的数据库。美国标准所做出的密码边界定义，在模块的非专有安全策略（在线发布）中进行了清晰的描述。经过验证的 FIPS 140-2 模块标准可以在以下网址进行查阅：http://csrc.nist.gov/groups/STM/cmvp/documents/140-1/140val-all.htm。了解嵌入式模块自我保护程度与其对主机（比如涉及物理安全和篡改方面的内容）的依赖情况是十分有必要的。
- 选择 FIPS 验证保护级别（1～4）与计划部署的威胁环境相匹配的密码模块。比如 FIPS 140-2 标准中的第 2 级物理安全不要求实现篡改响应机制（当发生篡改操作时，擦除敏感密钥素材）；然而第 3 级和第 4 级则要求。如果是在十分具有威胁的环境中部署模块，那么应该选择更高的安全级别，或者将低级别保护的模块嵌入拥有额外保护措施的主机或者设备中。

- 在集成密码模块时，要确保模块的安全策略中所识别的预期操作人员、主机设备或者连接终端与系统中的实际用户和非人工设备相互映射。一个密码模块适当的角色、服务和认证可能位于设备的外部或内部；集成人员需要了解这一点，并确保映射关系完整且安全。
- 在实现更为复杂的集成工作时，应该咨询那些不仅在所应用的密码学知识方面，而且在密码模块、设备实现和集成方面都具有专业知识的个人或组织。比起正确实现，错误更容易出现。

使用经过验证的密码实现方案是一种优秀的做法，但是要明智地做这项工作，并且不对某些密码模块似乎满足所有的功能和性能方面的需求进行假设，这对于所有环境来说都是一个好主意。

## 5.3 密钥管理基础

既然已经介绍了基本密码学知识和密码模块，那么就很有必要深入研究密钥管理这一主题。密码模块可以看作是更大型的系统中受到密码保护的孤岛，每一个模块都包含了密码算法、密钥和其他保护敏感数据所需的资产。然而，要安全地部署密码模块，通常需要进行密钥管理。为一台嵌入式设备或整个企业规模的物联网策划密钥管理方案，对于保护和部署物联网系统是必要的。这要求组织规范其物联网设备中所用到的密码素材类型，并且确保这些规范在系统和组织范围内生效。密钥管理是一门在设备（密码模块）中和企业范围内保护密钥的科学和艺术。作为一门晦涩神秘的技术学科，它最初是由美国国防部发展起来的，而这比大部分商业公司认识到密钥管理是什么，或者起初对密码学有任何需求都早得多。相比于以往为了保护世界上互联互通的实体，现在它更是一个组织必须清楚理解的主题。

Walker Spy Ring 间谍案造成的后果，导致了如今美国国防部和 NSA 广泛使用的很多密钥管理系统和技术的诞生。从 1968 年起，美国海军军官 John Walker 开始向苏联情报部门售卖保密的密钥素材。因为这种内部破坏很多年都不会被发现（John Walker 直到 1985 年才被捕），所以对美国国家机密的总体破坏是十分严重的。为了防止密钥素材泄露并维护一个用于跟踪密钥的高度负责的系统，多个国防部部门（包括海军和空军）开始构建他们自己的密钥管理系统，该系统最终演化成如今的NSA电子密钥管理系统（Electronic Key Management System，EKMS）。为了适应现代需要，EKMS升级成为密钥管理基础架构（Key Management Infrastructure，KMI）（https://en.wikipedia.org/wiki/John_Anthony_Walker）。

密钥管理主体经常被误解，而且往往比对密码学本身的误解还要严重。事实上，在该学科中实践者寥寥无几。密码学与密钥管理像是一对姊妹：由一方所提供的安全性极大地依赖于另一方。密钥管理通常根本没有付诸实现，或者以不安全的方式进行实现。不管是哪种情况，由薄弱的密钥管理所导致的密钥非认证泄露和攻击都会导致密码学应用的无效化，必备的私密性和对信息完整性及来源的保护都将丧失。

同样重要的是，要注意那些规范和描述PKI的标准都是基于安全密钥管理准则的。由定义可知，PKI就是密钥管理系统。涉及物联网时，对于组织来说，理解密钥管理的基本原理是十分重要的，因为并不是所有的物联网设备都会与PKI证书交互并使用它们（即能够从第三方的密钥管理服务中受益）。还有其他很多种密钥类型，例如，对称型和非对称型，将在物联网中得到应用，不管是用于管理设备（SSH协议），或者提供密码保护的网关（TLS协议/IPSec协议），还是仅仅对物联网消息进行简单的完整性检查（利用MAC码）。

为什么密钥管理很重要？多类密码变量的泄露可能会导致灾难性的数据损失，甚至在密码保护的通信过程发生之后的几年或几十年内，这种损失仍会延续。如今的互联网中充斥着实施各种中间人攻击的人、系统和其他软件，这些攻击涵盖了从简单网络监听到全域的国家攻击以及针对主机和网络的攻击渗透。个人可以搜集或者更改线路发送通过加密进行保护的通信流量，并且能够将其存储几个月、几年或者几十年。与此同时，收集者可以通过暗中的长期努力来攻击人（人类智慧，就像John Walker案中的行为）和算法（这通常需要一名密码分析人员），从而获取用于加密所收集通信报文的密钥。在物联网设备中，集中密钥生成和分发源或存储系统，密钥管理系统和过程进行了辛苦的工作，来确保密钥在机器或人工处理的过程中不受攻击。

密钥管理涉及大量密钥处理的主题内容，它们与进行操作的设备和系统有关。图5-11中展示了这些主题：

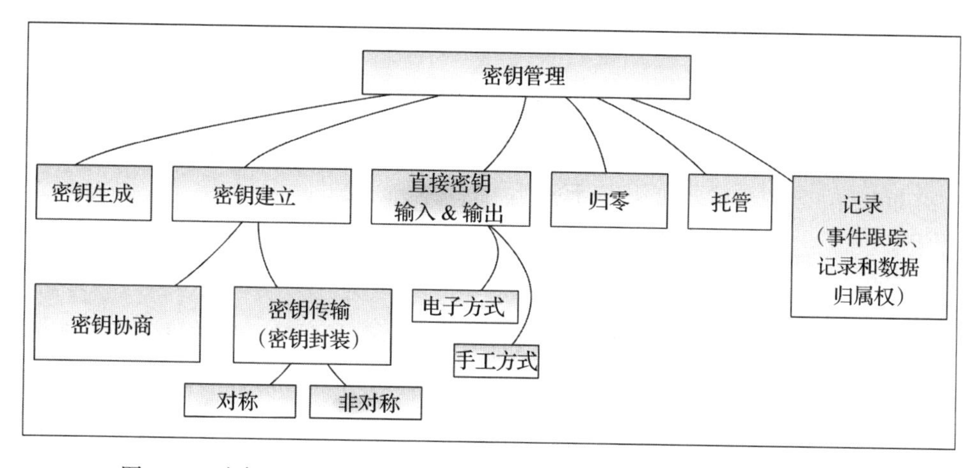


图 5-11 密钥处理的主题内容（来源：KeyMgmt-hierarchy.graffle 文件）

## 5.3.1 密钥生成

密钥生成指的是密钥何时以何种方式在哪个设备上生成，以及具体使用哪种算法。密钥应该利用经过妥善审查的 RNG 或 DRBG 所产生的具有最小熵（之前所讨论的内容）的种子来生成。密钥生成可以直接在设备上实现，或者在更加中心化的系统中实现（后者需要将密钥后续分发到设备上）。

## 5.3.2 密钥建立

在密钥建立过程都包含了哪些步骤这个问题上，存在很多困惑。简单来说，密钥建立就是进行以下两种活动，即针对一个特定的密钥进行协商，或在密钥从一方传送到另一方的过程中，分别充当发送方和接收方的角色。更具体地说，密钥建立指的是如下过程：

- 密钥协商是指通信双方根据算法，为一个共享密钥的生成过程提供素材的行为。换言之，就是一方所生成或存储的公共值发送到另一方（通常是以明文格式），并且输入到互补算法过程中进行处理，最终生成共享秘密因素。用户将这个共享秘密因素（在传统上，这是密码实现的最优方法）输入到一个密钥导出函数（通常是基于散列实现的）中，从而得到一个密钥或者密钥集合（密钥分组）。
- 密钥传输是指一方使用一个密钥加密密钥对密钥或其生成要素进行加密，然后将其传送给另一方的行为。KEK 可以是对称的（比如一个 AES 算法密钥），也可以是非对称的（比如一个RSA算法的公钥）。在前一种情况下，KEK必须通过安全的方式与接收方进行预先共享，或者利用某种同样类型的密码方案来建立。在后一种情况下，加密密钥就是接收方的公钥，而只有接收方能够利用他们的私钥（非共享）来对传输的密钥进行解密。

### 5.3.3 密钥导出

密钥导出指的是一个设备或软件如何利用其他密钥和变量，包括口令（这种方式被称为基于口令的密钥导出），来构建生成密钥。NIST SP800-108标准中这样描述："……在密钥导出函数中，输入密钥和其他输入数据被用于生成（即导出）密钥素材，而密码算法将利用这些素材。"（http://csrc.nist.gov/publications/nistpubs/800-108/sp800-108.pdf。）

密钥导出过程的整体描述如图5-12所示。

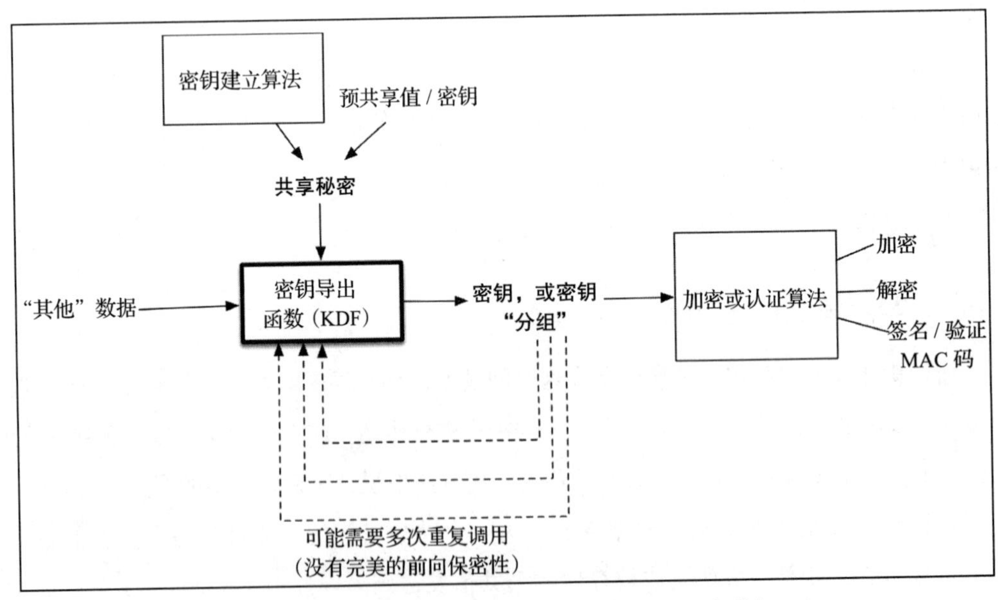


图5-12 密钥导出过程（来源：KDF.graffle文件）

密钥导出过程糟糕的实现致使美国政府禁止使用它们，除非最佳的实践能够被纳入NIST特别出版物中。密钥导出过程通常会在很多安全通信协议（比如TLS协议和IPSec协议）中实现，它从一个已建立的共享秘密、已传输的随机数（比如SSL/TLS协议中的预主秘密）或当前密钥中导出实际使用的会话密钥。

基于口令的密钥导出过程（Password-Based Key Derivation，PBKDF）是指从一个唯一的口令导出密钥的部分过程，该过程在 NIST SP 800-132 标准中进行了详述，其整体描述如图 5-13 所示。

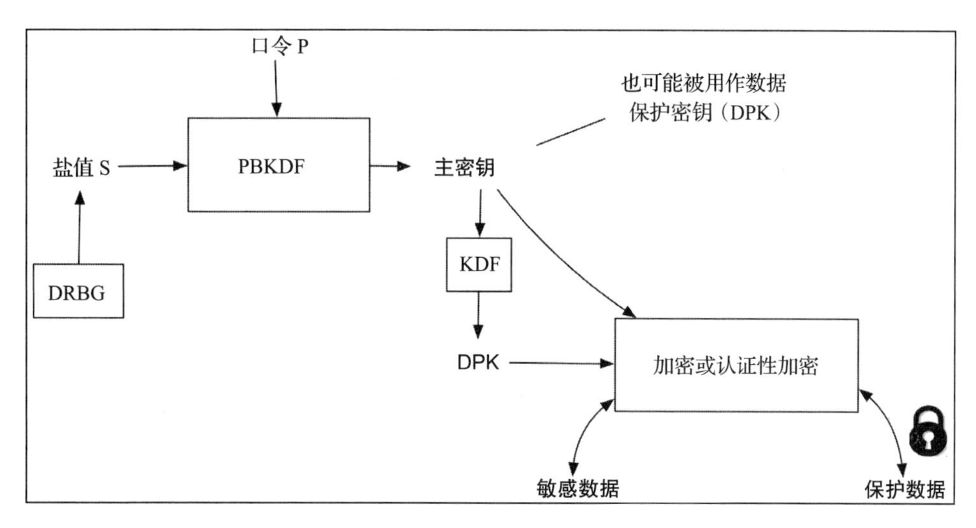


图 5-13　基于口令的密钥导出过程（来源：PBKDF.graffle 文件）

## 5.3.4　密钥存储

密钥存储指的是如何实现密钥的安全存储（通常是利用 KEK 进行加密），以及存储于何种设备。安全存储可能通过对数据库进行加密（数据库加密密钥能够提供完善的保护），或其他类型的密钥存储方式来实现。在企业密钥托管 / 存储系统中，密钥在长期存储之前应该利用 HSM 进行加密。HSM 本身属于密码模块，它们经过特殊设计，通过提供扩展的物理和逻辑安全保护措施来实现难以被攻击的目的。比如大部分 HSM 拥有篡改响应附件。如果发生篡改，HSM 将自动擦除所有的敏感安全参数、密钥等内容。不管怎样都要确保 HSM 存放在安全设备中。而就 HSM 的安全访问而言，HSM 通常经过设计使用密码凭证，这些凭证主要用于访问控制和请求敏感服务。比如 SafeNet 令牌（被称为 PED 密钥）使得用户能够安全地访问敏感 HSM 服务（本地的，甚至是远程的服务）。

HSM 制造商的例子包括 Thales e-Security 公司和 SafeNet 公司。

### 5.3.5 密钥托管

密钥托管通常是一种不得不采取的措施。考虑到如果密钥丢失，加密数据就无法解密，所以很多实体组织通常选择异地的方式来对密钥进行存储和备份，以备后续使用。密钥托管所伴随的风险简单明了；复制密钥并将其存储在另一个位置，将增加数据保护的攻击面。针对托管密钥进行攻击突破，和针对原始副本进行攻击同样有效。

### 5.3.6 密钥生命周期

密钥生命周期是指密钥在被销毁（清零）之前，能够使用（即用于加密、解密、签名、消息认证等）多长时间。一般来讲，考虑到非对称密钥（比如 PKI 证书）用于建立新的唯一会话密钥的功能（能够实现很好的前向安全性），它可以在很长的时间段内使用。而对称密钥一般会有更短的密钥生命周期。在旧密钥到期时，新的密钥可以通过多种方式生成：

- 由一个中央密钥管理服务器或其他主机进行传输（密钥传输利用类似于 AES-WRAP 之类的算法来实现——AES-WRAP 算法利用 KEK，对所传输的密钥进行加密）。
- 安全封装于新软件或固件中。
- 由设备生成（比如由一个使用 NIST SP800-90 标准的 DRBG 生成）。
- 由设备和另一个实体进行交互建立（例如，椭圆曲线 Diffie Hellman 算法，Diffie Hellman 算法、MQV 标准）。
- 人工输入到一台设备中（比如将其手动输入，或从一台安全密钥载入设备中将其电子注入）。

### 5.3.7 密钥清零

未经授权的私有密钥或算法状态泄露，将在极大程度上导致密码应用无效化。加密会话可以被捕获存储，而且如果用来保护会话的密钥被一个恶意实体得到，会话可能在几天、几个月或者几年之后被解密。

将密钥从内存中安全销毁是清零方面的内容。很多密码算法库同时提供了一定条件下的简单的清零例程，它们经过设计，被用于从运行时内存环境中以及长期静态存储环境下安全地擦除密钥。如果物联网设备中实现了密码应用，那么它们应该具有经过彻底审核的密钥清零策略。根据内存位置的不同，需要使用不同类型的清零操作。一般来说，安全擦除不仅仅是针对内存中对密钥的间接访问（即将指针或引用变量设置为空）；清零操作必须使用全零（这就是清零这一术语的含义）或随机生成的数据来主动覆盖密钥所在的内存位置。为了使得某些类型的内存攻击（比如内存冻结）彻底无法复原密码变量，可能需要进行多次覆盖。如果一个物联网制造商使用了密码算法库，那么他势必要遵循其 API 函数的正确用法，包括所有密钥素材在使用后都需要进行清零操作（很多算法库都为基于会话的协议，比如 TLS 协议，自动完成这项工作）。

处理包含高度敏感 PII 数据的物联网设备，可能也需要考虑对内存设备进行主动销毁。比如包含保密数据的硬盘需要在强电磁场中放置几年来消磁，从而实现清除机密数据，以及防止其落入敌手的目的。能够对内存逻辑入口进行物理删除的机械破坏可能也是必要的，尽管消磁和机械破坏通常只对包含最为敏感数据的设备，或者仅包含海量敏感信息的设备（比如包含成千上万的健康记录或财务数据的硬盘和 SSD 存储设备）是必备的。

对于清零这个主题，一些读者了解的可能比他们想象的要多。美国联邦调查局（Federal Bureau of Investigation，FBI）和苹果公司之间（2016 年）所发生的冲突，揭露了 FBI 在访问恐怖分子的内容（经过加密处理）未经彻底销毁的 iPhone 手机方面所受到的限制。口令尝试失败次数过多将触发清零机制，导致数据不可恢复。

### 5.3.8 记录和管理

对密钥素材在实体之间的生成、分发和销毁过程进行识别、跟踪和记录，这就是需要记录和管理功能发挥作用的地方。

平衡安全与性能同样重要，比如这项工作应在建立密钥生命周期时进行实现。一般来说，密钥的生命周期越短，攻击获取密钥的影响就越小，即依赖于密钥的数据面就越小。然而，生命周期越短，就越会增加密钥素材的生成、建立、分发和记录的相对开销。这就是公钥密码（它使得前向安全性成为可能）显得无比重要的原因。对非对称密钥的更换不需要像对称密钥那样频繁。它们有能力独立创建一个崭新的对称密钥集合。然而，并不是所有的系统都能够使用公钥算法。

更安全地管理密钥，同样要求制造商对于密钥分级有非常清晰的认识，特别是在设备制造和发布的过程中。内建的密钥素材可能从制造商处散播出去（在这种情况下，制造商必须尽全力保护这些密钥），被覆盖重写，以及被使用或可能被最终用户所抛弃。每一个密钥都有可能是将一台设备转移到一个新的状态，或将其部署到一个域中（就像在一个引导或注册进程中那样）的前提。支持加密的物联网设备制造商应该对用于安全部署产品的密钥管理过程、程序和系统进行仔细设计和记录。另外，制造商密钥应该安全存储在安全设备和访问控制室内的 HSM 中。

考虑到哪怕一个单独的密钥被篡改或丢失所引发的严重后果，对密钥管理系统（比如 HSM 和连接 HSM 的服务器）的访问控制必须进行严格限制。密钥管理系统——甚至是在最安全的设备或数据中心内——常被安放在配有锁和钥匙的笼子里，并处于连续不断的视频监控之下。

### 5.3.9　密钥管理相关建议总结

鉴于以上的定义和描述，物联网制造商和系统集成商在涉及密钥管理相关的问题时，同样应该考虑如下建议：

- 确保经过验证的密码模块能够将所配置的密钥安全存储在物联网设备中——对安全信任存储中的密钥进行物理和逻辑保护，将得到安全方面的好处。
- 确保密钥足够长。NIST SP 800-131A 标准是一份优秀的指南，为用于 FIPS 所认可的密码算法的适当密钥长度提供了指导。如果用户对等效强度（对暴力攻击的计算抵抗力）感兴趣，可以参考 NIST SP 800-57 标准。重要的是，要在算法和密钥长度在面对最先进的攻击技术时不再拥有足够的强度的时候，定期对其进行更新。
- 确保对安全清除（清零）使用完毕或过期的密钥这一过程进行适当的技术和过程控制。如非必要，绝不留存任何密钥。众所周知，除非主动清除，否则明文密码变量将在内存中存在很长时间。经过精心设计的密码算法库可能会在某些情形下对密钥进行清零，但一些算法库会将这项工作留给使用算法库的应用程序来完成，允许其在需要时调用清零 API 函数。基于会话的密钥，比如在一个 TLS 协议所建立的会话中使用的加密和 HMAC 密钥，应该随着会话的终止而立刻清除。
- 以能够提供完美前向安全性（Perfect Forward Secrecy，PFS）的方式使用密码算法和协议选项。PFS 是在很多使用密钥建立算法（比如 Diffie Hellman 算法和椭圆曲线 Diffie Hellman 算法）的通信协议中提供的一个选项。PFS 具有一个有利的特性，即一组会话密钥被攻陷，不会导致后续生成的会话密钥随之被攻陷。比如利用 DH/ECDH 算法的 PFS 特性能够确保为每次使用生成短期（一次使用）的私有 / 公用密钥对。这意味着相邻会话的共享秘密值（密钥由这些值导出）之间不会存在任何后向关系。当前密钥被攻陷，不会为针对未来密钥的前向对抗性计算分析提供条件，因此未来的密钥能够得到更好的保护。

- 严格限制密钥管理系统的角色、服务和访问。对密钥管理系统的访问行为必须在物理和逻辑两个方面加以限制。保护存放密钥管理系统的建筑和相关设备对于控制物理访问是十分重要的。用户或管理员访问同样必须利用规则进行完善的管理，比如职责隔离（不会将对所有服务的所有访问权限赋予单个角色或实体）和多重完整性（要求不止一个个体请求敏感服务）。
- 使用经过彻底审查的密钥管理协议来实现原始密钥管理功能，比如密钥传输、密钥建立以及更多的内容。作为一个比较晦涩难懂的主题，以及由于很多制造商采用专用解决方案这一事实，目前能够实现通用部署的密钥管理协议很少。然而，OASIS 技术组提出了一个名为密钥管理互操作协议（Key Management Interoperability Protocol，KMIP）的工业解决方案。很多制造商使用 KMIP 协议作为一个用于实现发送方中接收方密钥管理交换的简单骨干协议。它支持大量的密钥管理算法，并且在设计中考虑到了多厂商之间的互操作性。KMIP 协议是独立于编程语言的，并且在从大型企业密钥管理软件到嵌入式设备管理各种场景中都能够发挥作用。

## 5.4 对物联网协议的加密控制功能进行分析

本小节将对多种物联网协议中所整合的加密控制功能进行分析考察。如果缺少这些控制功能，物联网点到点和端到端的通信过程将不可能安全进行。

### 5.4.1 内建于物联网通信协议的加密控制功能

物联网设备开发人员所面临的一个主要挑战是，理解不同类型物联网协议之间的交互过程，并且找到最佳方法来对跨协议的安全主题进行层次划分。

存在很多种方法能够为物联网设备建立通信能力，而且这些通信协议通常会提供应该应用于链路层的认证加密层服务。诸如ZigBee协议、ZWave协议和Bluetooth-LE协议之类的物联网通信协议都有用来开启认证性、数据完整性和机密性保护的配置选项。每一种协议都支持构建由物联网设备组成的无线网络。Wi-Fi协议也是支持很多物联网设备所需无线连接的一种方法，而且它也包括了用于保证机密性、完整性和认证性的固有加密控制功能。

纵览物联网通信协议，它们都是数据中心协议。很多这种协议都需要低层的安全功能服务支持，比如由物联网通信协议或专门的安全协议（比如DTLS协议或SASL协议）所提供的相应功能。物联网数据中心协议可以划分为两类，包括REST类型的协议（比如CoAP协议）和发布/订阅协议（比如DDS协议和MQTT协议）。这些协议通常都需要底层的IP层作为支撑；然而某些协议（比如MQTT-SN协议）经过了一定的调整定制，以便在射频链路上进行操作（比如ZigBee协议）。

发布/订阅物联网协议的一个有趣的地方是，它需要为有物联网资源所发布的主题提供访问控制，并且需要确保攻击者无法向任何特定主题发布非授权信息。这项工作可以通过为发布的每一个主题采用唯一密钥来实现。

### 1. ZigBee协议

ZigBee协议中使用了底层IEEE 802.15.4 MAC层所提供的安全服务。IEEE 802.15.4 MAC层支持使用AES-128算法来实现加密/解密操作和数据完整性保护，其中后者通过为数据帧附加MAC码来实现。然而这些服务都是可选的，并且使用ZigBee协议的设备可以通过配置来选择不使用内建于协议中的加密或MAC功能。事实上，该协议中有很多可用的安全选项，如表5-2所示。

表5-2　ZigBee协议安全配置说明

| ZigBee协议安全配置 | 描　述 |
|---|---|
| 无保护 | 不使用加密和数据认证功能 |
| AES-CBC-MAC-32 | 利用32位MAC码实现数据认证；不使用加密功能 |
| AES-CBC-MAC-64 | 利用64位MAC码实现数据认证；不使用加密功能 |
| AES-CBC-MAC-128 | 利用128位MAC码实现数据认证；不使用加密功能 |
| AES-CTR | 利用使用128位密钥的AES-CTR算法对数据进行加密；不使用认证功能 |
| AES-CCM-32 | 数据加密，并且利用32位MAC码实现数据认证 |
| AES-CCM-64 | 数据加密，并且利用64位MAC码实现数据认证 |
| AES-CCM-128 | 数据加密，并且利用128位MAC码实现数据认证 |

在之前所述的 IEEE 802.15.4 MAC 层中，ZigBee 协议支持直接嵌入下层的附加安全特性。ZigBee 协议由网络层和应用层组成，并且为了实现安全特性依赖于 3 类密钥：

- 主密钥，由制造商预安装在设备中，并且被用于保护两个 ZigBee 协议节点之间的密钥交换交易。
- 链路密钥，是每个节点的唯一密钥，被用于实现安全的节点到节点的通信过程。
- 网络密钥，在一个网络中的所有 ZigBee 协议节点之间共享，并由 ZigBee 协议的信任中心准备；这些密钥为安全的广播通信过程提供了支持。

为一个使用 ZigBee 协议的网络建立密钥管理策略，可能是一项困难而又富有挑战性的工作。实现方案必须权衡各种选项，这些选项在从预安装所有密钥或由信任中心准备所有密钥起始的整个范围内发挥作用。需要注意的是，信任中心默认网络密钥必须更改，并且密钥的任何准备工作都必须利用安全过程来完成。由于 ZigBee 协议的密钥应该在预定义的基础上进行更新，所以还必须对密钥循环过程加以考虑。

ZigBee 协议节点有 3 种方式来获取密钥。首先，节点可能预安装了密钥。其次，节点可能接收到从 ZigBee 协议信任中心发送过来的密钥（除了主密钥）。最后，节点可能利用包括对称密钥建立过程（Symmetric Key Establishment，SKKE）和基于证书的密钥建立过程（Certificate-Based Key Establishment，CBKE）的方式来建立密钥（https://www.mwrinfosecurity.com/system/assets/849/original/mwri-zigbee-overview-finalv2.pdf）。

主密钥支持使用 ZigBee 协议设备上的利用 SKKE 过程生成链路密钥的过程。在一个 ZigBee 协议节点和信任中心之间共享的链路密钥，被称为信任中心链路密钥（Trust Center Link Keys，TCLK）。这些密钥支持在网络中将一个新的网络密钥传送到各节点的过程。链路和网络密钥可以预安装在设备中，然而更安全的做法是，使用建立密钥的方式来生成用于支持节点到节点通信过程的链路密钥。

网络密钥在一条来自信任中心的加密 APS 传送命令中进行传输。

尽管链路密钥对于节点到节点安全通信过程来说是可选的，但研究表明它们并不总是出现在选项中。链接密钥需要每台设备提供更多的内存资源，而这对于物联网设备来说通常是难以实现的（http://www.libelium.com/security-802-15-4-zigbee/）。

CBKE 过程为 ZigBee 协议的链路密钥建立提供了另一种机制。它是基于一个根据物联网设备需求进行定制的椭圆曲线曲范斯通（Elliptic Curve Qu-Vanstone，ECQV）隐式证书实现的，比传统的 X.509 证书要小得多。这些证书被称为隐式证书，其结构相比于 X.509 之类的传统显式证书，得到了大幅的尺寸缩减（在受限无线网络中，这是一个很好的特性）(http://arxiv.org/ftp/arxiv/papers/1206/1206.3880.pdf)。

### 2. Bluetooth-LE 协议

Bluetooth-LE 协议是基于蓝牙核心规范 4.2 版本实现的，它规定了大量的模式来为认证或非认证配对、数据完整性保护和链路加密提供选项。特别的是，Bluetooth-LE 协议支持以下安全概念（可参考蓝牙规范 4.2 版本）：

- **配对**：设备创建一个或多个共享密钥。
- **联结**：存储配对期间所创建的密钥，以备在后续连接中使用的行为；这个过程形成了一个受信设备对。
- **设备认证**：验证配对设备是否拥有信任密钥。
- **加密**：将明文消息混淆变换，得到密文数据。
- **消息完整性保护**：保护数据，防止篡改。

Bluetooth-LE 协议为设备建联提供了 4 种方式，如表 5-3 所示。

**表 5-3　Bluetooth-LE 协议的模式及说明**

| 模　式 | 描　述 |
|---|---|
| 数字比较 | 设备向用户显示 6 位数字号码，如果两台设备上的号码相同，用户选择“YES（是）”。要注意，在蓝牙协议 4.2 版本中，6 位数字号码与两台设备之间的加密操作无关 |
| 直接建联 | 该模式是为不带显示器的设备所设计的。设备使用与数字比较相同的模式，但不向用户显示数字 |
| 带外模式 | 允许使用另一种协议进行安全配对。通常与近距离无线通信技术（Near Field Communication，NFC）结合使用来实现安全配对。在这种情况下，NFC 协议将被用于交换设备的蓝牙地址和加密信息过程中 |
| 配对码接入 | 允许在一台设备上输入 6 位字符格式的配对码，然后在另一台设备上显示以便确认 |

Bluetooth-LE 协议使用了许多密钥，这些密钥被共同使用，从而提供所需的安全服务。表 5-4 展示了各种在 Bluetooth-LE 协议安全中起作用的密钥。

Bluetooth-LE 协议利用 CSRK 来支持对数据进行加密签名。CSRK 被用于对一个 Bluetooth-LE 协议数据单元（Protocol Data Unit，PDU）进行签名。签名信息，即一个 MAC 码，是由签名算法和一个随每个 PDU 发送而增长的计数器生成的。计数器的不断增长，提供了额外的防重放攻击保护。

表 5-4 Bluetooth-LE 协议的密钥类型及说明

| 密钥类型 | 描 述 |
| --- | --- |
| 临时密钥（Temporary Key，TK） | 所使用的蓝牙协议配对类型决定了 TK 可能具有不同的长度。它被用作短期密钥加密算法导出过程的输入 |
| 短期密钥（Short-Term Key，STK） | STK 被用于密钥素材的安全分发，是基于 TK 和每一台参与配对过程的设备提供的随机值所生成的 |
| 长期密钥（Long-Term Key，LTK） | LTK 被用来生成链路层加密过程所用到的 128 位密钥 |
| 连接签名解析密钥（Connection Signature Resolving Key，CSRK） | CSRK 被用来对 ATT 层的数据进行签名 |
| 身份解析密钥（Identity Resolving Key，IRK） | 基于设备的公开地址，IRK 被用于生成一个私有地址。这为设备身份和隐私保护提供了机制 |

Bluetooth-LE 协议还支持为设备提供私密性保护。这需要使用 IRK 来为设备生成一个特殊的私有地址。可以使用两种方法来提供私密性支持，一种是设备生成私有地址，另一种是蓝牙控制器生成该地址。

#### 3. 近距离无线通信技术

NFC 技术并不实现本机的加密保护，然而，通过一次 NFC 协商过程可以实现终端认证。NFC 技术支持短程通信，并且经常在其他协议（比如蓝牙协议）中被用作协议的第一步，从而建立带外配对。

### 5.4.2 内建于物联网消息协议中的加密控制功能

本小节中将对内建于消息协议中的各种控制技术加以讨论。

#### 1. MQTT 协议

MQTT 协议允许发送用户名称和口令。直到最近的相关规范都建议，口令长度不要超过 12 个字符。用户名称和口令以明文形式，作为 CONNECT 消息的一部分进行发送。因此，在使用 MQTT 协议的同时，使用 TLS 协议对其加以保护就显得尤为关键，这样才能防止针对口令的中间人攻击。理想情况下，两个终端之间的端到端（或者网关到网关）的 TLS 协议通道应该与证书配合使用，其中证书被用于通信双方互相对 TLS 连接进行认证。

#### 2. CoAP

CoAP 支持多种认证方式来完成设备到设备的认证过程。它可以与数据报 TLS（D-TLS）协议一起配合使用，来提供更高层次的机密性和认证性服务。

基于 https://tools.ietf.org/html/rfc7252#section-9 中所用到的密码素材类型，CoAP 定义了多种安全模式，如表 5-5 所示。

表 5-5 CoAP 的安全模式及说明

| 模　式 | 描　述 |
| --- | --- |
| NoSec | 由于 DTLS 协议被禁用，所以该模式不提供协议级别的安全保护。如果是在安全的重复形式可用（例如，当 IPSec 协议在一条 TCP 连接通道上，或者在开启安全链路层时使用时）的情况下使用，该模式可能就足够了。然而，这里并不推荐采用这种配置 |
| PreSharedKey | 启用 DTLS 协议，并且存在可被用于节点通信的预共享密钥。这些密钥也可以作为群组密钥来使用 |
| RawPublicKey | 启用 DTLS 协议，而且设备拥有一个非对称密钥对，该密钥对没有经过带外机制验证的证书（原始公钥）。设备还拥有一个由公钥计算得到的身份标识，以及一组可以进行通信的节点的身份标识 |
| Certificate | 启用 DTLS 协议，而且设备拥有一个带有 X.509 证书（RFC5280）的非对称密钥对，该证书将自身与自己的主题结合起来，并由某些通用信任根对该证书进行签名。设备还拥有一组用于验证证书的根信任锚 |

### 3. DDS 服务

对象管理组的数据分发标准（Data Management Standard，DDS）安全规范提供了终端认证和密钥建立功能，来实现消息数据来源认证（利用 HMAC 技术）。该服务支持数字证书和多种身份 / 授权令牌类型。

### 4. REST 技术

HTTP/REST 通常需要 TLS 协议提供认证性和机密性服务支持。尽管在 TLS 协议的保护下可以使用基本认证（即身份凭证以明文形式传送），但这并不是一种推荐的做法。相反，应该在 OAuth 2.0 协议的上层创建一种基于令牌的认证（以及在需要的情况下实现授权）方法（比如 OpenID 身份层）。然而，在使用 OAuth 2.0 协议时应该对附加的安全控制进行恰当的部署。可以在以下网站查阅这些控制技术相关的参考资料：

- http://www.oauthsecurity.com
- https://www.sans.org/reading-room/whitepapers/application/attacks-oauth-secure-oauth-implementation-33644

## 5.5 物联网和密码学的未来发展方向

目前，在物联网中所用到的加密技术，是由更广泛的互联网所使用的相同加密信任机制所组成的。然而和互联网一样，物联网正在扩展到空前的规模，而这就需要更加分布式和去中心化的信任机制。事实上，未来很多大规模的安全物联网交易将不会仅仅由简单的客户端到服务器，或者点到多点的加密交易组成。必须开发出新的或改进的密码协议，向其中添加供可升级分布式信任关系的功能。由于很难预测哪一类新协议最终将被采用，分析针对目前互联网应用所开发的分布式信任协议，可能能够为研究物联网相关协议的发展趋势提供一点思路。

区块链就是这样一种协议，它是一种为比特币（数字货币）提供底层支撑的去中心化加密信任机制，它为一个系统中所发生的所有合法交易提供一个去中心化的分类账单。区块链系统中的每一个节点都参与这个账单的维护过程。这是通过所有参与方的信任共识来自动实现的，这样做的结果就是所有内容从本质上来说都是可审计的。一个区块链是利用由链表中每个前置区块计算得到的散列值，而随着时间逐步建立起来的。正如在本章之前的内容中所讨论的，用户可以使用散列函数来为任意数据块生成一个单向指纹散列值。默克尔树是散列函数一个有趣的应用实例，因为它代表了一系列并行计算所得的散列值，而这些散列值作为输入最终计算得到整棵树的一个强加密型结果散列值，如图 5-14 所示。

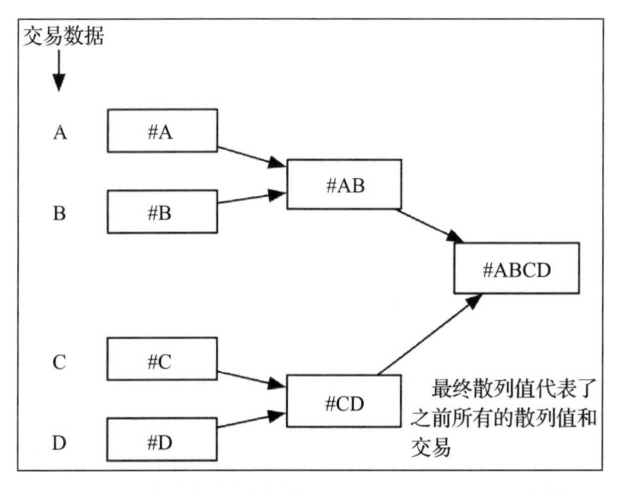


图 5-14 默克尔树（来源：merkle-tree.graffle 文件）

这些散列值（或者是经过散列处理的数据元素）中任意一个发生变化或完整性缺失，都将表明默克尔树中的某一点的完整性被破坏。在区块链环境中，这种默克尔树模式将随着新交易（即代表交易的散列计算结果的节点）不断加入分类账单而不断增长；账单向所有人公开，并且在系统的所有节点上重复存放。

区块链包含了一种共识机制，链表中的节点利用这种机制来决定如何更新链表。比如想象在一个分布式控制系统的场景中，网络控制器可能会想要向一个执行器下达指令，让其完成某些动作。网络中的节点可以通过潜在的合作来，授权控制器对该动作下达指令，以及授权执行器完成该动作，如图5-15所示。

然而关于这一点，有趣而又让人意外的是，除了这种基础功能意外，区块链还可以应用于更多的场景。例如，如果控制器经常从一组传感器接收数据，而其中一个传感器所提供的数据开始超出规范或可接受的容差（比如使用方差分析来评估），这时控制器可以更新区块链来取消对失控传感器的授权。然后，对区块链的更新可以通过一棵默克尔树来进行散列计算，并与其他经过更新（比如交易）的散列值相组合。之后，结果将和一个时间戳及之前区块的散列值一起，被放置在所建议的新区块头部。

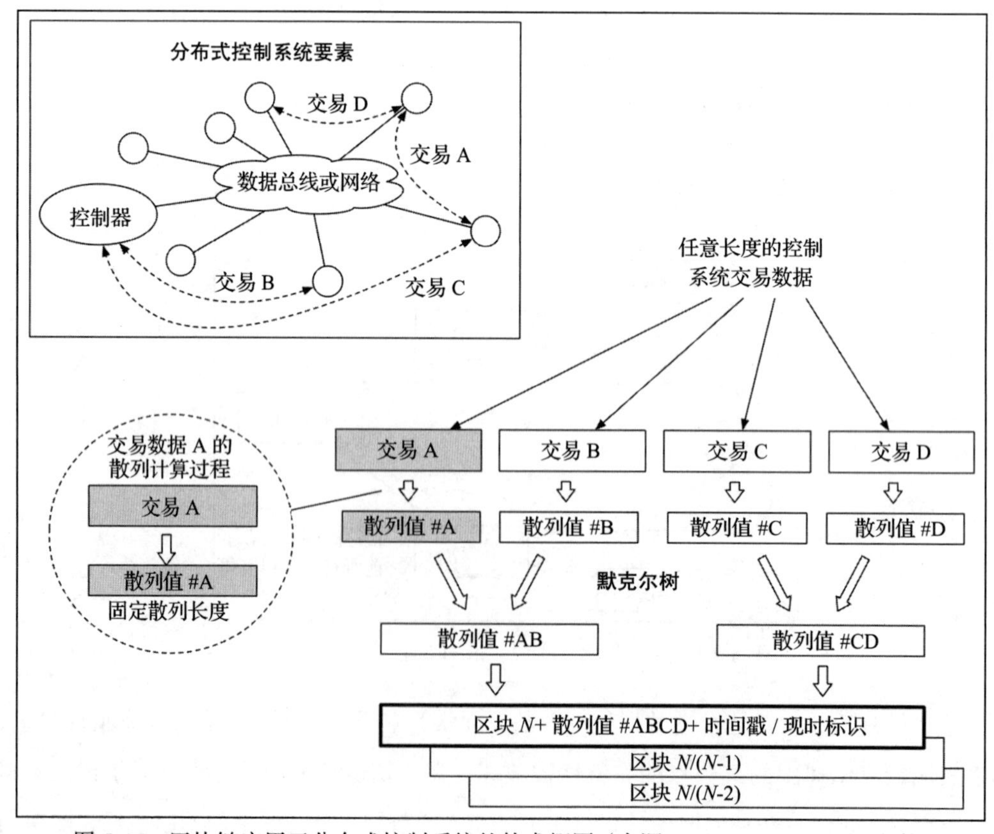


图5-15 区块链应用于分布式控制系统的技术概图（来源：block-trust.graffle文件）

这类解决方案可能会为分布式信任 CPS 系统中的可恢复容错对等网络打下基础。通过合理的性能需求和工程实现，这种功能可以在实时和准实时应用实例中得到实现。遗留系统可以通过在系统控制、状态和数据消息之前部署交易协议来进行改善加强。由于无法知晓这种技术在未来的物联网系统中是否会实现，以何种方式实现，因此它们只是针对如何利用强大的加密算法，来解决大规模环境下确保分布式信任关系的巨大挑战这一课题，为人们提供了一点思路。

## 5.6 本章小结

在本章中，接触到了在物联网协议中所应用的密码学知识、密码模块、密钥管理和加密应用这一巨大而又复杂的领域，并对利用区块链技术加密实现分布式物联网信任关系这一可能的未来前景进行了展望。

或许本章最为重要的内容，就是要严肃对待密码学及其实现方法。很多物联网设备和服务厂商仅仅是没有从构建安全加密系统的传统中汲取经验，而相信制造商在销售宣传中声称的“使用 256 位密钥的 AES 算法是安全的”这一说辞是很不明智的。如果用户没有进行合理实现，那么会存在太多种方式能够阻止密码应用发挥作用。

在下一章，将深入研究物联网中的身份识别与访问管理机制。

# 第 6 章

# 物联网身份识别和访问管理解决方案

在现在社会开始广泛使用智能家居和物联网可穿戴设备的同时，物联网设备和程序也在向着更广泛地应用于专业化领域、政府机构和其他环境的方向发展。支持这些设备的网络连接正变得无处不在，为此，终端设备将需要在全新的、不同的环境和组织中进行识别和配置访问。本章介绍物联网设备的身份识别和访问管理（Identity and Access Management，IAM）。在本章，会复习认证生命周期，并提供关于配置认证凭证所需的基础架构组件的讨论，其中重点关注 PKI。此外，还研究了不同类型的认证凭证，并讨论了为物联网设备提供授权和访问控制的新方法。以下主题是在接下来的讨论中强调的：

- 关于 IAM 的介绍性讨论。
- 讨论认证生命周期。
- 认证凭证入门。
- 物联网 IAM 基础架构的背景。
- 讨论物联网授权和访问控制。

## 6.1 物联网 IAM 介绍

传统意义上，安全管理员一直关心如何管理属于他们的技术基础架构或与之交互的人员的身份和访问控制。相对地，自带设备（Bring Your Own Device，BYOD）的概念，允许授权的个人将手机或笔记本电脑与公司账户相关联，以便在其个人设备上接收网络服务。所允许的网络服务通常是在设备满足一定的最低安全保证的情况下提供的。这可能包括使用强密码进行账户访问，使用病毒扫描程序，甚至要求对部分或全部磁盘加密以防止数据丢失。

物联网中引入比BYOD更丰富的连接环境。预计将有比每个员工通常使用的手机或笔记本电脑更多的物联网设备被部署在整个组织中。IAM基础设施的设计必须根据组织最终将支持的设备数量进行扩展，这个数字可能比现有的高出几个数量级。随着新功能的出现，新的物联网子系统将不断添加到组织中以启用和简化业务流程。

物联网的矩阵化特性也为安全管理员对工业和企业中的部署带来了新的挑战。许多物联网解决方案已经被设计为租赁而非拥有。考虑一个被租用的放射机器的例子，它记录扫描次数并允许操作达到授权的某个数量。扫描是在线报告的，也就是说机器打开了从组织到制造商的通信渠道。该通道必须被限制为仅允许授权用户（即出租人或其代理人）使用，并且仅允许与出租人关联的特定机器连接。访问控制决策可能会变得非常复杂，甚至受限于特定的设备版本、一天中的特定时间和其他约束条件。

共享信息使得物联网的矩阵性质进一步体现，不仅由于通过物联网传感器收集共享数据与第三方机构合作，也是因为首先共享物联网传感器的权限。物联网的任何IAM系统都必须能够支持这种可能需要快速并且非常精细地允许/禁止共享设备和信息的动态访问控制环境。

最后，安全管理员必须考虑连接到其网络的个人物联网设备，这不仅是由于新的攻击媒介引入带来了安全问题，也是因为涉及保护个人信息有关的明显的隐私方面的担忧，例如，已经有组织为了集体健康计划支持使用Fitbit等个人健康设备。2016年，Oral Roberts大学推出了一项计划，要求所有新生都佩戴Fitbit，并允许该设备向大学的计算机系统报告学生们每天的步数和心率信息。

另一方面，一份有价值的OpenDNS报告显示，在一些公司，员工开始带入包括智能电视在内的未经授权的物联网设备，这些设备经常接触互联网服务来共享信息。智能设备通常由制造商设计，以便于与供应商特定的Web服务和其他信息基础设施连接，从而支持设备和客户的使用。这通常需要802.1x类型的连接。为物联网设备提供802.1x类型的网络访问控制时需要多加考虑，因为有太多这样的设备可能连接到网络。供应商目前正在开发解决方案，可以对基于IP的物联网设备进行指纹识别，并确定是否应该通过

DHCP 提供 IP 地址来授予某些类型的访问权限。可以通过采集操作系统的指纹或设备的某些其他特征实现。

物联网 IAM 是整体安全计划的一个方面，必须设计为能够缓解这种动态的新环境中存在的问题，其中包括：

- 可以快速安全地将新设备添加到网络中并实现多种功能。
- 数据甚至设备不仅可以在组织内共享，还可以与其他组织共享。
- 尽管消费者数据被收集存储并经常与其他人分享，但仍保留隐私。

如图 6-1 所示为物联网的一个整体的 IAM 计划。

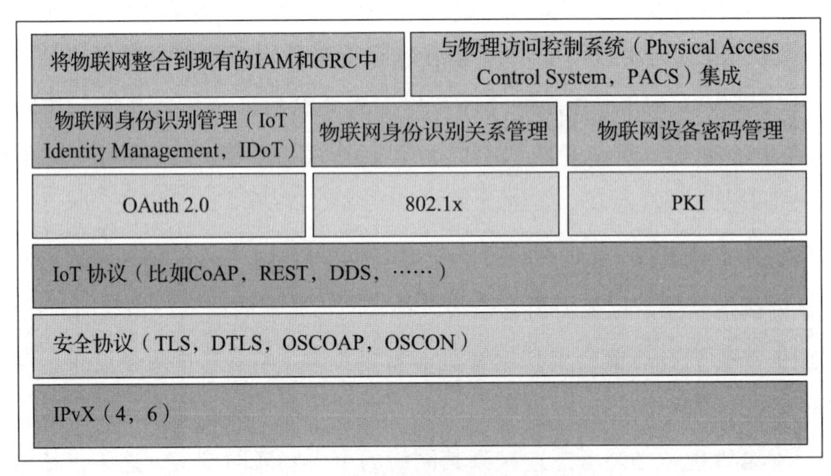


图 6-1 物联网整体的 IAM 计划

如图 6-1 所示，将新的物联网 IAM 策略与组织中现有的管理模型和 IT 系统整合在一起很重要。将物联网设备的鉴别和授权功能与 PACS 结合起来也是值得的。PACS 提供了在整个组织的设施中启用和执行物理访问策略的电子手段。PACS 系统经常与逻辑访问控制系统（Logical Access Control Systems，LACS）集成。LACS 系统提供管理身份、鉴别和访问各种计算机、数据和网络资源的授权的技术和工具。PACS/LACS 技术代表了组织开始以相对可控的方式整合新的物联网设备的理想系统。

## 6.2 认证生命周期

在开始研究支持物联网 IAM 的技术之前，阐述认证生命周期是非常有用的。物联网设备的认证生命周期开始于定义设备的命名约定，结束于从系统中删除设备。如图 6-2 所示是认证生命周期流程图。

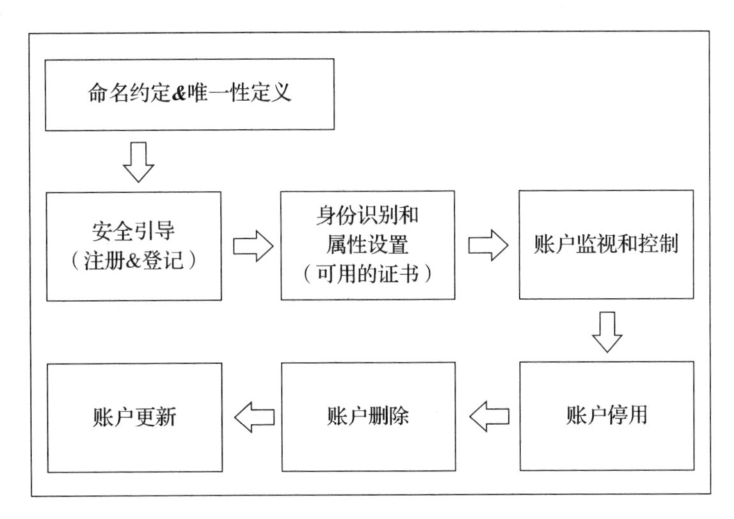


图 6-2 认证生命周期流程

应该建立生命周期过程并将其应用于所有物联网设备的采购、配置和最终到组织网络的连接。其中，对于物联网设备的采购，需要对现在和未来将在组织内部引入的物联网设备和系统类型有协调一致的理解。建立一个结构化的身份识别命名空间将十分有助于管理最终将添加到组织中的数千或数百万设备的身份识别。

## 6.2.1 建立命名约定和唯一性要求

唯一性是一个不可以被随机化或确定的特征（例如算法顺序）[㊀]，它仅仅要求没有其他人与之相同。最简单的唯一标识符是一个计数器。每个值都被赋值，从不重复。另一个是与计数器配合使用的静态值，例如，设备制造商 ID+ 产品线 ID+ 计数器。在很多情况下，随机值与静态字段和计数字段一起使用。从制造商的角度来看，不重复往往是不够的。通常情况下，需要提供其他信息的名称。为此可以以制造商特有的或者符合行业惯例的各种方式添加制造商特有的字段。唯一性也可以通过使用 RFC 4122 中规定的 UUID

㊀ 原文没有“不”，可能有误。——译者注

标准适用的全局唯一标识符（Universally Unique Identifier，UUID）来实现。

不管是什么机制，只要一个设备能够配置一个非重复的标识符，且这个标识符对于它的制造商、使用者、应用程序或上述所有的混合体是唯一的，那么它就可以用于认证管理。除了这些机制之外，唯一需要注意的是，如果可能，静态指定的 ID 长度内的所有可能的标识符的组合不能过早耗尽。

一旦确定了唯一表示物联网设备的方法，下一步就是能够在逻辑上识别其操作区域内的资产，以支持认证和访问控制功能。

那么应怎样命名一个设备？

每次有用户访问受限的计算资源时，系统都会识别用户身份以确保用户有权访问该特定资源。有很多方式可达到这个目的，但成功实施的最终结果都是不允许没有正确凭证的用户访问。虽然这个过程听起来很简单，但在讨论构成物联网的众多受限设备的 IAM 时，还有许多难题需要克服。

第一个挑战是身份本身。虽然身份对每个人来说似乎很简单（例如人们的名字），但身份必须被翻译成计算资源（或访问管理系统）所理解的信息。该身份也不能在信息域中重复。现今的许多计算机系统依赖于用户名，其中域内的每个用户名是不同的。用户名可以像 <lastname_firstname_middleiniital> 一样简单。

在物联网中，要明白提供给设备的身份或名称可能会导致混淆。正如所讨论的，在一些系统中，设备使用诸如 UUID 或电子序列号（Electronic Serial Numbers，ESN）的唯一标识符。

亚马逊使用物联网设备序列号来识别设备实现其首次物联网服务是一个很好的例子。亚马逊物联网包括允许管理员注册物联网设备、获取每个事件的名称和事物的各种属性的注册服务。属性可以包括下面的数据项：

- 制造商
- 类型
- 序列号
- 部署日期
- 位置

请注意，这些属性可用于基于属性的访问控制（Attribute-Based Access Control，

ABAC)。ABAC 访问方法允许访问决策策略不仅由设备的身份定义，还由其属性定义。丰富的甚至可能比较复杂的规则可以根据需要临时进行定义。如图 6-3 所示是 AWS IoT 服务。

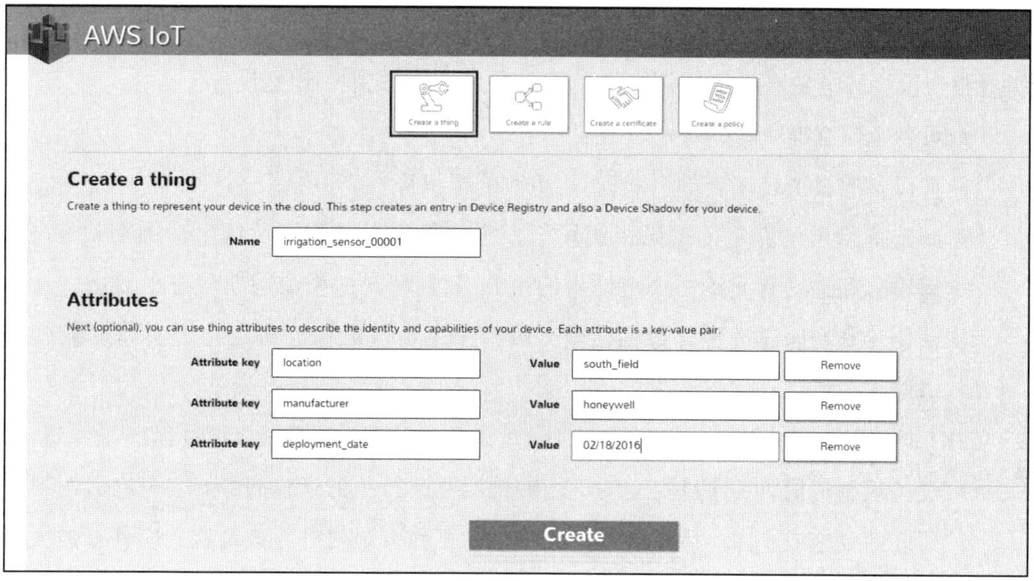

图 6-3　AWS IoT 服务

即使如 UUID 或 ESN 等标识符可用于物联网设备，这些标识符通常也不足以确保认证和访问控制决策。在没有增强的情况下，通过密码控制很容易欺骗识别器。在这些情况下，管理员必须将其他类型的标识符绑定到设备。这种绑定可以像将密码与标识符关联一样简单，或者更合适的方式是使用诸如数字证书的凭证。

物联网消息传递协议通常包括传输唯一标识符的能力。例如，MQTT 包括可以传输唯一代理客户端标识符的 ClientID 字段。对于 MQTT，ClientID 用于在唯一的代理 - 客户端通信会话中维护状态。

### 6.2.2　安全引导

对于安全来说，没有什么比物联网系统或网络中充满身份盗用、私人信息丢失，欺骗和整体混乱更糟糕了。然而，认证生命周期中的一个困难任务是在设备中建立允许设备引导自己进入系统的初始信任。安全身份识别和访问管理的最大漏洞之一是不安全的引导。

安全引导代表了为给定系统内的设备设置可信身份的过程的开始。安全引导可能从制造过程开始（例如在芯片制造厂），一旦交给最终操作者即可完成。它也可能在最终用户或一些中间人（例如仓库或供应商）的手中完成。最安全的引导方法从制造过程开始，并在整个供应链中实施离散的安全关联。可通过以下方式唯一识别设备：

- 设备上印有唯一的序列号。
- 在设备的ROM中存储唯一且不可更改的标识符。
- 制造商给出的特定的密码密钥用于安全切换引导过程到后续生命周期状态（如运输、配送、移交给一个登记中心等），只在特定的生命周期状态中使用。这些密钥（频繁地通过带外数据传输）被用于由负责准备设备的特定实体加载后续组件。

PKI通常用于辅助引导过程。从PKI角度来看，通常应该包括以下过程：

- 设备从制造商处（通过安全的、能够检测篡改行为的运输服务）安全地运送到受信任的设施或仓库。除了经过严格审查的工作人员之外，该设施还应具有强大的物理安全访问控制、记录保存和审计流程。
- 设备计数和批次与运输清单相匹配。

一旦收到设备后，为每个设备进行的步骤包括：

1）使用客户特定的默认制造商验证器（密码或密钥）对设备进行唯一身份验证。

2）安装PKI信任锚和中间公钥证书（例如，来自注册机构、注册证书颁发机构或其他源等）。

3）安装最小网络可达性信息以便设备知道在哪里检查证书吊销列表、执行OCSP查找或其他安全相关功能。

4）配置设备PKI凭证（由CA签名的公钥）和私钥，以便拥有CA签名密钥的其他实体可以信任新设备。

安全引导过程可能与上述引导过程不同，但应该能在配置设备时减轻以下类型的威胁和漏洞：

- 内部威胁，如引入新的、有害的或受损的设备（不应被信任）。

- 复制设备，无论在生命周期中的哪个阶段。
- 将不应该被信任的公钥信任锚或其他密钥资料引入设备。
- 在生成密钥或导入设备时，破坏（包括复制）新的物联网设备的私钥。
- 供应链和注册流程中设备占有的空间不同。
- 密钥更新和分配正常使用所需的新认证资料时保护设备（根据需要重新引导）。

鉴于智能芯片卡的关键安全特性及其在敏感金融业务中的使用，智能卡行业采用了与上述不同的严格注册流程控制。没有这些控制，严重的攻击就有可能使金融业瘫痪。诚然，许多消费级物联网设备不太可能具有安全的引导过程，但是随着时间的推移，相信这将会根据部署环境和利益相关方对威胁的认识而改变。连接的设备越多，造成危害的可能性就越大。

在实践中，安全引导过程需要针对特定物联网设备的威胁环境、功能以及所讨论的网络环境加以定制。潜在风险越大，整个引导过程就越严格。最安全的流程通常会在设备引导期间实现强大的责任分离和多人完整性流程。

### 6.2.3 身份识别和属性设置

一旦建立设备内的身份识别基础，就可以设置操作证书和属性。这些是在物联网系统内用于安全通信、认证和完整性保护的证书。强烈建议尽可能使用证书进行认证和授权。如果使用证书，重要的和安全相关的考虑是在设备本身生成密钥对还是集中地生成。

一些物联网服务允许中心（例如通过密钥服务器）生成公钥/私钥对。虽然这可能是批量配置数千台带有证书的设备的有效方法，但应该注意处理该流程可能暴露的潜在漏洞（例如，通过中间设备/系统发送敏感的私钥资料）。如果使用集中式生成，则应使用安全设施中由经审查的人员操作的非常安全的密钥管理系统。提供证书的另一种方式是通过本地生成密钥对（直接在物联网设备上生成），然后通过向 PKI 发送证书签名请求传输公钥证书。如果缺少确保安全的引导过程，则必须为 PKI 的注册机构（Registration Authority，RA）建立额外的策略控制，以便验证被设置设备的身份。通常引导过程越安全，配置就越自动化。图 6-4 是描述物联网设备的整体注册、登记和配置流程的序列图。

为了便于管理，有时需要本地访问设备，这可能需要配置 SSH 密钥或管理密码。过去，组织中经常发现为了方便访问设备而共享管理密码的错误。虽然为管理员实施联合访问解决方案可能令人望而生畏，但这不是一个推荐的方法。当设备（例如，传感器、网关、运输行业其他无人看管的设备等）分布在不同的地理位置时尤其如此。

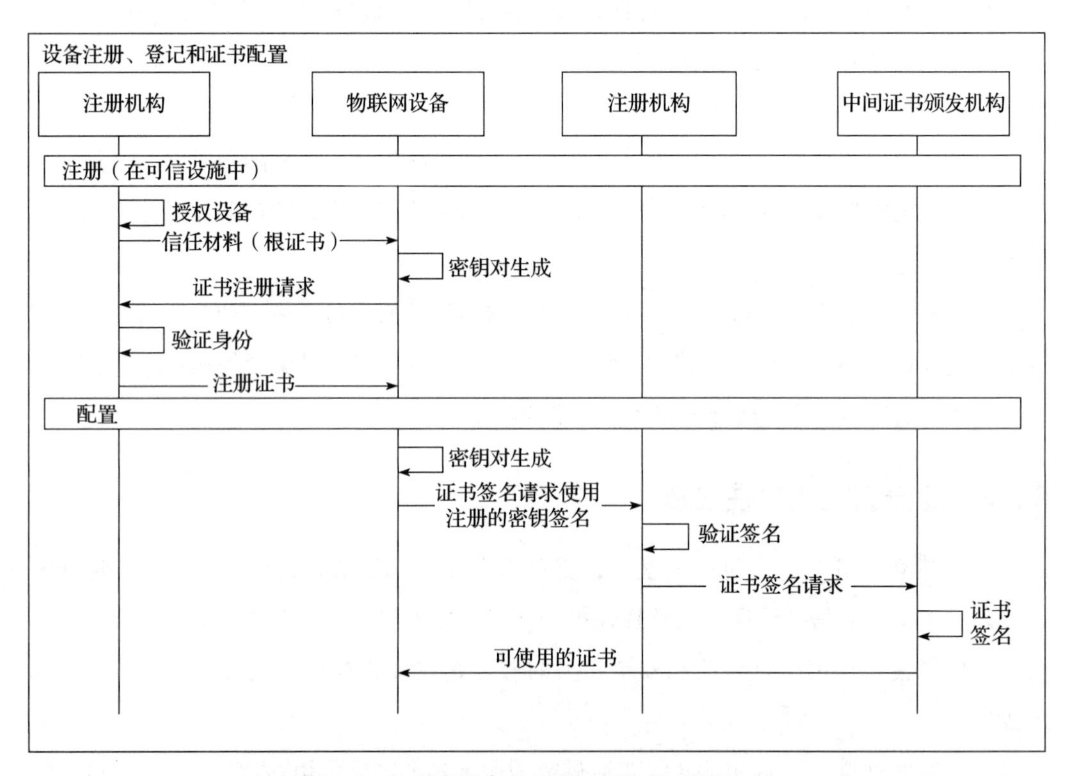


图 6-4 物联网设备的注册、登记和配置流程

### 6.2.4 账户监视和控制

在设置账户和凭证之后，必须继续根据定义的安全策略来监视这些账户。机构还需要监控在其基础设施上为物联网设备提供的凭证（即密码套件和密钥长度）的强度。很有可能一些小组将自行设置物联网子系统，因此规定、通信和监视所需的安全控制措施得以应用于这些系统至关重要。

监视的另一个方面涉及跟踪账户和凭证的使用情况。指派某人以例行方式审核本地物联网设备管理凭证的使用（密码和SSH密钥）。此外，还要认真考虑是否可以将特权账户管理工具应用于物联网部署。这些工具支持检查管理密码等功能以辅助审计过程。

### 6.2.5 账户更新

凭证、密钥以及密码等必须定期更换。组织管理等方面的不便阻碍了IT组织缩短证书生命周期和管理越来越多的证书。这里需要加以权衡，因为使用时间短的证书减少了攻击空间，但改变证书，过程往往是昂贵和耗时的。只要有可能，就应该寻找这些过程的自动化解决方案。Let's Encrypt（https://letsencrypt.org/）等服务日益流行，有助于改进和简化机构的证书管理实践。Let's Encrypt提供了PKI服务以及支持各种平台的非常易于使用的基于插件的客户端。

### 6.2.6 账户停用

与用户账户一样，不要自动删除物联网设备账户。应考虑将这些账户维持在暂停状态，以防晚些时候需要用与账户绑定的数据进行取证分析。

### 6.2.7 账户/凭证的撤销/删除

删除物联网设备所使用的账户及与之交互的服务将有助于防止攻击者在设备停止使用后通过这些账户获得访问权的能力。还应删除用于加密的密钥（无论是网络还是应用程序），以防止攻击者在以后使用恢复的密钥解密捕获的数据。

## 6.3 认证凭证

物联网消息传递协议通常支持使用不同类型的凭证与外部服务和其他物联网设备进行认证的功能。本节将探讨这些功能的典型选项。

### 6.3.1 密码

某些协议（如MQTT）仅提供使用用户名/密码组合进行本地协议认证的功能。在

MQTT 中，CONNECT 消息包含用于将此信息传递给 MQTT 代理的字段。在 OASIS 定义的 MQTT 版本 3.1.1 规范中，可以在 CONNECT 消息中看到这些字段，如图 6-5 所示。

没有保护措施应用于支持 MQTT 协议在传输中的用户名 / 密码的机密性。应该考虑使用 TLS 协议来提供加密保护。

有很多与使用基于用户名 / 密码的物联网设备相关的安全考虑。其中一些包括：

- 难以管理大量设备的用户名和密码。
- 难以保护设备本身存储的密码。
- 难以在设备整个生命周期中管理密码。

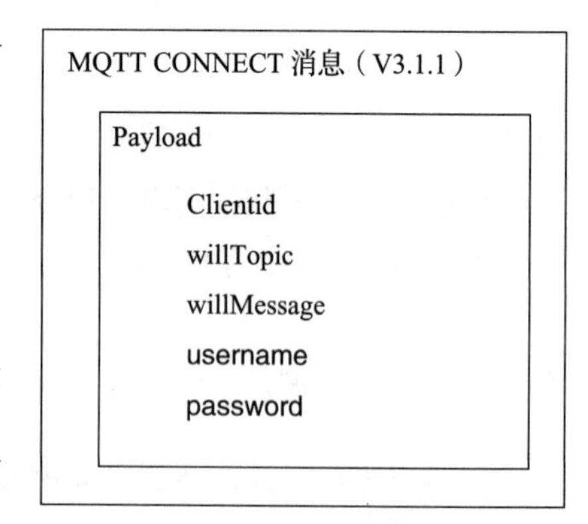


图 6-5 CONNECT 消息中的字段

虽然对物联网设备实施用户名 / 密码的认证不是理想的方案，但是如果确定准备这样做，请采取以下预防措施：

1）为每台设备至少每 30 天创建一次更换密码的策略和流程。更好的方法是实施管理界面在需要密码轮换时自动提示的技术控制。

2）为监控设备账户活动建立控制。

3）为支持管理访问物联网设备的特权账户建立控制。

4）将受密码保护的物联网设备与信任度较低的网络隔离。

## 6.3.2 对称密钥

如第 5 章所述，也可以使用对称密钥进行身份识别验证。消息认证码（Message Authentication Code，MAC）是使用 MAC 算法（如 HMAC，CMAC 等）用共享密钥和已知数据（由密钥签名）生成的。在接收方，当计算出的 MAC 与接收到的 MAC 相同时，可以证明发送方拥有预共享密钥。与密码不同，对称密钥不需要在认证事件发生时在双方之间发送密钥（提前或者同意使用密钥建立协议除外）。密钥将需要使用公钥算法建立，输入带外数据，或提前发送到设备，使用 KEK 加密。

### 6.3.3 证书

基于公钥的数字证书是在物联网中提供认证功能的首选方法。尽管今天的某些实现可能不支持使用证书所需的处理能力，但关于计算能力和存储的摩尔定律正在快速改变这一点。

#### 1. X.509

证书是由组织机构、组织单位和专有名称（Distinguished Name，DN）或通用名称（Common Name，CN）组成的高度组织化的分层命名结构。通过引入 AWS 对配置 X.509 证书的支持，可以看到 AWS 允许一键生成设备证书。在下面的例子中，生成了一个具有通用物联网设备通用名称和 33 年使用期限的设备证书。一键生成也可集中地创建公钥 / 私钥对。如果可能，建议通过以下方式在本地生成证书：在设备上生成密钥对；将 CSR 上传到 AWS IoT 服务，如图 6-6 所示。这允许自定义证书策略以定义对于额外的授权过程有用的分级单元（OU，DN 等）。

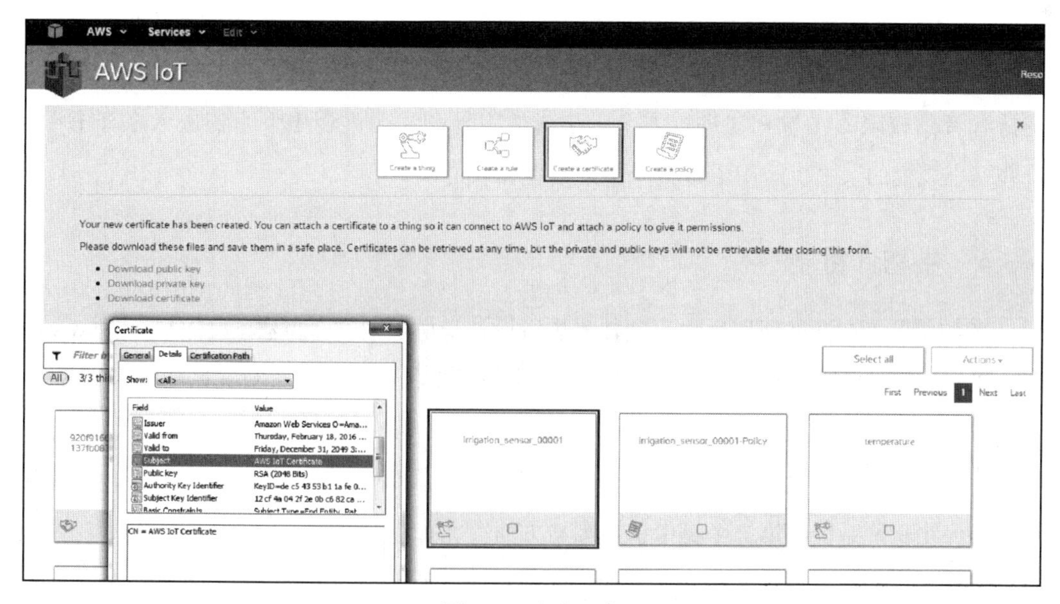


图 6-6　生成证书

#### 2. IEEE 1609.2

物联网的特点是涉及机器对机器通信的许多使用案例，其中一些涉及通过拥挤的无线频谱的通信。以连接车辆为例，一种新兴的技术是车辆将拥有以基本安全信息（Basic Safety Message，BSM）形式自动提醒附近的其他车辆的车载设备（On-Board Equipment，OBE）。汽车行业、美国交通部门（US Dept. of Transportation，USDOT）和学术界已经开发了多年的CV技术在2017年于凯迪拉克上首次以商业化的形式亮相。在未来的几年里，大多数美国新车可能会配备这种技术。该技术不仅可以实现车辆间通信，而且可以实现车辆到各种路边和回程应用的车辆到基础设施（Vehicle-To-Infrastructure，V2I）间的通信。专用短程通信（Dedicated Short Range Communication，DSRC）无线协议（基于IEEE 802.11p）仅限用于5GHz频带中的一组窄通道。为了容纳如此多的车辆并保持安全性，有必要使用密码学保护通信（以减少恶意欺骗或窃听攻击），并最小化连接的车辆BSM传输的安全开销。业界决定采用新的数字证书设计IEEE 1609.2。

IEEE 1609.2证书格式的优点在于，仍然使用强椭圆曲线密码算法（ECDSA和ECDH），但是其大小约为典型的X.509证书的一半。该证书独特的属性——包括显式应用程序标识符（SSID）和凭证持有者许可（SSP）字段——对通用的机器间通信也很有用。这些属性可以允许物联网应用程序进行明确的访问控制决策而无须在内部或外部查询凭证持有者的权限。在与PKI进行安全、集成的引导和注册过程中，它们嵌入在证书中。这些缩小规模的证书也适用于带宽受限的其他无线协议。

### 6.3.4　生物计量学

当今业界正在开展利用生物识别技术进行设备身份识别的新方法。FIDO联盟（www.fidoalliance.org）已经开发了一些规范，定义了使用生物识别技术进行无密码体验以及作为第二个身份识别因素的用途。认证可以包括从指纹到声纹在内一系列灵活的生物识别类型。生物认证已经被添加到一些商业物联网设备（例如门锁）中，并且在利用生物识别技术作为物联网系统的第二个身份识别因素方面存在有趣的潜力。

例如，语音打印可以用于在如交通部门的路侧设备（Road Side Equipment，RSE）这样一组分布式物联网设备上启用验证。这将允许RSE技术通过到后端认证服务器的云连接来访问设备。Hypr Biometric Security（https://www.hypr.com/）等公司正在引领这一技术的发展以减少对密码的需求，进而实现更健壮的认证技术。

### 6.3.5 物联网认证方面的新工作

在资源受限的物联网设备上使用令牌的技术还没有完全成熟。不过，也有一些组织正在为物联网定义诸如 OAuth 2.0 等协议的用法。其中一个组织是互联网工程任务组（Internet Engineering Task Force，IETF），该组织正为通过受限环境下的认证和授权（Authentication and Authorization for Constrained Environment，ACE）努力。ACE 已经在指定了 RFC7744 在受限环境下用于认证和授权的用例（https://datatracker.ietf.org/doc/rfc7744/）。RFC 使用的案例主要基于采用 CoAP 作为消息传递协议的物联网设备。该文件提供了一组有用的用例，阐明了对物联网进行认证和授权策略的需求。RFC7744 为物联网设备的认证和授权提供了有价值的注意事项，其中包括：

- 设备可以承载多个资源，每个资源都需要自己的访问控制策略。
- 对于不同的请求实体，单个设备可能具有不同的访问权限。
- 决策点必须能够评估事物的上下文。这包括了解在紧急情况下事务正在发生的可能性。
- 动态控制授权策略的能力对于支持物联网的动态环境至关重要。

## 6.4 物联网 IAM 基础设施

现在已经具备了 IAM 的许多推动因素，阐明如何在基础架构中实现解决方案非常重要。本书主要致力于阐述 PKI 及其在保护物联网 IAM 部署方面的作用。

### 6.4.1 802.1x

可以采用 802.1x 认证机制来限制基于 IP 的物联网设备对网络的访问。请注意，并非所有的物联网设备都依赖于 IP 地址的配置。虽然无法容纳所有物联网设备类型，但是实施 802.1x 是一个良好的访问控制策略的组成部分，能够实现许多使用案例。

启用 802.1x 验证需要一个接入设备和一个认证服务器。接入设备通常是一个接入点，认证服务器可以采用 RADIUS 或者一些认证、授权和计费（Authentication, Authorization and Accounting，AAA）服务器的形式。

## 6.4.2 物联网 PKI

第5章介绍了与密钥管理相关的技术基础。PKI只不过是经过设计和标准化的密钥管理系统的实例，专门用于以数字证书（通常是X.509证书）的形式提供非对称（公钥）密钥材料。PKI可能与个别组织分离，它们可能是公共的基于互联网的服务，也可能是由政府管理的。当需要声明身份时，数字证书被发给用户或设备执行各种密码功能，例如，在应用程序中对消息进行签名，或作为诸如TLS之类的经认证密钥交换协议的一部分对数据进行签名。

生成公钥和私钥对（公钥需要集成到证书中）有不同的流程，但正如前面提到的，它们一般分为两个基本类别：自生成和集中生成。当自生成时，终端物联网设备需要数字证书执行密钥对生成功能，如FIPS PUB 180-4中所述。公钥可能是原始的，并且还没有被放入诸如X.509之类的凭证数据结构中，或者可以以未签名证书的形式输出。这取决于加密库和被调用的API。一旦存在未签名的证书，就应该以证书签名请求（Certificate Signing Request，CSR）的形式调用PKI。设备将此消息发送给PKI，然后PKI签署证书并将其发回给设备使用。

### 1. PKI入门

PKI旨在将公钥证书提供给设备和应用程序。PKI在互联网连接的世界中提供可信赖的信任根，并且可以符合各种各样的体系结构。一些PKI可能具有非常深的信任链，在最终实体（如物联网设备）和最高级别信任根（根证书颁发机构）之间有许多级别。其他人可能有浅的信任链，其中顶部只有一个CA（CA是负责对终端实体进行密码签名的实体），下面有一个终端实体设备，但是它们是如何工作的呢？

假设一个物联网设备需要强密码身份，那么为自己提供这个身份是没有意义的，因为这个设备本身并不值得信任。这就是PKI证书颁发机构，即可信赖的第三方开始发挥作用的时候，它们可以为身份以及某些情况下设备的信任等级提供担保。大多数PKI不允许终端实体与CA直接交互，而是使用另一个称为注册机构（Registration Authority，RA）的从属PKI节点。RA接收证书请求（通常包含设备自生成的但是没有签名的公钥），证实其已经达到了一些最低标准，然后将证书请求传递给证书颁发机构。CA签署证书（通常使用RSA、DSA或ECDSA签名算法），将其发送回RA，最后，消息中的最终实体称为证书响应。在证书响应消息中，由终端实体（或其他中间密钥管理系统）生成的原始证书完整地具有 CA 的签名和明确的身份。现在，当物联网设备在认证相关功能期间提供其证书时，其他设备可以信任它，因为它们从它接收有效的签名证书并且可以使用它们也信任的 CA 公钥信任锚（安全地存储在其内部 Trust store（可信存储设备）中）验证 CA 的签名。

图 6-7 显示了典型的 PKI 体系结构。

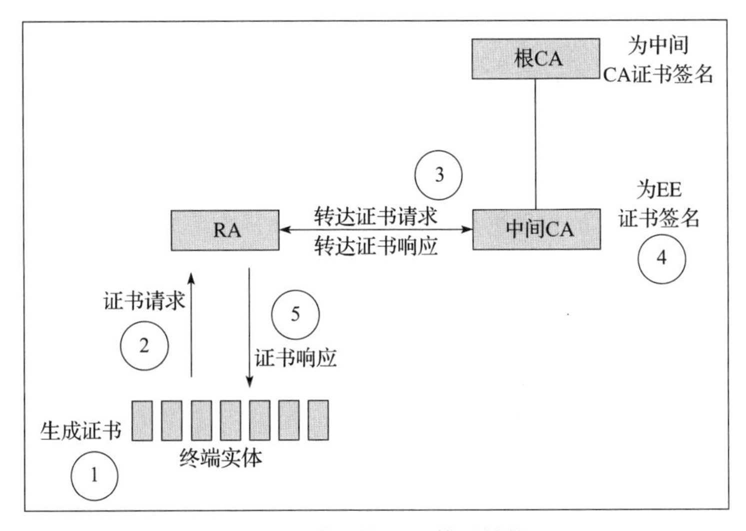


图 6-7　典型的 PKI 体系结构

在图 6-7 中，每个终端实体（End Entities，EE）都可以信任其他终端实体，只要其他实体提供信任链的 CA 密钥即可。

拥有由不同 PKI 签署的证书的终端实体也可以相互信任。有几种方法可以做到这一点。

- **显式信任**：每个终端实体都支持一个策略，指示它可以信任另一个。在这种情况下，最终实体只需要从另一个实体的 PKI 获得信任锚的副本来信任它。这些实体通过对这些预先安装的根执行证书路径验证来完成此操作。策略可以决定在证书路径验证期间可以接受的信任链的质量。当今互联网上的大多数信任都是这样的。例如，Web 浏览器明确地信任 Internet 上如此之多的 Web 服务器，仅仅是因为浏览器预装了最常见的 Internet 根 CA 信任锚的副本。
- **交叉证书**：当 PKI 需要在其策略、安全实践以及与其他 PKI 的域名的互操作性方面更加紧密时，可以直接交叉签名（每个签名都成为其他的发行者）或者创建一个新的称为PKI桥的结构实现和分配策略的互操作性。美国联邦政府的联邦PKI就是一个很好的例子。在某些情况下，需要创建一个PKI桥来提供旧证书的加密算法和新加密算法之间的转换时间（例如，联邦PKI的SHA1桥用于容纳数字签名中较早的SHA1加密摘要）。

就物联网而言，许多基于因特网的PKI现在都可以向物联网设备提供证书。一些组织正在自己运行。要打造互联网上正式认可的PKI可能需要付出很多努力。PKI将需要强大的安全保护，并需要满足在各种PKI保证方案（如WebTrust）中实施的严格保证要求。在许多情况下，组织与PKI提供商签订服务合同，将CA作为服务来运营。

### 2. Trust store

下面暂时停止关于基础设施的讨论，来谈谈PKI提供的凭证最终存储在设备中的哪些位置。这些凭证经常存放在内部的Trust store中。Trust store是保护数字证书的基本物联网功能。从PKI的角度来看，设备的Trust store是物联网设备的物理或逻辑部分，它们安全地存储公钥和私钥，通常最好加密。设备的私钥/公钥和PKI的信任根存储在其中。Trust store往往是内存中实施强大的访问控制的部分，往往只能从操作系统内核级进程访问以防止未经授权的修改或替换公钥或读取/复制私钥。Trust store可以用硬件实现，如小型HSM或其他专用的安全处理器。它们也可以单独用软件来实现（比如Windows和其他桌面操作系统）。在许多桌面型部署中，凭证可以在专用芯片集成到计算机主板中的情况下在可信平台模块（Trusted Platform Module，TPM）中维护，尽管TPM至今还没有大量渗入物联网市场。存在其他以企业为中心的移动解决方案用于安全存储敏感安全参数。例如，Samsung Knox通过其Knox工作区容器（安全的硬件信任根，安全启动以及其他敏感操作参数）提供移动设备安全存储功能。

特联网设备可以以不同方式依赖于PKI，也可以根本不依赖于PKI。例如，如果设备仅使用自签名凭证，并且PKI不为其提供凭证，则它仍应将自签名凭证安全地存储在其Trust store中。同样，如果设备从PKI向外部提供了身份，则它必须维护和存储与PKI以及它本身或间接信任的任何其他PKI有关的关键密钥。这是通过存储CA公钥信任锚以及中间证书来完成的。当决定信任外部实体时，实体将向物联网设备提供由CA签署的证书。在一些情况下（以及在一些协议中），实体将提供CA证书或完整的信任链以及它自己的证书以便能够被验证到根。

无论物联网设备是否直接支持 PKI，如果它使用公共密钥证书来验证另一个设备的真实性，或者提供自己的证书和信任链，则应该使用安全地存储在其 Trust store 中的数字证书和信任锚来实现。否则，它将不会受到阻止恶意程序和黑客访问的保护。

### 3. PKI 架构隐私

隐私有很多方面，而且通常不是与 PKI 直接相关。PKI 在设计上可以为个人和设备提供可信任的身份。在发起电子交易时，通常希望在与其进行敏感交易之前明确识别和认证对方。

匿名性和在网络和射频环境中运行而不被跟踪的能力变得越来越重要。例如，假设系统需要向设备提供匿名的可信凭证以便其他实体能够在不明确其身份的情况下信任它。进一步考虑，PKI 设计本身需要限制内部威胁（PKI 操作者）不能将证书和它们提供的实体相关联。

其中最好的例子就是新兴的匿名 PKI 潮流，其中最著名的是即将出现的面向汽车行业连接汽车的安全证书管理系统（Security Credential Management System，SCMS）。SCMS 提供了有关隐私保护的物联网的未来的美好前景。SCMS 现在处于概念验证阶段，专门设计用于消除 PKI 的任何单个节点确定 SCMS 凭证（IEEE 1609.2 格式），并将其与提供它们的车辆和车辆驾驶员相关联的能力。

OBE 使用 IEEE 1609.2 证书，汽车中的嵌入式设备将 BSM 发送给周围的车辆，使车辆能够向驾驶员提前提供安全信息。除车辆使用外，交通信号控制器附近安装的联网的独立路边单元（Roadside Units，RSU）也将使用 1609.2 证书，以提供各种路边应用。许多需要增强隐私保护的车辆连接应用都是以安全为中心的，但也有许多设计用于改善交通系统和移动性能，减少环境中废气废物的排放等。

考虑到如此多的物联网应用案例的多功能性，最敏感的对隐私影响较大的物联网设备（例如医疗设备）可能越来越多地开始利用无后门、保护隐私的 PKI。

### 4. 撤销支持

在使用 PKI 证书的系统中进行认证时，设备需要知道其他设备的凭据何时不再有效（除了到期）。PKI 通常以某种原因撤销证书，有时是因为检测到异常和欺骗行为，在其他情况下，可能仅仅是因为设备发生故障或“退休”。不管原因如何，被撤销的设备在任何应用程序或网络层的参与中都不应该被信任。

传统的做法是CA定期生成和颁发证书撤销列表（Certificate Revocation List，CRL），这是一个加密签名的文件，列出了所有被撤销的证书。这就要求终端设备能够通过网络接触到并经常更新CRL。它还要求CA生成和发布CRL，终端设备知道更新，并且终端设备下载它。在这段时间内，不受信任的设备可能会被更广泛的社区所信任。

（1）OCSP

考虑到潜在的延迟和下载大文件的需要，其他机制已经发展到可以更快速地提供网络上的撤销信息，其中值得注意的是在线证书状态协议（Online Certificate Status Protocol，OCSP）。OCSP是一种简单的客户端/服务器协议，允许客户端简单地询问服务器给定的公钥证书是否仍然有效。OCSP服务器通常负责CA的CRL并使用它来生成OCSP证明集（内部签名的证明数据库），然后这些集合用于向请求客户端生成OCSP响应消息。OCSP证明集可以以不同的时间间隔定期生成。

（2）OCSP闭合

OCSP闭合解决了必须执行延迟诱导，次要客户端－服务器OCSP调用以获取撤销信息的一些挑战。OCSP闭合提供与服务器证书一起（例如在TLS握手期间）预先生成的OCSP响应消息。这样，客户端就可以在预先生成的OCSP响应（不需要额外的握手）上验证数字签名，并确保CA仍然为服务器提供担保。

（3）SSL Pinning

SSL Pinning技术可能更多地适用于要求其设备与Internet服务进行通信（例如传递使用数据或其他信息）的物联网设备开发人员。为了防止提供证书的信任基础架构的潜在异常，开发人员可以将受信任的服务器证书直接绑定到物联网设备的Trust store中。当连接到服务器时，设备可以根据Trust store中的证书显式检查服务器证书。本质上，SSL Pinning并不完全信任证书的信任链，如果接收到的服务器证书与固定（存储）的证书相同且签名有效才信任服务器。SSL Pinning可用于从Web服务器通信到设备管理的各种接口。

## 6.5　授权和访问控制

一旦设备被识别和认证，确定该设备可以读取或写入其他设备的内容和服务的是必需的。在某些情况下，作为利益共同体（Community Of Interest，COI）的成员已经足够，但是在许多情况下，即使是在 COI 成员，也必须加以限制。

### 6.5.1 OAuth 2.0

回忆一下，OAuth 2.0 是 IETF RFC 6749 中规定的基于令牌的授权框架，允许客户端访问受保护的分布式资源（即来自不同的网站和组织）而不必为每个输入密码。OAuth 2.0 的设立是为了解决互联网上经常出现的糟糕的密码健康状况[⊖]。许多 OAuth 2.0 的实现支持各种编程语言。Google、Facebook 和许多其他大型科技公司广泛使用这个协议。

IETF ACE 工作组创建了定义 OAuth 2.0 应用于物联网的工作文件。该草案文件可能在将来被提升为 RFC。该文档主要针对 CoAP 设计，核心模块是一个二进制编码方案，称为简洁二进制对象表示（Concise Binary Object Representation，CBOR），当 JSON 不够紧凑时，可以在物联网设备中使用这种二进制编码方案。

此外，对 OAuth 2.0 的扩展也进行了讨论，例如，扩展 AS 和客户端之间的消息传递以确定如何与资源安全连接。鉴于通常的 OAuth 2.0 事务预计会使用 TLS，因此这是必需的。由于只有有限的物联网设备使用 CoAP，所以这不是一个有效的假设。

为受限设备量身定制的 OAuth 2.0 版本还引入了新的授权信息格式。这允许将访问权限指定为允许的操作（例如 GET、POST、PUT 和 DELETE）映射 URI 的列表。这对于物联网来说是一个很有前景的进步。

从安全实施的角度来看，重要的是要退后一步，牢记 OAuth 是一个安全框架。安全框架可能是一个矛盾体，实现时越灵活、越不具体，创造不安全产品的维度就越大。这是在公共标准世界中经常遇到的一种折中，在满足许多利益相关者的利益的同时，必须满足新的安全标准。通常情况下，互操作性和安全性都会受到影响。

考虑到这一点，这里确定了许多关于 OAuth 2.0 的安全最佳实践。鼓励读者访问 IETF RFC 6819，以获得更全面的 OAuth 2.0 安全考虑事宜：

- 使用 TLS 进行授权服务器、客户端和资源服务器交互。不要通过未受保护的通道发送客户端凭据。
- 锁定授权服务器数据库及其所在的网络。

⊖ 例如，多个账户使用相同的密码，密码只在必要时修改等。——译者注

- 产生秘密信息时使用高熵源。
- 安全地存储客户端凭据——client_id 和 client_secret。请求获取用户账户时，这些参数用于标识和验证客户端应用程序的 API。不幸的是，一些实现对这些值进行硬编码或者将其分布在较少受保护的通道上，使其成为对攻击者的有吸引力的目标。
- 使用 OAuth 2.0 状态参数。这将允许用户将授权请求与传递访问令牌所需的重定向 URI 相链接。
- 不要遵循不可信的 URL。
- 如果存在疑问，请尽量缩短授权代码和令牌的到期时间。
- 服务器应撤销有人反复尝试兑换的授权代码所有的令牌。

未来将使用 OAuth 2.0 和类似标准的物联网实现非常需要默认实现（库 API）的安全性，以减少开发人员对重大安全错误的暴露。

### 6.5.2　发布 / 订阅协议中的授权和访问控制

MQTT 协议为理解对细粒度访问控制的需求提供了一个很好的示例。作为发布 / 订阅协议，MQTT 允许客户写和读主题。并非所有的客户端都有权限写所有主题。同样，并非所有的客户端都有权读取所有主题。事实上，必须制定控制措施来限制客户端在主题级别的权限。

这可以在 MQTT 代理中通过保留访问控制列表来实现，该列表将授权发布者和授权订户的主题配对。访问控制可以接受 MQTT 客户端的客户端 ID 或者 MQTT 连接消息中传输的用户名（根据代理实现）作为输入。在适用的 MQTT 消息到达时，代理执行主题查找以确定客户端是否授权读取、写入或订阅主题。

或者，由于 MQTT 通常实现为通过 TLS 进行操作，因此可以将 MQTT 代理配置为需要基于证书的 MQTT 客户端认证。然后，MQTT 代理可以映射 MQTT 客户端 X.509 证书中的信息以确定客户有权订阅或发布的主题。

### 6.5.3　通信协议内的访问控制

在其他通信协议中也可以设置不同的访问控制配置。例如，ZigBee 具有为每个收发器管理访问控制列表以确定邻居是否可信的能力。ACL 包括邻居节点的地址、节点使用的安全策略、密钥以及最后使用的初始向量等信息。

当接收到来自邻居节点的数据包时，接收方查询ACL。如果邻居节点是可信的，则允许通信。如果不是，则通信被拒绝或者调用认证功能。

## 6.6 本章小结

本章介绍了物联网设备的IAM。对认证生命周期进行了复习，并提供了关于配置认证证书所需的基础架构组件的讨论，重点关注PKI。在本章，涉及了不同类型的认证凭证，并提供了有关为物联网设备提供授权和访问控制的新方法的讨论。

在下一章中将讨论需要解决和减轻物联网隐私问题的复杂生态系统。本章讨论的安全控制（如有效的IAM）仅仅是物联网隐私问题这一挑战的一个方面。

# 第7章

# 解决物联网隐私问题

本章将向读者介绍物联网实施和部署过程中引入的隐私原则和关注点。同时，也提供创建隐私影响评估（Privacy Impact Assessment，PIA）的练习和指导。PIA 解决了泄露隐私保护信息（Privacy Protected Information，PPI）的原因和后果。这里将讨论隐私设计（Privacy by Design，PbD）方法，以便在物联网工程流程中集成隐私控制。PbD 的目标是在整个物联网工程生命周期中整合隐私控制（在技术和流程中），以提高端到端的安全性、可见性、透明度以及对用户隐私的尊重。最后，将讨论在组织内开展隐私工程活动的建议。以下主题是在接下来的讨论中强调的：

- 物联网带来的隐私挑战。
- 执行物联网 PIA 的指南。
- PbD 原则。
- 隐私工程建议。

## 7.1 物联网带来的隐私挑战

当你的家人在晚餐后或在一整天的工作之后坐下来时，其中一个孩子开始和她新联网的玩偶聊天，另一个孩子开始在新的智能电视上看电影。智能恒温器将生活区保持在22℃的稳定状态，同时从现在不使用的房间转移能源。父亲正在使用家用电脑的语音控制功能，而母亲正在安装新的可以根据指令或家庭环境改变颜色的智能灯泡。与此同时，智能冰箱正在发送第二天的食品的订单。

上面刚刚讲述了物联网中一个很棒的故事，其中充满了令人兴奋的功能，给人们带来便利，也开始明确我们的家园和环境即将成为超连接（hyper-connected）的本质。如果开始研究这些新的智能产品，就可以开始看到围绕物联网隐私的担忧。

物联网面临的隐私挑战是巨大的，因为每天都要收集、分发和存储大量数据。专家们会争辩说，今天已经不存在什么隐私了。他们认为，消费者急于同意所谓的隐私协议，然而他们对刚刚同意的协议几乎没有任何概念，这会暴露他们的隐私。这种想法并不完全正确，考虑到消费者的情绪变幻莫测，隐私问题是一个动态的目标。

拥有掌握和发现保护物联网隐私的方法的能力是一个巨大的挑战。能够通过技术手段和业务分析系统收集提炼的数据量和类型不断增加，从中可以得出惊人的详细、准确的用户资料。即使用户认真阅读并同意隐私协议，他们也不可能想象接受两三个隐私协议的下游倍增的效果，更不必说三四十个了。尽管改进的有针对性的广告体验可能是同意隐私协议的表面理由，但获取这些数据的不仅仅是广告商，这绝非轻描淡写。政府、有组织的犯罪集团、潜在的追踪者等可以直接或间接地获取信息进行复杂的分析查询，从而确定用户的行为模式。结合其他公共数据源，数据挖掘是一个强大而危险的工具。相较于有可能泄露隐私的数据科学，隐私方面法律的发展没有跟上其脚步。

隐私保护对于需要保护隐私的组织或行业来说是一个挑战。存在隐私意识和隐私保护机构内的沟通对于确保客户的利益得到保障至关重要。本章后面会确定需要实施隐私政策和隐私工程的部门和个人。

一些隐私挑战是物联网独有的，但不是全部。物联网与传统 IT 隐私之间的主要区别之一是无处不在地捕捉和共享基于传感器的数据，无论是医疗、家庭能源还是交通领域。这些数据可能是授权的，也可能不是。必须设计系统来确定所收集的数据的存储和共享是否存在授权。

以遍布智慧城市的摄像机为例，安装这些摄像机的目的可能是支持当地的执法工作以减少犯罪，然而这些摄像机在其视野中捕捉每个人的图像和视频，但这些被拍摄的人没有同意被视频记录。因此必须存在如下政策：

- 让人们意识到他们正在被录音。
- 对拍摄的视频可以做些什么（例如是否需要在发布的图像中对图像进行模糊处理）。

### 7.1.1 一个复杂的分享环境

由单个人主动或被动产生的数据量已经很大了。到 2020 年，每个人所产生的数据量将大大增加。如果考虑到可穿戴设备、车辆甚至是电视机都在不断地收集和传输数据，那么显而易见，试图限制与他人共享数据的类型和数量是非常有挑战性的。

现在如果考虑数据的生命周期，则必须知道数据的收集位置、发送地点和发送方式。收集数据的目的是多种多样的。一些智能机器供应商会将设备租赁给组织，并收集关于该设备使用情况的数据用于计费。使用数据可以包括一天中的时间、工作周期（或使用模式）、执行的操作的数量和类型以及谁在操作。数据可能会通过客户机构的防火墙传输到某个基于互联网的服务应用程序以获取和处理信息。应该考虑研究除了使用信息之外还要传输哪些数据，并确定是否有信息与第三方共享。

#### 1. 可穿戴设备

与可穿戴设备相关联的数据通常会发送到云中的应用程序进行存储和分析。这些数据已经被用于支持企业健康和类似的程序，这意味着设备制造商或用户以外的其他人正在收集和存储数据。未来，这些数据也可能被传递给医疗服务人员。医疗服务人员是否也将这些数据传给保险公司？是否有规定来限制保险公司使用用户未明确分享的数据的行为？

#### 2. 智能家庭

智能家庭数据可以被许多不同的设备收集并发送到不同的地方。例如，智能电表可以将数据传输到网关，然后将其中继到公用事业公司用于计费。需求响应等紧急智能电网功能将使智能电表能够收集和转发来自家庭的单个设备消耗的电力信息。在没有任何隐私保护的情况下，窃听者理论上可以知道何时家中使用某些电器以及房主是否在家。与物理世界状态和事件相对应的数据的合并是物联网隐私保护中的一个严重问题。

### 7.1.2　元数据也可能泄露私人信息

Open Effect 的一个惊人的报告记录了现今的消费者可穿戴设备收集的元数据。在他们研究的一个案例中，研究人员分析了不同制造商可穿戴产品的蓝牙发现功能。研究人员试图确定供应商是否启用了蓝牙 4.2 规范中设计的新隐私功能。他们发现，只有一个制造商（苹果）已经实施了这些。如果没有实施新隐私功能，MAC 地址永远不会改变，从而为追踪人们所佩戴的设备提供了机会。频繁更新设备的 MAC 地址在空间和时间上限制了追踪者随时随地追踪设备所有者的能力。

### 7.1.3 获得凭据的新私密方法

重新思考物联网隐私的另一个有价值的例子——互联汽车市场。就像之前讨论的可穿戴设备一样，持续跟踪某人的车辆是一个值得关注的问题。

然而当考虑对联网的车辆发送的所有消息进行数字签名的需要时会出现一个问题。为 BSM 或基础设施生成的信息，例如，交通信号控制器信号相位和时间（Signal Phase and Timing，SPaT）信息添加数字签名对于确保公共安全和地面交通系统的性能至关重要。消息必须受到完整性保护并经过验证，才能确保其源自可信来源。在某些情况下，消息也必须受到保密保护。那么隐私呢？当然隐私也是需要这些保护的。交通行业正在开发互联车辆隐私问题的解决方案。图 7-1 显示了互联车辆和基础设施中涉及的隐私。

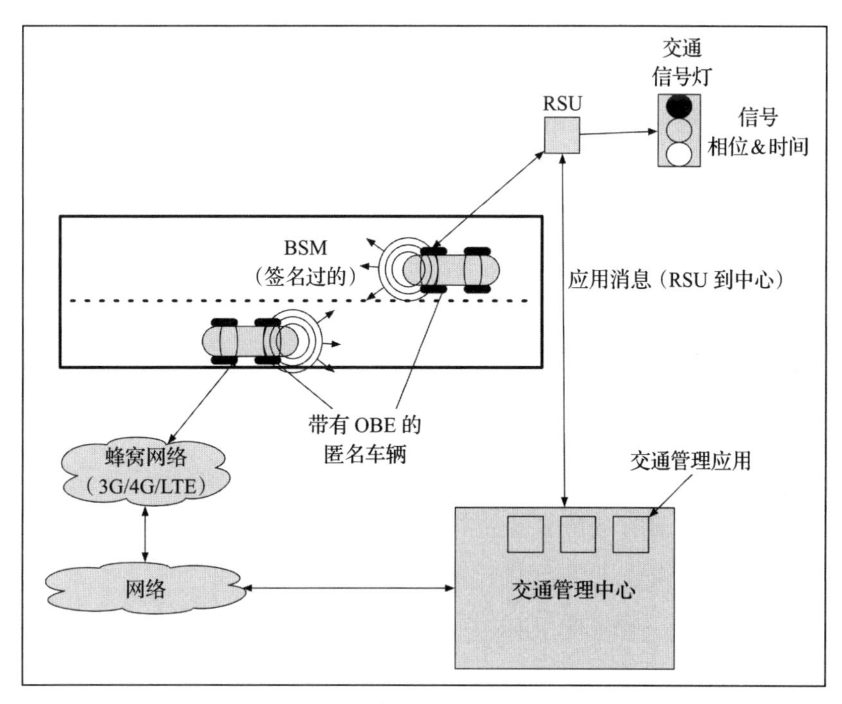


图 7-1 互联的车辆和基础设施中的隐私

例如，当互联的车辆发送消息时，担心在一段时间内使用相同的凭证对消息进行签名会使车辆和车主持续被跟踪。为了解决这个问题，安全工程师已经指定车辆将配备具有下列特点的证书：

- 寿命短。
- 批量配置以允许使用凭证池进行签名操作。

在连接的车辆环境中，车辆将被提供大量假名证书以签署车辆内的OBE设备发送的消息。这个证书池的有效期可能只有一个星期，另一个批次将在下一个时间段生效。这减少了基于它已附加到自己传输过程的证书在一天、一周或任何更长的时间段内跟踪车辆位置的能力。

然而讽刺的是，越来越多的运输部门通过在拥挤的高速公路和干线道路上部署蓝牙探测器收集大量车辆和移动设备蓝牙信息。一些交通机构使用探测器来测量通过的蓝牙设备（通过其MAC地址表示）穿过路边安装的探测器之间给定距离所花费的时间，这提供了自适应交通系统控制所需的数据（例如动态或分级信号定时模式）。除非交通部门仔细清除任何短期或长期的蓝牙MAC地址，否则相关的数据分析可以用来区分单个车辆（或车主）在一个地区的移动。交替蓝牙MAC地址使用的增加可能导致未来交通管理机构的蓝牙探测系统不能再发挥作用。

### 7.1.4 隐私对物联网安全系统的影响

继续以连接的车辆为例，还可以看到基础设施运营商也不应该将提供的证书与车辆对应。这需要改变传统的PKI安全设计，其历来被设计为通过X.509专有名称、组织、域和其他属性类型提供专门识别和验证个人和组织（例如为了IAM）的证书。在连接的车辆区域中，将为在美国的车辆提供凭证的PKI称为安全证书管理系统（Security Credential Management System，SCMS），并且目前正在为美国各地的各种连接的车辆试点部署而构建。SCMS具有从假名IEEE 1609.2证书设计到旨在阻止内部PKI攻击司机隐私的内部组织分离的内置的隐私保护。

SCMS隐私保护的一个例子是引入一个称为位置模糊代理（Location Obscurer Proxy，LOP）的网关。LOP是车辆OBE可以连接的代理网关，而不是直接连接到RA。这个过程通过请求打乱逻辑实现，将有助于阻止SCMS内部人员尝试定位请求的网络或地理来源。

### 7.1.5 监视的新方法

一个反乌托邦的社会可能会监控任何人所做的任何事情，这常常被援引为物联网的潜在未来。当考虑到无人机这类物品时，这种担忧就会得到验证。拥有高分辨率的摄像头和各种普遍使用的其他传感器的无人机引发了隐私问题，因此很显然，要确保无人机操作员不会因为缺乏关于可以收集哪些数据和如何处理需要处理的数据的明确指导被起诉。

为了解决这些新的监视问题，可能需要与这些平台收集的图像和其他数据有关的新法规来提供规则，并且在这些规则被破坏的情况下加以处罚。例如，即使无人机没有直接飞越私人领域，其相机也可能由于其有利的视角和缩放能力而以倾斜的角度拍摄它。可能需要制定法律，要求根据明确的私人财产地理围栏立即或尽快清理地理信息和过滤原始图像。当今已经具备了基于像素的图像地理配准能力，并被用于基于无人机的摄影测量、正射影像制作、3D 模型和其他地理空间产品相关的各种图像后期处理功能。实现在视频帧内广泛的基于像素的地理配准可能并不遥远。这样的功能将在人们知情并同意的情况下建立，以便没有无人机操作员能够在公共在线论坛中保存或张贴包含任何超出特定分辨率的私有财产区域的图像。如果没有这样的技术和政策控制，除了严厉的处罚或诉讼外，没有什么能够防止有人在后院窥视并在 YouTube 上发布偷拍的视频。操作者需要明确的规则，以便公司可以建立合规解决方案。

拥有众多传感器的物联网需要有新的技术，一方面允许法律许可的信息收集，另一方面尊重希望保护隐私的公民的意愿。

## 7.2 执行物联网 PIA 的指南

物联网 PIA 对于理解物联网设备在更大系统或系统嵌套的环境下如何影响用户隐私至关重要。本节将提供一个参考示例，介绍如何通过假设的物联网系统 PIA 来执行 PIA 以供部署。由于消费者隐私是一个非常敏感的话题，因此为连接的设备提供消费者级别的 PIA。

### 7.2.1 概述

为了提供尽可能完整的风险分析隐私而进行影响评估是必要的。除了基本的安全原则之外，重大的隐私损失可能会对 IT 和物联网系统的制造商或运营商产生重大影响，并导致严重的财务或法律后果。例如，考虑为一个孩子的玩具配备 Wi-Fi 功能，可以通过智能手机管理并连接到后端系统服务器。假设玩具拥有麦克风和扬声器以及语音捕获和识别功能。现在考虑设备的安全特性、敏感认证参数的存储以及与后端系统进行安全通信所需的其他属性。如果设备在物理上或逻辑上遭到黑客入侵，是否会暴露可能用于危害同一制造商的其他玩具的常见或默认安全参数？通信是否在一开始就通过加密、认证和完整性控制得到了充分的保护？应该这样做吗？数据的性质是什么？它可能包含什么？是否将用户数据汇总到后端系统中进行分析处理？基础设施和开发过程的整体安全性是否足以保护消费者？

这些问题需要在隐私影响评估的背景下提出。必须解决一旦信息进入设备和后端系统违反信息或误用信息造成的影响。例如，是否有可能捕获孩子的音频，或听到姓名和其他私人信息？是否可以被地理定位来披露孩子的位置？如果是这样，其造成的影响可能包括恶意跟踪孩子或家庭成员。物联网中的这些类型的问题已经有了先例（http://fortune.com/2015/12/04/hello-barbie-hack/），因此完成一个 PIA 以了解用户群、隐私影响类型、严重程度、概率和其他因素来衡量总体风险非常重要。

识别出的隐私风险需要在后面描述的隐私工程过程中加以考虑。虽然此处提供的这个例子是假设的，但它与安全研究人员 Marcus Richerson 在 RSA 2016 上阐述的黑客行为之一类似（https://www.rsaconference.com/writable/presentations/file_upload/ sbx1-r08-barbie-vs-the-atm-lock.pdf）。

本节将用一个假设的说话玩偶的例子，并参考图 7-2 所示的系统架构。这里需要架构来可视化物联网终端（玩偶）、智能手机和连接的在线服务之间的私人信息的流动和存储。当通过设计讨论隐私及其固有的安全属性时，后面将更详细地探讨所涉及的隐私信息、人员、设备和系统。

### 7.2.2　政府部门

政府部门是处理创建和执行可能影响组织收集和使用私人信息的法律法规的实体。就说话玩偶的例子而言，各种法律可能正在起作用。例如，欧盟第 33 条规则和美国儿童在线隐私保护法（Children's Online Privacy Protection Act，COPPA）等可以发挥作用。物联网组织应该知道所有的法律部门和它们运作的相关法律法规。政府部门也可以根据一定的条件发放豁免并允许某些信息的收集和使用。这些也应该被确定。

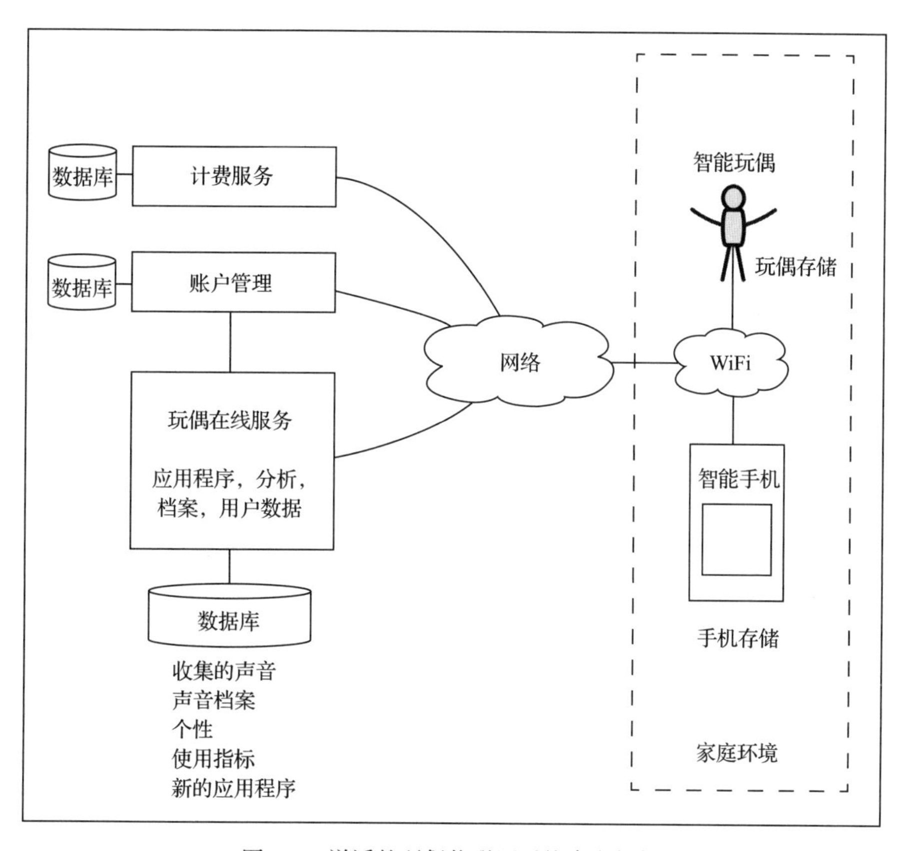


图 7-2 说话的玩偶物联网系统参考架构

如果物联网组织像许多 IT 运营部门一样跨国界运营，那么 PIA 也应该提出数据如何在国外得到处理的问题。例如，如果海外适用越来越多宽松的规则，那么无论本国的隐私政策如何，有些数据可能更容易受到外国政府的检查。或者外国的规定可能比本国规定得更严格，这可能会阻止用户使用某些海外的数据中心。隐私保护设计的过程中应尽早处理地理架构，并确保地理设计不会违反部署所需的隐私保护规则。

## 7.2.3 以收集的信息为特征

与物联网设备有关的信息的生命周期和范围可以狭义地定义，也可以相当宽泛。在 PIA 中，首要的活动之一是识别将产生、结束或通过物联网系统的信息。此时，应该为不同的生命周期阶段和与每个阶段相关的数据创建表格。另外，使用至少 3 个不同的一阶评级来根据灵敏度给出每种信息类型是有用的。为了简单起见，在下面的例子中使用：

- 不敏感
- 低敏感[⊖]
- 中等敏感
- 高敏感

可以使用其他评级类型，具体取决于组织、行业或监管要求。请记住，某些类型的数据即使标记为不敏感或中等敏感，但是组合在一起时会变得非常敏感。在应用程序处理或存储环境中的数据汇总在一起时，都需要评估这种数据聚合风险。应用于聚合数据集的最终安全控制（例如加密）可能比最初为小集或单个数据类型确定的要高。

在说话玩偶的例子中，玩偶离开制造环境就被运送到批发商或零售商处等待用户购买。此时说话玩偶中没有用户个人身份信息（Personally Identifiable Information，PII）进入系统。被购买之后，玩偶被带回家并启动，连接到一个新创建的账户和智能手机应用程序，现在就有 PII 了。

假设有一个订阅服务来下载玩偶中应用程序的更新，现在开始描述 PII。此处列出了以下假设的数据元素及其应用的生命周期阶段，以说明数据识别过程。对于每个数据源（应用程序 + 设备）和消费者的数据都被识别，以便理解端点将具有不同程度的对信息的访问。

在创建玩偶主人账号的过程中，表 7-1 所示的示例信息被识别。

**表 7-1　创建账户**

| 参　数 | 描述（敏感度） | 来　源 | 消费者 / 使用者 |
| --- | --- | --- | --- |
| 登录 | 用户 ID（不敏感） | 使用者创建 | 使用者<br>应用程序服务器<br>计费服务器<br>智能手机 APP |
| 密码 | 用户密码（高敏感） | 使用者创建（最小密码长度 / 强制强度） | 使用者<br>应用程序服务器<br>计费服务器<br>智能手机 APP |
| 姓名，地址，电话号码 | 账户所有者（玩偶持有者）的姓名，地址，电话号码 | 玩偶持有者 | 应用程序服务器<br>计费服务器 |

⊖ 原文中应该是把“低敏感”这一项漏掉了。——译者注

（续）

| 参数 | 描述（敏感度） | 来源 | 消费者 / 使用者 |
|---|---|---|---|
| 年龄 | 持有玩偶的小孩的年龄（不敏感） | 玩偶持有者 | 应用程序服务器 |
| 性别 | 账户所有者（玩偶持有者）的性别（不敏感） | 玩偶持有者 | 应用程序服务器 |
| 账户编号 | 玩偶持有者的唯一账户编号 | 应用程序服务器 | 玩偶持有者<br>应用程序服务器<br>计费服务器<br>智能手机 APP |

表 7-2 所示示例信息被标识为在创建玩偶所有者的订阅期间创建或使用的信息。

**表 7-2 创建订阅**

| 参数 | 描述（敏感度） | 来源 | 消费者 / 使用者 |
|---|---|---|---|
| 玩偶类型和序列号 | 玩偶信息（低敏感） | 包装 | 应用程序服务器<br>（为了用户订阅数据） |
| 订阅包 | 订阅类型和期限，截止时间等（低敏感） | 玩偶持有者在网上选择 | 应用程序服务器 |
| 姓名 | 姓名（当和财务信息结合在一起时高敏感） | 玩偶持有者 | 计费服务器 |
| 地址 | 街道，城市，州（省），国家（中等敏感） | 玩偶持有者 | 计费服务器<br>应用程序服务器 |
| 信用卡信息 | 信用卡号，CVV，截止日期（高敏感） | 玩偶持有者 | 计费服务器 |
| 电话号码 | 玩偶持有者的电话号码（中等敏感） | 玩偶持有者 | 计费服务器<br>应用程序服务器 |

表 7-3 所示示例信息被标识为在将与说话玩偶和后端应用程序服务器连接的下载的智能手机应用程序的配对期间创建或使用的信息。

**表 7-3 智能手机应用程序需要的信息**

| 参数 | 描述（敏感度） | 来源 | 消费者 / 使用者 |
|---|---|---|---|
| 账户编号 | 账户服务器在创建玩偶所有者账户时创建的账号（中等敏感） | 通过玩偶持有者的账户服务器 | 智能手机 APP<br>应用程序服务器 |
| 玩偶序列号 | 玩偶的唯一标识符（不敏感） | 通过制造商的包装 | 玩偶持有者<br>应用程序服务器<br>智能手机 APP |
| 玩偶设置 | 通过智能手机应用程序或网络客户端在玩偶上进行的日常设置和配置（不敏感或取决于属性中等敏感） | 玩偶持有者 | 玩偶<br>应用程序服务器 |

表7-4所示示例信息被标识为日常使用说话玩偶时正常创建或使用的信息。

表7-4　日常使用

| 参　数 | 描述（敏感度） | 来　源 | 消费者 / 使用者 |
|---|---|---|---|
| 玩偶语音配置文件 | 可下载的说话模式和行为（不敏感） | 应用程序服务器 | 玩偶使用者 |
| 玩偶麦克风数据（录音） | 记录的与玩偶的沟通的语音（高敏感） | 玩偶和环境 | 应用程序服务器<br>玩偶持有者（通过智能手机） |
| 转录麦克风数据 | 与玩偶语音通信导出的语音到文本转录（高敏感） | 应用程序服务器（转录引擎） | 应用程序服务器<br>玩偶持有者（通过智能手机） |

## 7.2.4　使用收集的信息

需要根据国家、地方和行业法规（如适用）建立可接受的使用政策。

收集到的信息的使用是指根据隐私政策，不同的实体（被授予获得物联网数据的权限）将如何使用从不同来源收集的数据。在说话玩偶的例子中，玩偶制造商自己拥有并操作与玩偶互动的互联网服务并收集其所有者和用户的信息。因此，它本身就是可能对以下方面有用的信息的收集者：

- 查看数据。
- 为研究目的对数据进行研究或分析。
- 为营销目的分析数据。
- 向用户报告数据。
- 销售或转交数据。
- 加工和向前传输源自用户原始数据的处理后的元数据。

理想情况下，制造商不会向任何第三方提供数据（或元数据），数据的唯一使用者将是玩偶所有者和制造商。玩偶由其所有者配置，从其环境中收集语音数据，并将其语音数据转换为文本以供制造商的算法进行关键字解释，并且向玩偶所有者提供使用历史、语音文件和应用更新。

然而，智能设备依赖于多方因素。除玩偶制造商之外，还有供应商支持各种功能并从分析数据中受益。在将数据或转录数据发送给第三方的情况下，各方之间的协议必须生效以确保第三方同意不传递数据或将数据用于非商定用途。

### 7.2.5 安全

安全和隐私密不可分，也是通过设计实现隐私保护的关键要素。如果没有数据、通信、应用程序、设备和系统级别的安全控制，隐私是无法实现的。需要实现机密性（加密）、完整性、认证、不可抵赖性和数据可用性的安全原语，以支持部署的总体隐私目标。

为了指定与隐私相关的安全控制，需要将隐私数据对应到保护所需的安全控制和安全参数。在此阶段识别 PII 所在体系结构中的所有端点是有用的：

- 起源
- 传输
- 处理
- 存储

每个 PII 数据元素都需要对应一个相关的安全控制，这个安全控制被它的端点执行或者满足。例如，信用卡信息可以源自玩偶拥有者的家庭计算机或移动设备网络浏览器，并被发送到账单服务应用程序。分配机密性、完整性和服务器认证的安全控制，可能会使用常用的 HTTPS（HTTP over TLS）协议来维护加密、完整性和服务器认证，同时从最终用户处传输信用卡信息。

一旦完成系统中所有 PII 的安全传输，就需要关注静态数据的保护。PII 的静态数据保护将关注其他传统的 IT 安全控制，如数据库加密、网络服务器之间的访问控制、数据库、人员访问控制、资产实物保护、职责分离等。

### 7.2.6 通知

向用户发送的通知包括涉及收集的信息范围、用户必须提供的同意以及拒绝提供信息的权利。通知几乎完全由隐私政策处理，用户在获得服务之前必须同意这些隐私政策。对于说话玩偶，通知在两个地方提供：

- 印刷产品说明书（包装内提供）。
- 账户创建时，玩偶应用程序服务器提供的用户隐私协议。

## 7.2.7　数据保存

数据保存解决了服务如何存储和保留来自设备或设备用户的数据。数据保存政策应在总体隐私政策中进行总结，并应明确指出下面的内容：

- 哪些数据被存储 / 收集和存档。
- 何时以及如何将数据从设备或移动应用程序中取出或存入。
- 何时以及如何销毁数据。
- 可能存储的任何元数据或派生信息（除物联网原始数据外）。
- 信息将被存储多长时间（无论是在账户生命期间还是之后）。
- 是否有任何可供用户清除其生成的任何数据的控制 / 服务。
- 在发生法律问题或执法请求时，是否有特殊的数据处理机制。

在说话玩偶的例子中，所讨论的数据是之前识别的PII，特别是麦克风记录的语音、转录、与记录的信息相关的元数据以及订阅信息。在家中记录的数据，无论是孩子的思考、捕获的父母与孩子之间的对话，还是一些在场的儿童的信息都可能非常敏感（表明姓名、年龄、地点、谁在家等）。系统正在收集的信息类型等同于使用窃听和间谍手段获得的信息：信息的敏感性和滥用的可能性是巨大的。显然，数据所有权属于玩偶所有者，服务器提取、处理和记录数据的公司需要清楚数据的保留方式。

## 7.2.8　信息共享

信息共享在美国和欧洲安全港隐私原则中也被称为向前转移（onward transfer），是指收集信息的企业内部以及与其相关的组织共享信息的范围。商业企业向其他实体分享或出售信息是很常见的（https://en.wikipedia.org/wiki/International_Safe_Harbor_Privacy_Principles）。

一般来说，根据《Toward a Privacy Impact Assessment (PIA) Companion to the CIS Critical Security Controls》，PIA应该列出并描述下面的内容：

- 共享信息的组织以及它们之间是否存在或需要形成什么类型的协议。协议可以采取合同的形式遵守一般政策和服务级别协议（Service Level Agreements，SLA）。
- 传输给每个外部组织的信息类型。
- 转移列出的信息的隐私风险（例如汇总风险或与公开可用信息来源相结合的风险）。

- 共享如何与既定的数据使用和收集政策保持一致。
- 请注意，在撰写本文时，欧洲联盟法院（Court of Justice of the European Union，CJEU）仍然裁定美国和欧洲之间的安全港协议失效，这要归功于爱德华·斯诺登（Edward Snowden）泄露的有关 NSA 间谍活动的法律投诉。与数据保存有关的问题（云使能数据中心实际存储数据）给美国企业带来了额外的困难。

### 7.2.9 补救措施

补救措施是针对用户寻求纠正可能的违规行为和披露其敏感信息的政策和程序。例如，如果说话玩偶所有者开始收到暗示有人以某种方式窃听到小孩与玩偶对话的短信，则应该联系制造商并反馈这个问题。数据丢失可能来自于不遵守公司的隐私保护规则(例如内部威胁)、系统设计或操作中的基本安全缺陷。

除了实际的隐私损失之外，纠正措施还应包括解决用户投诉的条款以及对影响其数据的文件化的披露政策的担忧。另外，还应该提供用户表达担心在他们不知情的情况下将数据用于其他目的的渠道。

在执行 PIA 时应该检查每个补救政策和程序。在对政策、收集的数据类型或实施的隐私控制进行更改时，需要定期对其进行重新评估和更新。

### 7.2.10 审计和问责

PIA 中的审计和问责从以下几个方面确定什么时候需要什么样的保障和安全控制：

- 内部人员和第三方审计为哪些组织和机构提供了监督。
- 取证。
- 技术检测信息（或信息系统）的误用（例如，主机审计工具检测到数据库访问和大型查询不是从应用程序服务器发出的）。
- 对直接或间接访问 PII 的人员提供安全意识和支持政策的培训。
- 修改信息共享流程、与其共享信息的组织以及批准政策变更（例如，如果玩偶制造商开始向第三方营销商出售电子邮件地址和玩偶用户人口统计资料）。

在 PIA 中对前面的这些要点提出尖锐的问题，并确定答案的充分性和详细程度是有必要的。

## 7.3 PbD原则

如今，那些支持物联网的企业和基础设施再也不能像亡羊补牢一样不断修改隐私执行机制。这就是为什么隐私工程和设计已经演变成为必需品并在近年来获得重大推动。本节将讨论与物联网相关的隐私设计和工程。

### 7.3.1 嵌入设计中的隐私

隐私工程完全是由政策驱动的。它要确保：

- 政策导致隐私相关的要求和控制。
- 底层的系统级设计接口、安全模式和业务流程支持。

隐私工程在技术解释和实施的各个方面满足政策（由组织的法律部门明确）。安全工程和隐私工程紧密交织在一起。可以将系统和安全工程视为实施满足隐私政策和法律规定的更高级隐私需求的设备和系统级安全功能。

嵌入到设计中的隐私意味着在隐私保护数据和系统功能、安全功能、政策和执行之间有一个具体的对应以使数据得到保护。

### 7.3.2 正和而非零和

隐私工程和设计的正和原理指定隐私改善系统的功能（提供全部功能）和安全性，而不是相反。

零和隐私方法将导致以下情况之一：

- 没有改进安全性和功能。
- 某些类型的功能减少（或业务流程丢失）。
- 潜在的某种类型的非功能性业务或安全需求的丧失。

换句话说，零和方法必然意味着某种类型的权衡正在发生，和双赢相反。

### 7.3.3 端到端安全

端到端安全是一个经常被过度使用的术语，但是在隐私中，它意味着数据在整个生命周期中受到保护：生成、获取、复制、分发、重新分发、本地和远程存储、归档和破坏。换句话说，它不仅仅是像对从一个网络端点到另一个网络端点的数据进行加密和验证一样的端到端的通信级透视，而是考虑到所有业务流程、应用程序、系统、硬件以及与之相关的受保护数据及其处理。端到端安全解决了所有的技术和策略控制以确保 PPI 得到保护。

### 7.3.4 可见性和透明度

隐私设计意味着所有利益相关者（无论是系统运营商、设备制造商还是分支机构）都按照其声称的规则、流程、程序和策略运营。

这个原则是为了弥补 PIA 提出的审计和问责需求方面的差距。用户将如何验证物联网隐私目标或法规遵从性目标是否得到满足？作为一个物联网组织，怎么能确认附属服务提供商的 SLA 是否被遵守，尤其是那些关于隐私的？提供可见性和透明度的一种方式是物联网实施或部署机构自己进行独立的第三方审计，例如，发布或向请求者提供结果。行业特定的审计也可能满足可见性和透明度某些方面的需求。

古老的公理：信任但要核实（trust but verify）是这里的工作原则。

### 7.3.5 尊重用户隐私

一个 PbD 解决方案将绝对具有内置的允许尊重用户的隐私的控制。尊重用户隐私需要向用户提供有关隐私方面的知识和控制权，如隐私政策和事件通知以及选择退出的权利。公平信息实践（Fair Information Practices，FIP）隐私原则详细阐述了此主题。

- 同意：同意表示尊重用户隐私，确保用户有机会了解他们的数据如何被使用和处理，并根据这些提供使用同意书。同意的特异性需要与所提供数据的敏感性相称。例如，使用医疗图表、X 光片和血液检查数据将需要更多的细节和明确的同意通知，而不仅仅像是使用年龄、性别和食物偏好等数据那样简单。
- 准确性：准确性是指私人信息为了预计的目的保持最新和准确。维护这个 FIP 的一部分任务是确保在整个系统中强制实施完整性控制。例如，高完整性控制可能要求数字签名成为记录保存过程的一部分，而较不敏感或影响较低的信息可能只需要传输中的密码完整性或静止的校验和。
- 访问：访问 FIP 可以解决用户访问其个人信息并确保其准确性的能力（并且有能力纠正已检测到的不准确信息）。
- 合规性：合规性处理机构如何向用户提供纠正数据准确性或使用方面的问题的控

制和机制。例如，前面例子中的智能玩偶制造商是否涉及以下过程？

- 发起投诉？
- 对做出的决定上诉？
- 将事件升级到外部组织或机构？

## 7.4　隐私工程建议

隐私工程是一个相对较新的学科，旨在确保系统、应用程序和设备的设计符合隐私政策。本部分提供了一些在物联网组织中设置和运行隐私工程功能的建议。

无论是小型初创企业还是硅谷的大型科技公司，都有可能正在开发需要从头开始建立 PbD 功能的产品和应用程序。从一开始就遵循工程流程来设计一个尊重隐私的物联网系统而不是以后再保护是至关重要的。首先需要正确的人员和流程来实现这一点。

### 7.4.1　整个组织的隐私

隐私涉及公司和政府领域的各种行业。在隐私策略的创建、采用、实施、执行方面涉及律师和其他法律专业人士、工程师、QA 和其他学科不同的能力。图 7-3 显示了一个高层组织以及每个子组织从隐私角度所关心的问题。

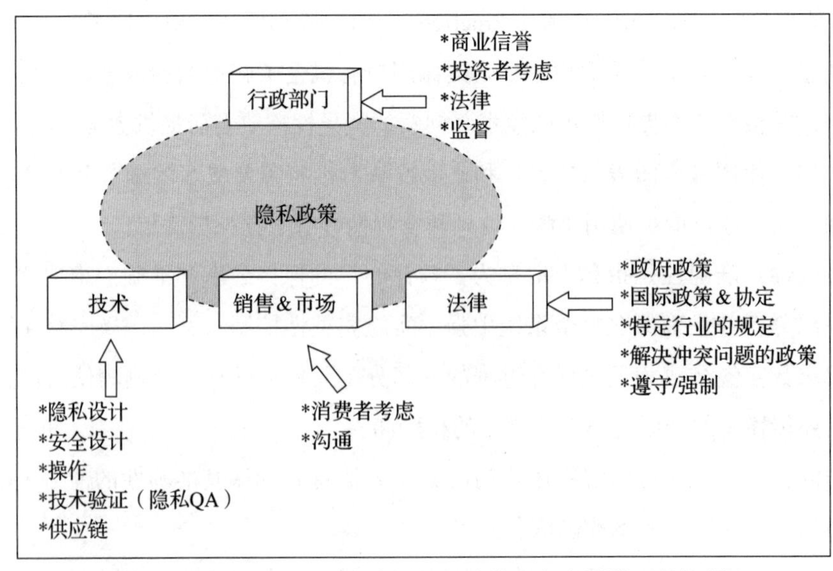


图 7-3　高层组织以及每个子组织从隐私角度所关心的问题

应在任何开发收集、处理、查看或存储隐私信息的一线物联网产品和服务的组织内建立隐私工作组。执行层面应该提供整体的方向以确保不同的子组织对自己的角色负责。每个部门都应该有一个或多个隐私权保护者，他们把自己放在客户的角度以确保客户的利益而不仅仅是对枯燥的监管政策加以充分考虑。

### 7.4.2 隐私工程专业人士

对于所有相关部门而言，隐私工程师的角色是理解和参与隐私管理和实施的政策和技术生命周期。隐私工程是一个相对较新的学科，需要具备单个企业部门通常不具有的能力集。建议实施隐私工程的个人应该满足以下条件：

- 是工程师，最好是具有安全领域背景的工程师。可以咨询律师和非技术性隐私专业人士，但隐私工程本身仍是一个工程学科。
- 理想情况下拥有与隐私相关的资格，例如，国际隐私专业人员协会（International Association of Privacy Professionals，IAPP）认证（https://iapp.org/certify）。
- 对以下方面有深入的了解：
  - 隐私政策。
  - 系统开发过程和生命周期。
  - 功能和非功能性要求，包括安全功能和安全保证要求。
  - 系统正在开发的语言有关的源代码和软件工程实践。
  - 界面设计（API）。
  - 数据存储设计和操作。
  - 适用于网络、软件和硬件数据的安全控制程序。
  - 加密和正确使用密码原语和协议，因为它们在保护设备和信息生命周期中的 PII 方面非常重要。

这些只是建议，组织的需求可能会强加其他一些最低要求。总的来说，具有开发背景并获得隐私专业培训的安全工程师往往更适合隐私工程。

### 7.4.3 隐私工程内容

大型组织中的隐私工程应包括具有上述最低限定条件的个人的专职部门。小型组织可能没有专门的部门，但可能需要通过交叉培训将隐私工程职责赋予参与工程过程其他方面的个人。安全工程师倾向于自然而然地熟练掌握这一点。无论如何，根据项目或计划的规模和范围，在计划开始时应至少分配一名专门的隐私工程师，以确保隐私需求得到解决。理想情况下，这个角色将在整个开发过程中与项目相关联。

指定的隐私工程师应该考虑：

- 与开发团队保持强有力的联系，参与设计审查、代码审查、测试活动和其他确认或验证步骤。
- 作为终端用户在开发物联网功能方面的主张。例如，当开发团队执行代码审查时，隐私工程师应该询问关于每个识别的PII元素的处理的试探性问题（并且用代码验证每个元素）。
- 它来自哪里（用代码验证）？
- 代码是否使用需要添加到PII列表中的PII创建元数据？
- 函数之间是如何传递的（通过引用/值）？它如何以及在哪里写入数据库？
- 功能不再被需要时，内存中的值被破坏了吗？如果被破坏，是简单的解引用还是被主动覆盖（可以理解为受编程语言的限制）？
- 哪些安全参数（例如用于加密、身份验证或完整性）是应用程序或设备需要用来保护PII的？它们如何从安全的角度来对待，以便可以适当地保护PII？
- 如果代码是从其他应用程序或系统继承的，那么需要做些什么来验证继承的库是否正在处理已经确定的PII？
- 在服务器应用程序中，将哪种类型的Cookie放入用户的Web浏览器？使用Cookie追踪什么？
- 代码中的内容是否违反了一开始就建立的隐私政策？如果是这样，就需要重新设计，否则隐私政策问题将不得不升级到组织中的更高级别。

这份清单绝非详尽无遗。最重要的一点是，隐私工程活动是与其他工程学科（软件工程、固件甚至必要时的硬件）一起执行的专用功能。隐私工程师应该通过需求收集、开发、测试和部署来参与项目，以确保PII保护的生命周期按照明确的策略被设计到系统、应用程序或设备中。

## 7.5 本章小结

由于物联网的形式多样、系统嵌套、组织繁多以及它们在不同国家之间存在差异，使得保护隐私成为一个严峻的挑战。另外，收集、索引、分析、重新分配、重新分析和销售的大量数据为控制数据所有权、转移和可接受的使用提出了挑战。在本章中了解了隐私原则，隐私工程以及如何执行隐私影响评估以支持物联网部署。

在下一章中，将探讨启动物联网合规计划。

# 第8章

# 为物联网建立合规监测程序

安全产业是由一个极其广泛的集合组成的，其中包括社群、总体目标、性能以及日常活动。以上每项工作的目的，都是以某种形式来更好地保护系统和应用程序，以及在不断变化的威胁环境中降低风险。合规性代表了安全风险管理的一个必要方面，但它在安全界内经常被视为一个肮脏的字眼。这有着充分的理由。“合规”这个词给人带来一种近乎僵化地遵守那些根据用于应对静态威胁广泛集合的定制需求而制定的条条框框的感觉。这种否定听起来还真是“满口有理”。

本章将介绍在社群中显得不那么重要的、令人不舒服的而又不算特别机密的秘密共识：遵守规范本身并不能为系统提供实际的保护。话虽如此，但安全问题仅仅是风险的一个方面。一个企业、政府或者其他官方组织如果不遵守规章制度同样可能增加风险，它们可能会遭受罚款、诉讼，以及经常伴随着的公众舆论中风评降低的负面影响。简而言之，通过遵循符合规范的方案，用户可以潜在地提升其安全态势，并且能够切实减少与安全间接相关的其他风险类型。

换言之，一个组织在任何情况下都能够寻得好处，并且在通常情况下别无选择。带着深层次的批判思维，本章讨论了为物联网部署方案建立合规监测程序的方法，这种程序是为了确保用户的安全态势得到改善而专门设计的。本章也为实现并保持对合理的网络安全规范和其他指导原则的坚决执行提供了最佳的实践建议。能够辅助管理和保持合规方案的制造商工具也将在本章中进行讨论。本章将在以下内容中实现这些目标：

- **描述物联网设备所带来的合规方面的挑战**：将对帮助组织建立一个合规物联网系统的一系列步骤进行概述。

- **持续监控系统合规性以及构建一个物联网合规项目的方法**：在这部分内容中，将对比传统网络和物联网的合规性，并介绍对一个系统进行持续监控的工具、过程和最佳实践方法。主要内容包括角色、功能、日程安排和报告的定义，以及何时何处引入渗透测试（和如何处理这类测试）。
- **讨论物联网对常用合规性标准的影响**：在此，针对现有的合规性指导程序需要做出的改变进行讨论。

对于合规性和合规性监控，从来没有一劳永逸的解决方案，因此本部分将会帮助读者随着物联网环境的发展变化构建和调整自己的合规性监控解决方案。

## 8.1 物联网合规性

首先，请仔细思考一下，当使用物联网合规性这个术语时，想要表达什么含义。物联网合规性指的是，构成一个整合部署的物联网系统的人员、流程和技术，与某些规范或最佳实践行为的集合相符。存在很多合规方案，其中每一个都具有大量的规定。如果想要深入研究一个传统信息技术系统的合规性方法是什么样的，可参考诸如金融支付卡行业（Payment Card Industry，PCI）现金数据安全标准（Data Security Standard，DSS）之类的要求，PCI DSS 1.4 标准就是其中一个示例：

> 在任何网外连接互联网的移动设备（比如员工所使用的笔记本电脑）上，以及同样被用于访问网络的其他设备上，安装个人防火墙软件。

尽管这项要求针对的是移动设备，但很明显很多物联网设备无法支持安装防火墙软件。那么当监管要求没有考虑到当有受限的物联网设备时，一个物联网系统要如何体现合规性呢？目前，商业领域还没有制定出一个物联网相关的综合标准框架，主要是因为物联网还是大型新兴的跨行业多元化事物。

物联网系统和合规性相关的技术挑战主要包括以下几个方面：

- 物联网系统是基于各种各样的硬件计算平台实现的。
- 物联网系统通常使用小众且功能受限的操作系统。
- 物联网系统经常会使用一般在现有企业找不到的，小众的网络 / 射频协议。
- 很难准备和安装用于物联网组件更新的软件 / 固件。

- 在物联网系统中进行漏洞扫描并不一定是简单的（同样是因为新协议、数据元素、敏感性、使用实例等）。
- 通常只有有限的文档能够用于指导物联网系统操作运行。

久而久之，现有的规章制度很可能会为了反映物联网新兴的独有的特性而更新。同时，应该关注如何利用能够反映当前所知风险的适当的合规性实践，来在业务网络中实现物联网系统。首先，将列举一系列建议，它们针对的是任何试图将物联网系统整合部署到自有网络中的人员；然后，将介绍针对物联网构建一个治理、风险与合规（Governance, Risk and Compliance，GRC）程序的相关细节。

### 8.1.1 以符合规范的方式来实现物联网系统

在开始考虑如何将物联网系统整合到业务网络中时，应该遵循以下建议。本书之前的章节中描述了如何对物联网系统进行安全的工程规划。本小节则关注合规性方面的对策，不管对于哪个行业，这都将有助于实现面向合规性的风险管理。

以下是一些初步建议：

- 将每个物联网系统整合到网络环境中的过程文档化是很有必要的。保存这些图表以备日常审计，并且更重要的是，对其进行随时更新。采用变化控制流程来确保这些图表不会在未经授权的情况下被修改。
- 文档应该包含所使用的所有端口和协议，与其他系统的互联点，并且还应该详细描述可能存储或处理敏感信息的位置。
- 文档应该包含物联网设备可能被允许为企业的哪个部门提供功能，企业的哪个部门可以对设备进行管理或配置操作，以及可能需要哪个门户 / 网关。
- 文档同样应该包含其他一些设备特性，比如配置限制，物理安全，一台设备如何识别自身（以及如何通过认证）并与一个企业用户相互关联，以及一台设备如何实现可升级 / 不可升级。其中一些特性对于建立合配置监控解决方案是有用的。
- 实现一个试验台。在实际部署之前，物联网系统应该建立在一个实验环境中。这使得人们能够针对系统进行严格的安全性以及功能性测试，从而在对其进行保护之前识别缺陷和漏洞。它同样能够为设备在网络上的行为定下基线（这对于定义安全事故与事件管理（Security Incident and Event Management，SIEM）检测模式

IDS 签名可能是有用的)。

- 为所有的物联网组件建立可靠的配置管理方法。
- 规划授权与物联网系统进行交互的群组合角色。记录这些信息并将其作为变化控制系统中的工件进行保存。
- 从任何与之共享数据的第三方供应商或合作伙伴处获取合规性合审计记录。
- 建立用来负责核准生产环境中的物联网系统操作的批准部门。
- 建立通过复查配置、操作流程以及文档，来确保始终符合规定的定期评估制度(每季度)。一旦定义并配置了扫描解决方案，就要保存所有的扫描结果用于审计准备。
- 建立用来指示如何响应自然故障合恶意事件的事件响应流程。

### 8.1.2　一个物联网合规项目

一个物联网的合规性新方案，可能是对一个组织现有合规项目的扩展。因为对于任何合规项目而言，大量因素都需要纳入考虑范围之内。图 8-1 展示了一个物联网合规项目中至少应该包含的活动。每一项活动都是一种并发的、持续的，涉及组织中不同利益相关者的功能。

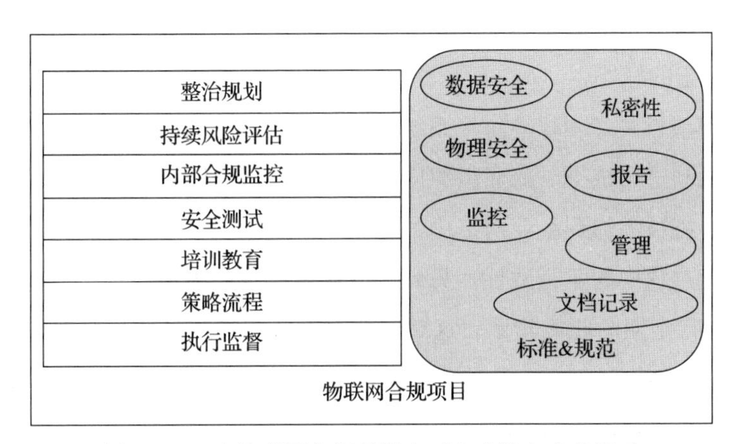


图 8-1　一个物联网合规项目中至少应该包含的活动

在组织开始或继续实现新的物联网系统时，要确保物联网合规项目的每一个方面都准备就绪。

### 1. 执行监督

考虑到合规性检查和风险管理作为一项关键业务功能，需要进行标准化规范，因此这两项工作应该处于多个部门的管理和监督之下。那些没有执行层面的兴趣、策略职能以及监控行为的组织，在能够轻易阻止违规行为发生时，却将他们的投资方和用户置于更大的风险之中。物联网操作运行的管理模型中应该包含以下组织功能和部门：

- 合法隐私描述
- 信息技术 / 信息安全
- 操作运行
- 物理安全工程规划

执行管理——如果不是已经通过某个行业需求（比如 PCI DSS 标准）进行授权批准——应该包含某些类型的审核部门来对一个物联网系统进行操作。任何新型物联网或物联网扩展得到的系统都应该通过组织中指定审核部门的要求与核准。如果没有这种控制手段，人们可能会将很多具有潜在高风险的设备引入网络中。这类审核部门应该熟练掌握系统需要遵从的安全策略与标准，并且对系统的技术理解达到足够程度。

美国联邦政府实现了一个复杂的合规项目，要求创建并维护一组建议来详细描述将一个特殊系统添加到联邦网络中的正当理由。尽管政府中的这种审核功能无法防止所有的违规行为，但政府系统的整体安全态势确实从指定专人负责监督整体安全策略的遵守状态中获得了一定的好处。

美国政府审核机关必须核准每个系统或子系统在部门网络中使用的权利，并且必须坚持每年对该权利进行核准。商业组织应该聪明地采用这样一种方法并对其进行适当调整，来审核那些将被添加到企业网络中的物联网系统。指定专人负责审核，能够减少策略的解读和执行过程中的不一致性。另外，商业组织需要实现检查和平衡，比如在其他个人 / 角色中进行定期的职能轮换。这对于应对某些当员工离开一个组织时风险就会上升的情况是特别重要的。

### 2. 策略、流程以及文档记录

不仅管理员需要物联网系统物理安全和信息安全操作的策略和流程，物联网系统的使用者也需要。在这些指导文件中应该告知员工如何根据适用规范来保护数据以及安全地对系统进行操作，还应该提供针对不符合规范行为的处罚细节。

组织应该考虑为其建立策略的一个活动是，将个人的物联网设备引入企业环境中。安全工程人员应该对允许个人的物联网设备（比如用户物联网）在组织中进行限制性使用所带来的后果进行评估，并且考虑如果这样做，应该指定什么样的限制规则。比如他们可能会发现需要限制物联网应用程序在公司的移动电话上进行安装，但可能允许在员工的个人手机上安装应用程序。

可能有用的安全文档工件示例包括系统安全计划（System Security Plan，SSP），安全 CONOPS，密钥和证书管理计划，以及业务连续性策略和流程。专业的安全工程人员应该能够基于最佳实践和识别风险，采用这些计划类型并对其进行调整。

### 3. 培训教育

互联设备和系统的很多用户最初并不理解误用物联网系统会带来的潜在影响。应该创建一个综合培训课程，并向一个组织中的物联网用户和管理员提供该课程。培训课程应该关注随后的图表中所指出的大量细节内容。

（1）技能评估

对于系统管理员和工程人员来说，认识到什么时候所其储备的知识和对物联网进行安全设计、实现和操作所需的技能之间还存在差距，是十分重要的。为这些员工每年进行一次技能评估，以便确定他们对以下内容的理解程度可能是有用的：

- 物联网数据安全。
- 物联网私密性。
- 物联网系统的物理安全流程。
- 物联网特有的安全工具（扫描器等）。

技能评估和培训中所涉及的主题范围如图 8-2 所示。

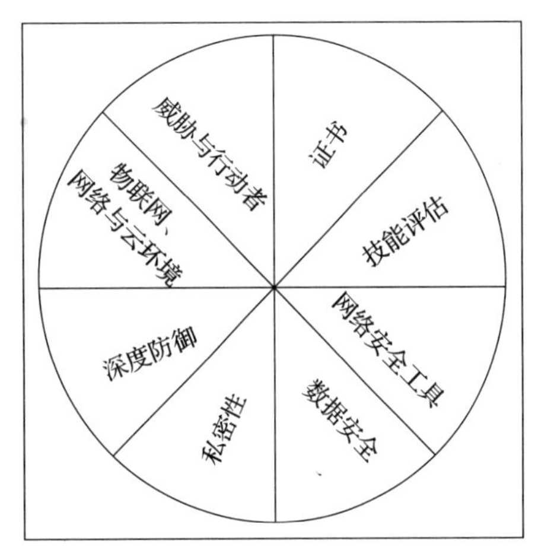


图 8-2 技能评估和培训中所涉及的主题

（2）网络安全工具

从物联网安全角度考虑，应确保针对可用于周期性扫描物联网系统的不同工具进行培训。这可以作为在职培训，但要求最终的结果是安全管理人员能够理解如何有效使用这些工具，来向物联网系统的合规状态提供常规输入。

（3）数据安全

数据安全是物联网合规项目所需的培训中最重要的方面之一。管理人员和工程人员必须能够安全地配置组成物联网系统的组件范围。这包括了能够安全配置基于云环境的后台数据存储，以及用于防止敏感信息恶意或非恶意泄露的分析系统。理解如何将信息按照敏感与否进行分类也是这项培训内容的重要部分。在不同的物联网设备中可能存在数据类型和敏感级别的多样性，可能会导致未预期的安全隐私风险。

（4）深度防御

NIST SP 800-82 规范定义了深度防御的主要原则：将安全机制分层，从而使得在任何一种机制中所发生的错误影响最小化。为系统管理人员和工程人员提供能够强化这个概念的培训课程，将使得他们能够协助设计更为安全的物联网安全系统和物联网实现方案。

（5）私密性

在本书中已经讨论过了私密性和与物联网相关的潜在障碍。将私密性的基础内容和相关要求添加到物联网培训课程中，以帮助员工保护敏感用户信息。

将物联网的基础细节加入培训方案之中。这方面内容包括组织将要采用的物联网系统类型，支撑这些系统的底层技术，以及在这些系统中数据以何种方式传输、存储和处理。

（6）物联网、网络与云环境

物联网数据经常直接发送到云环境中进行处理，因此，提供一个对支撑物联网系统的云环境架构的基本理解，同样应该作为物联网培训课程的一个方面。类似地，随着新网络架构被逐渐采用（它能够更好地支持不同的物联网部署样式），包括更具有可适应性、可扩展性以及能够动态响应的软件定义网络（Software Defined Networking，SDN）和网络功能虚拟化（Network Function Virtualization，NFV）性能的内容也应该包含在课程之中。可能需要新的功能来支持网络中物联网行为相关的动态策略。

（7）威胁 / 攻击

要让员工掌握关于研究人员和现实世界中的对手如何攻击突破物联网设备和系统的最新消息，这有助于在工程人员对其他人闯入系统的无数种途径形成概念时，为系统设计引入响应迅速且适应性强的深度防御方法。

关于最新威胁和网络安全预警的信息来源，主要包括以下几种。

- **来自 NIST 机构的自动化漏洞管理：**国家漏洞数据库（https://nvd.nist.gov/）。
- **通用网络安全预警：**美国计算机应急处置小组（United States Computer Emergency Readiness Team，US-CERT）(https://www.us-cert.gov/ncas)。
- **工业控制系统威胁信息：**工业控制系统网络应急响应小组（Industrial Control System Cyber Emergency Response Team，ICS-CERT）(https://ics-cert.us-cert.gov)。
- **医疗设备与健康信息网络安全共享：**国家健康信息与分析中心（National Health Information and Analysis Center，NH-ISAC）(http://www.nhisac.org)。
- 很多反病毒制造商会通过各自的网站提供当前互联网的威胁数据。

还有很多其他对于组织或行业适用性各不相同的来源，它们可以在欧洲网络与信息安全部门的网络安全事件主动检测报告中找到（https://www.enisa.europa.eu/activities/cert/support/proactive-detection/proactive-detection-report）。

（8）证书

目前物联网相关的证书很少，但是获取云安全联盟（Cloud Security Alliance，CSA）的云安全知识证书（Certificate of Cloud Security Knowledge，CCSK）和认证云安全专家（Certified Cloud Security Professional，CCSP）证书可以作为一个很好的起点，来理解能够支撑大部分物联网实现方案的复杂云环境。也可以考虑关注数据隐私的证书，比如国际隐私专家协会（International Association of Privacy Professionals，iAPP）颁发的认证信息隐私专家（Certified Information Privacy Professional，CIPP）证书（https://iapp.org/certify/cipp）。

### 4. 测试

在将物联网实现方案部署到生产环境中之前，对其进行测试是至关重要的。这项工作需要用到物联网测试台。

物联网设备部署的功能性测试，需要将规模扩展到大量设备上的能力，这些设备通常部署于一个企业之中。在进行初始测试事件期间，想要物理实现这样的规模可能是不可行的，因此就需要一个虚拟测试实验室解决方案。像 Ravello 软件（https://www.ravellosystems.com）这样的产品能够提供在一个现实模拟的环境中上传和测试虚拟机的功能。在应用于物联网中时，可以利用容器（比如 Docker）来支持创建可以通过功能性和安全性工具进行测试的环境基线。

另外，更高可信度的物联网部署方案应该包含严格的物理安全（故障保护）以及安全回归测试，来确保合适的设备和系统对传感器错误状态、与信息安全或物理安全相关的宕机、错误状态恢复以及基本功能行为做出响应。

### 5. 内部合规监控

确保物联网系统符合安全规范是一个重要的开始，但进行评估活动的价值将会随着时间的推移逐渐减少。为了保持警惕，组织应该授权采取持续的评估方法，来对系统的实时安全态势做出评价。如果还没有开始朝着对系统进行持续监控的方向前进，那么采用物联网整合的部署方案确实是一个开始的好时机。要注意，不要将持续监控与网络监控混为一谈。网络监控仅仅是一个基于策略的自动化审计框架中的一个元素，该框架应该包含一个持续的监控解决方案。

美国国土安全部（Department of Homeland Security，DHS）为持续的诊断与监控工作定义了一个过程，共分为6个步骤（https://www.dhs.gov/cdm）。

这6个步骤是一个很好的流程，企业可以采用这些步骤来实现物联网系统。当在任何给定的时间里需要优先考虑资源而不是最为紧迫的问题时，它们为大型组织提供了不断识别新安全问题的方法。要更好地处理一个物联网系统的相关问题，还需要进一步的探究。

在此添加了一个额外的步骤，如图8-3所示，它关注于理解故障原因，并据此对系统设计和相关实现进行更新。一个有效的安全管理过程需要从缺陷识别到对系统设计可能的结构性升级这一持续不断的反馈回路。

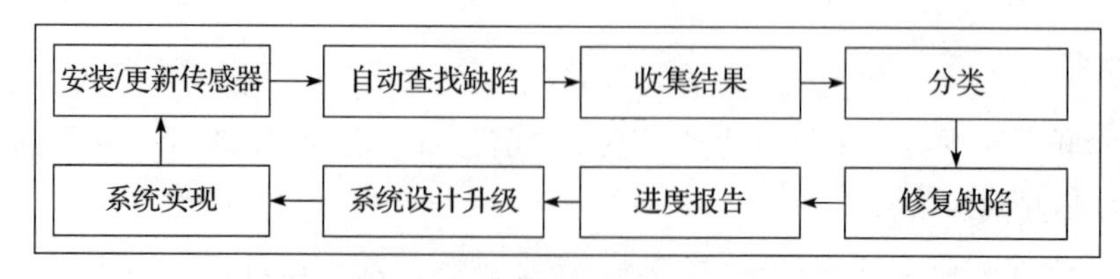


图8-3 美国国土安全部定义的监控过程

（1）安装/更新传感器

在传统的IT观念中，传感器可能是指安装在企业计算机上的基于主机的监控代理（比如为后台审计收集主机日志），或者启用IDS/IPS的网络传感器。在物联网中，将代理置于一个系统中的受限边际实体上并不容易，在某些情况下则可能是不可行的。然而，这并不意味着无法为物联网系统装备传感器。下面就来对一个局部架构进行仔细审查，如图 8-4 所示。

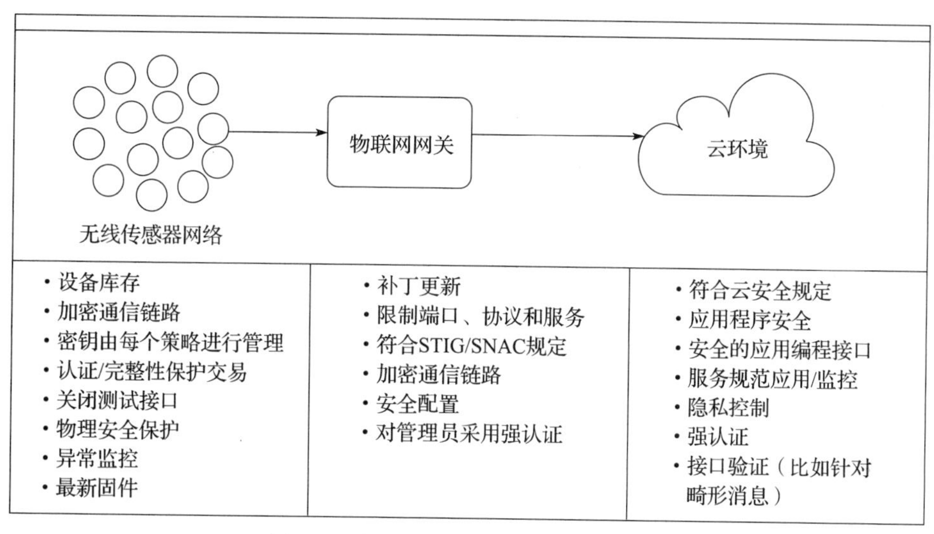


图 8-4 物联网系统装备传感器的架构

可以通过考虑无线传感器网络端点将数据传输给一个协议网关，然后网关将数据传送到云环境中的这一物联网结构模型中，来对所收集的安全相关数据进行评估。数据处于云环境中之后，可以利用云服务提供商（Cloud Service Provider，CSP）的功能来捕捉用来支持物联网传感器的应用端点之间的数据。比如在亚马逊云环境中，可以利用 AWS CloudTrail 工具来监控针对云端的 API 调用。

协议网关可能会拥有足以安装传统 IT 端点安全工具的处理能力和存储空间。这些组件可以从一个基于云端或底层的支持结构，按照计划或需求返回数据，来对持续系统监控提供支持。

无线传感器网络通常由高度受限且限制资源的物联网设备组成。这样的设备可能会缺少配备安全与审计代理所需的处理、内存或操作系统支持。尽管如此，无线传感器还是可以在系统的整体安全态势中起到重要的作用，因此，仔细考察可以利用并从中获取什么样的安全特性是值得的。

要记住的是，很多这样的设备并不会持久地存储数据，而是将其通过网关传送给后台应用程序。因此需要确保对所有处于传输状态的数据都采取了基本的完整性保护措施。完整性能够确保数据在到达网关之前没有被篡改，以及送达网关的数据都是合法的（尽管没有经过认证）。很多无线协议都至少支持基本校验和（比如32位的循环冗余码校验），尽管散列值会更安全。如第5章中所述，更好的是那些包含一个使用密钥获取消息认证码的协议。AES-MAC算法、AES-GCM算法和其他算法可以针对发送与接收的消息提供基本的边界到网关完整性以及数据源认证。在数据到达网关（对于某些物联网设备来说，也就是到达IP网络边界）之后，应该将注意力集中在捕捉其他监控物联网安全异常所需的数据上。

（2）自动查找缺陷

需要着重关注的是，某些物联网设备可以呈现出更多的功能。有一些设备可能会包含诸如简单网络服务器之类的组件来支持设备配置。想象一下家用路由器、打印机等。很多家用和商用电器都为了实现对基于网络配置操作的完美支持而进行了设计构建。网络接口也可以被用于安全监控；比如大部分Wi-Fi家用路由器都支持对与网络相关的安全事件进行简单的邮件通知（该功能可以通过网络接口进行配置）。网络接口和通知系统可以为一些物联网设备提供指示缺陷、错误配置甚至仅仅是过期软件/固件信息的功能。

在其他设备（比如支持简单网络管理协议（Simple Network Management Protocol，SNMP）的各种终端）中可能会发现非网络接口。启用SNMP协议的设备通过SNMP协议来设置、获取和接收针对被管理数据属性的通知，这些属性符合与设备和行业相关的管理信息库（Management Information Bases，MIBs）。

如果物联网设备支持SNMP协议，那么要确保所支持的是SNMPv3协议，并且端点加密和认证功能处于开启状态（SNMPv3协议用户安全模式）。另外，应定期常规更换SNMP密码，使用难以预测的密码，密切关注跟踪所有的snmpEngineIds及其相关的网络地址，尽可能不要在多个设备上使用用户名称。

应该利用端点可用的任何协议来对物联网设备多种多样的生态系统存在的缺陷进行自动查找。这包括了云环境中的移动应用、桌面应用、网关、接口以及网络服务，这些项目可以支持不断增多的数据收集、分析和报告，而这些数据处理内容能够描述物联网的特征，甚至是貌似与安全无关的数据，比如设备的杂项事件次数、温度以及其他特性，可以用来改善安全环境。基于网络的工具（比如 Splunk 软件）对于进行收集、汇集并自动筛查海量的物联网数据相关工作是十分重要的，不管数据来自底层互联设备还是全域工业控制系统。利用网关、协议代理和其他端点处的软件代理，Splunk 软件可以获取 MQTT 协议、CoAP、AMQP、JMS 协议以及多种工业协议的相关数据，用于定制分析、可视化、报告和保存记录。如果一个物联网边际设备拥有必要的操作系统和处理能力，它也可能作为运行 Splunk 软件代理的一个备选设备。Splunk 软件可以通过定制规则，实现对部署方案中你所感兴趣的非安全、安全和物理安全相关项目进行自动化识别、分析和报告。

管理员可以使用很多工具来查找物联网网关中的漏洞。在美国联邦政府，工具合理整合的保障合规性评估解决方案（Assured Compliance Assessment Solution，ACAS）套件得到了广泛的应用。ACAS 包括 Nessus 工具、被动漏洞扫描器（Passive Vulnerability Scanner，PVS）和一个控制台。

其他漏洞扫描工具（其中某些是开源的）可以在系统或软件开发生命周期的不同阶段，以及在操作运行环境（在渗透测试活动期间）中使用。相关示例包括以下几项（http://www.esecurityplanet.com/open-source-security/slideshows/10-open-source-vulnerability-assessment-tools.html）：

- OpenVAS
- Nexpose
- Retina CS 社群

为了促进基本的风险管理，部署内部物联网产品的组织应该在漏洞评估和开发生命周期中包含一个反馈回路。在受保护产品中发现漏洞时，在快速修复之前应该优先考虑创建开发与补丁备忘录条目。开发内部智能物联网产品的组织也应该使用能够支持静态和动态代码分析以及模糊测试的工具。这些工具应该定期运行，更可取的做法是将其作为全功能持续集成（Continuous Integration，CI）环境的一个组成部分。SAST 工具和 DAST 工具通常很昂贵，但目前可以以很高的性价比租赁使用。OWASP 固件分析项目也列举了一些设备固件安全分析工具，它们可能在评估物联网设备的固件安全性方面很有用（https://www.owasp.org/index.php/OWASP_Internet_of_Things_Project#tab=Firmware_Analysis）。

（3）收集结果

对在查找缺陷过程中所用的工具应该提供报告，这些报告用来支持后续分类。这些报告应该由安全小组进行保存，并在合规性审计期间使用。

（4）分类

结果的严重程度，将用来指导为每个缺陷分配何种资源，以及每个缺陷需要以什么次序进行修复。基于其对组织的安全影响为每个缺陷分配一个严重级别，并且优先考虑对高危级别的结果进行修复。如果使用 Atlassian 套件（包括 Jira，Confluence 等）之类的敏捷开发工具，也可以将这些缺陷当作“议题”进行跟踪，为其分配特定的生命周期结构，并且明智地使用允许附加的不同标签。

（5）修复缺陷

理想情况下，修复缺陷时应该使用与开发生命周期过程中处理其他特性相同的方式来进行处理。将 DR 输入产品备忘录（比如 Jira 的议题）中，并将其放在下一次迭代的优先处理位置上。在严重的情况下，异常可能会导致终止新功能特性的开发，而将精力集中于修补严重的安全漏洞。

在每个 DR 完成之后进行回归测试，以确保在 DR 修复期间没有引入意外缺陷。

（6）报告

安全制造商已经为报告合规情况开发了仪表盘程序。使用这些仪表盘程序来向行政管理部门提供报告。每个合规性工具都有独有的报告功能。

（7）系统设计升级

当发现物联网系统和设备中的安全缺陷时，判断系统和网络中是否存在必须实施的设计或配置更改操作，或是否应该允许设备对这些项目进行操作，对这些内容进行集中回顾是十分重要的。至少每个季度，对过去 3 个月期间所发现的缺陷进行回顾，并对识别基线和架构需要进行的变更予以关注。在很多情况下，一个特定设备上的严重漏洞可以通过网络中一次简单的配置更改来解决。

### 6. 定期风险评估

实施定期风险评估，理想情况下要利用第三方来完成，从而确保物联网系统不仅符合规定，而且能够满足其最低限度的安全基线。至少每 6 个月执行一次黑盒渗透测试，并且至少每年执行一次目标更加明确的测试（白盒）。测试过程中，应该将物联网系统视为一个整体予以关注，而不是仅仅关注设备自身。

应该由部署物联网方案的组织来创建综合渗透测试项目。这项工作应该包含针对在用的知名物联网应用协议的黑盒白盒混合测试以及模糊测试。

（1）黑盒测试

黑盒测试可以以一个相对低廉的代价来实施。这些评估工作的目标是，试图在缺少设备实现技术先验知识的情况下，实现对一台设备的攻击突破。如果资金条件允许，可通过第三方针对设备，以及用来支持设备的基础设施来实施黑盒测试。至少每年为每个物联网系统执行一次这些评估工作，而且如果系统更为频繁地发生变化（比如通过更新升级），那么就需要更加频繁地实施评估。如果系统整体或部分驻留在云端，那么至少要对部署在云端容器中的典型虚拟机进行应用渗透测试。更好的情况是，如果拥有一个所部署系统的基础设施测试模型，那么针对该模型的渗透测试能够提供有价值的信息。

理想情况下，黑盒测试应该包含对系统的特性描述，其目的是为理解某人在未授权的情况下能够识别出哪些细节提供帮助。表 8-1 描述了黑盒测试的其他方面的内容。

**表 8-1 黑盒测试**

| 活　动 | 描　述 |
| --- | --- |
| 物理安全评估 | 描述了与预期部署环境相关的物理安全需求。比如是否存在任何未受保护的物理或逻辑接口？篡改保护措施，比如防篡改外壳，嵌入式保护手段（例如，在敏感处理其和内存设备周围，进行硬树脂封装或灌封处理），甚至是在物理入侵事件发生时擦除内存的篡改响应机制，是否与设备中所处理或存储数据的敏感性相符 |
| 固件/软件升级流程分析 | 固件或软件如何加载到设备中？是设备定期从一个软件升级服务器处获取服务，还是手动执行升级操作？初始软件如何加载（由何人在何处执行操作）？如果工厂软件镜像是通过一个 JTAG 接口进行加载的，那么这个接口在处于保护状态的情况下仍然易于访问吗？软件/固件在空闲状态、下载期间和载入内存的过程中，都是如何保护的？是否提供文件级别的完整性保护？是否进行数字签名（甚至更好的保护措施），以及在此基础上实现认证？软件补丁能否分块下载，以及如果下载/安装流程由于某些原因中断，会发生什么 |
| 接口分析 | 接口分析工作会识别所有的公开和隐藏物理接口，并映射所有的设备应用和系统服务（以及各自的相关协议）。在完成这项工作之后，需要确定访问每个服务（或功能）的方法。对哪个功能的调用是经过认证的？是对每次调用都进行认证，还是只在会话初始化或者访问设备时需要进行认证？对哪些服务或功能的调用不需要认证？哪些服务需要额外的步骤（通过认证之后）在执行服务之前进行授权？如果所有的敏感业务都是无须认证即可执行的，那么设备的预期环境是否处于一个仅允许认证个体访问的高度安全的区域中 |
| 无线安全评估 | 无线安全评估工作首先要识别设备使用何种无线协议，以及协议中所有已知的漏洞。无线协议是否用到密码学知识？如果是，是否存在使用默认密钥的情况？密钥如何更新？另外，无线协议的协议配置经常会选择默认配置。某些选项可能并不适合特定的操作运行环境。例如，如果蓝牙模块支持 MAC 地址轮换，而它并不是物联网应用默认配置，那么可能会想要默认激活该特性。在预期部署环境对于设备跟踪和其他隐私问题更为敏感的情况尤为如此 |

（续）

| 活　动 | 描　述 |
|---|---|
| 配置安全评估 | 配置评估工作关注系统中物联网设备的可选配置，从而确保没有不必要的服务正在运行。另外，它将检查是否只启用了经过授权的协议。同时，也应该对最小权限检查的相关情况进行评估 |
| 移动应用评估 | 大部分物联网设备可以与移动设备或网关进行通信，因此，也必须实施对移动设备的评估。在黑盒测试期间，这方面工作应该包括尝试描述移动应用特性、性能和技术，以及尝试直接或通过网络服务网关对连接物联网设备的接口进行攻击。同时，应该对绕过或替换移动应用和物联网设备之间信任关系的可选方法及相关内容进行调研 |
| 云安全分析（网络服务安全） | 在这个阶段，应该针对物联网设备或移动端的应用程序和云端主机所提供的服务用到的通信协议展开调研。这方面工作包括是否使用了安全通信过程（比如 TLS/DTLS 协议），以及一台设备或移动端应用程序如何对云服务进行认证。必须对端点与之通信的基础设施进行测试，检查它属于内部还是云端。某些网络服务器具有已知漏洞，而且在某些情况下这些服务器的管理应用是面向公众的（这并不是一种好的做法） |

（2）白盒测试

白盒（有时也被称为透明盒）测试不同于黑盒测试，在白盒测试中，安全测试人员可以充分利用感兴趣的系统相关的设计和配置信息。表 8-2 所示是一些可以作为白盒测试组成部分实施的活动及其描述。

**表 8-2　白盒测试**

| 活　动 | 描　述 |
|---|---|
| 员工访谈 | 评估人员应该与研发人员或操作人员进行一系列的访谈，从而了解实现、集成和部署过程的关键节点、敏感信息处理以及关键数据存储所使用的技术 |
| 逆向工程 | 在可能的情况下对物联网设备固件进行逆向工程，从而识别出基于设备固件的当前状态是否能够开发出新的技术 |
| 硬件组件分析 | 从供应链角度来说，要确定所使用的硬件组件是否值得信任。例如，某些组织竟然会以专有方式来为设备采集指纹，从而确保硬件组件不是复制副本，或者从未知源头散播出去 |
| 代码分析 | 针对物联网系统所包含的任何软件，进行 SAST 和 DAST 分析来识别漏洞 |
| 系统设计与配置文件检查 | 检查所有文档和系统设计。找出文档中不一致的部分。利用文档检查来创建一个安全测试计划 |
| 故障与攻击树分析 | 不同行业的公司都应该开发、采用并维护综合故障和攻击树模型<br>故障树提供了一个基于模型的框架，从中可以分析出一个设备或系统会如何因为一系列不相关的叶子节点状态或事件而陷入崩溃。每次一个产品或系统进行工程设计或升级，故障树模型也应该随之升级，来提供最新系统安全风险态势的可视化结果。<br>攻击树与故障树有所关联而又非常不同，它着眼于设备或系统安全。攻击树应该作为一个正常风险管理的白盒活动进行创建，通过它能够了解攻击者的一系列活动如何破坏一个物联网设备或系统的安全性<br>需要更高级别保障水平的群体，比如开发生命安全物联网部署方案（例如，航空电子系统和攸关生命的医疗系统）的人员，这些人应该实现故障和错误树的混合模型，从而更好地理解物理安全和信息安全综合态势。需要注意的是，某些信息安全控制手段可能会削弱物理安全，这意味着需要在物理安全和信息安全之间进行复杂的权衡 |

（3）模糊测试

模糊测试是一个专业而又先进的领域，在该领域中攻击者试图通过异常的协议使用方法及其状态控制来对一个应用程序实施攻击。表 8-3 中对一些模糊测试活动进行了描述。

表 8-3 模糊测试

| 活　动 | 描　述 |
| --- | --- |
| 加电 / 断电序列 / 状态变更 | 进行深度分析来确定物联网设备如何响应多种状态下的不同（非预期）输入。这方面内容可能包括在某些状态发生改变期间（比如加电 / 断电）向物联网设备发送非预期数据 |
| 协议标签 / 长度 / 值字段 | 在物联网通信过程中，为协议的一些字段嵌入非预期的值。这方面内容包括非标准长度的字段输入、非预期字符、编码等 |
| 头部处理 | 在物联网通信协议的头部或报头扩展（如果可用）中潜入非预期字段 |
| 数据有效性攻击 | 向物联网的端点（包括其网关）发送随机输入的或不当格式的数据。例如，如果端点支持 ASN.1 格式的消息传递，那么就向其发送不符合 ASN.1 格式的消息语法，或者应用程序所允许的消息格式的消息 |
| 与分析工具相结合 | 最高效的模糊测试都会用到多种自动化模糊测试工具，这些工具会在端点接受模糊测试时，利用分析引擎对其行为进行分析。此类工具会创建一个反馈回路，来观察接受模糊测试的应用程序对各种输入的响应；这可被用于设计改造有价值的新测试用例，这些用例在最差的情况下可能会使端点崩溃，而在最好的情况下可以对其实现完全的攻击突破（比如可以实现后续直接内存访问的缓冲区溢出） |

## 8.2 复杂的合规性环境

安全专业人员有责任遵守针对身处的行业所发布的安全标准规范。很多组织面临着需要满足涉及多个行业的监管标准这一现状。例如，一个药店可能需要遵守 HIPAA 和 PCI 管理规范，因为它必须保护病人的数据以及财务事项。这些概念同样适用于物联网——某些实体是新近出现的，但信息类型和保护任务已经持续存在一段时间了。

### 8.2.1 物联网合规性相关的挑战

IT 部门通常需要监督网络安全和数据隐私规范标准的执行情况。物联网为合规性引入了新的因素。由于组织的有形资产中引入了嵌入式计算与通信功能，所以关注物理安全规范执行情况的需求也必须发挥作用。

物联网同样模糊了很多管理框架之间的界线，这对于物联网设备制造商而言是一个特别的挑战。在某些情况下，设备开发人员甚至可能没有意识到他们的产品受到了特定机构的监督（http://www.lexology.com/library/detail.aspx?g=753e1b07-2221-4980-8f42-55229315b169）。

### 8.2.2 对支持物联网的现有合规性标准进行探讨

当开始部署新的物联网功能时，或许能够用到现有的指导规范，对于这些规范你可能已经有所了解，并使用它们来论证某些物联网所需的安全控制手段。问题是这些指导文件并没有跟上技术变化的步伐，因此可能需要对控制措施进行某些调整，以适应新的物联网设置情况。

另外，目前对于物联网标准各个方面的覆盖范围存在差距。物联网研究组和国际标准化组织（International Organization for Standardization，ISO）/ 国际电工委员会（International ElectroTechnical Commission，IEC）联合技术委员会（Joint Technical Committee，JTC）的 JTC 1 SC 27 规范中详细描述了一系列物联网标准缺口，主要包括以下几点：

- 网关安全。
- 网络功能虚拟化安全。
- 物联网安全的管理与对策。
- 开源保证与安全。
- 物联网风险评估技术。
- 私密性与大数据。
- 物联网的应用程序安全指导。
- 物联网事件响应与指导。

#### 1. 保险商实验所（Underwriters Laboratory，UL）物联网证书

为了填补在物联网合规性和证书方面的巨大缺口，著名的保险商实验所最近为其网络安全保证项目（Cybersecurity Assurance Program，CAP）引入了一个物联网证书方案。基于其 UL 2900 系列的保证需求，该过程包含了对产品安全的彻底检查；UL 试图将该过程作为各行业的一个广泛、典型的范例以供定制和使用，这些行业涵盖了所有的消费型智能家电行业以及关键的基础设施（比如能源、公共服务和医疗保健）行业。

#### 2. NIST 针对 CPS 所做的努力

NIST 机构在物联网安全标准领域一直非常积极主动，特别是在涉及与物联网的信

息物理系统（Cyber-Physical System，CPS）子集相关的标准时。在2015年年底，NIST CPS公开工作组（可以在2014年年中找到相关内容）发布了其首个相关草案，其中包含了一个针对信息物理系统的草拟框架，以及一个CPS相关行业可以从中获取信息物理系统相关开发和部署合规性标准与需求的概念框架。创建工作组的目的是为了“将大批的CPS专家聚集到一个开放的公共论坛中，以帮助定义和塑造CPS的关键特性，从而实现对跨多种智能应用领域（包括智能制造、运输、能源和医疗保健）以及领域内部的开发与实现过程进行更好的管理”。

来源：https://blog.npstc.org/2015/09/22/cyber-physical-systems-framework-issued-by-nist-for-public-comment/

专门指出这点，是因为目前为止，在针对信息物理系统概念和术语的跨行业标准化领域中只有很少量的工作和成果。物联网相关的组织可能需要寻找与定义相关的指导文档和框架支持，从而在新物联网样式的开发和部署过程中开发他们专属定制的合规性方案集合。NIST机构的CPS框架是很有价值的，因为它处理了与CPS开发和部署相关的3个不同的方面，即：

- 概念化
- 实现
- 保证

另外，此框架使人们充分认识到了传统网络安全需求与工业控制系统相关需求之间的不同。例如，物理系统状态的控制和稳定性，及其由于临界状态估计和控制功能导致对计时信息的依赖性。内部控制系统功能的弹性依赖于这些属性。即使不是在一个工业控制系统中使用，物联网中也有很多包含物理传感器和驱动的例子；这些将网络和物理域实现融合的例子中，其中的大部分融合方式实现者可能没有意识到。通过扩展上述的CPS系统的3个方面，草拟框架准确地识别并定义了一个CPS系统的以下几方面内容：

- 功能
- 业务
- 人员
- 信用
- 定时

- 数据
- 边界
- 模块化
- 生命周期

由于NIST机构的CPS框架仍处于初创期，因此它很有可能会成为CPS系统、标准以及风险管理方法的跨行业现代化发展所需的，结构与定义知识的一个重要来源。

### 3. NERC CIP标准

NERC CIP是指北美可靠电力公司的关键基础设施防护（North American Electric Reliability Corporation's Critical Infrastructure Protection，NERC CIP）标准系列，主要应用于美国的发电配电系统。在电力行业中开发或部署CPS、物联网以及其他网络安全相关系统的组织，应该熟练掌握NERC CIP标准。这些标准主要是为主干电力系统解决以下的次级主题内容：

- 网络系统分类。
- 安全管理控制。
- 人员与培训。
- 电子安全边界。
- 主干电力系统（Bulk Electric System，BES）网络系统的物理安全。
- 系统安全管理。
- 事件报告与响应计划。
- BES网络系统的恢复计划。
- 配置变更管理与漏洞评估。
- 信息保护。

在电气行业采用并部署新型物联网系统的组织，必须处理组件敏感性问题并对具有不同敏感性的组件进行分类，整合正确的控制措施以及集成电子系统的整体保障相关的一致性方面的内容。

### 4. HIPAA/HITECH标准

卫生组织将面临与转换使用互联医疗设备以及其他智能医疗保健器材相关的额

外挑战。近期针对卫生组织成功的攻击行为（比如针对医院和关键病人数据的勒索攻击，http://www.latimes.com/business/technology/la-me-ln-hollywood-hospital-bitcoin-20160217-story.html）表明，要么组织没有满足合规性需求，要么就是在标准和实践之间已经存在严重的差距。对受保护的关键病人数据进行勒索，这一问题是非常严重的，然而针对医疗设备制定并实施现实攻击，情况则更糟。不断发展的技术和未来的攻击手段有可能会使目前的问题显得苍白。

来源：http://www.business.com/technology/internet-of-things-security-compliance-risks-and-opportunities/

### 5. PCI DSS 标准

PCI DSS 标准已经成为处理支付相关事项的行业利益相关者必须遵循的主要规范。PCI DSS 标准是由 PCI 安全标准委员会（https://www.pcisecuritystandards.org/）发布的，该组织致力于保护金融账户和交易数据。PCI DSS 标准的最新版本是 3.1，于 2015 年 4 月发布。

为了理解物联网对支付处理器保护信息能力的影响，首先来了解一下 PCI DSS 标准的 12 项高级要求。表 8-4 中列举了最新标准中的 12 项要求（https://www.pcisecuritystandards.org/documents/PCI_DSS_v3-1.pdf）。

表 8-4　PCI DSS 标准

| 目标范围 | 编号 | 要求 |
| --- | --- | --- |
| 构建并维护一个安全的网络和系统 | 1 | 安装并维护一个防火墙配置，来保护持卡人数据 |
| | 2 | 不要使用制造商所提供的默认值作为系统口令和其他安全参数 |
| 保护持卡人数据 | 1 | 为存储的持卡人数据提供保护 |
| | 2 | 持卡人数据需要通过开放的公共网络进行传输时，使用加密传输 |
| 维护一个漏洞管理项目 | 1 | 防范恶意软件，保护所有系统，并且定期更新反病毒软件或项目 |
| | 2 | 开发并维护安全系统和应用 |
| 实现强访问控制措施 | 1 | 根据业务需求对访问持卡人数据进行限制 |
| | 2 | 识别并认证对系统组件的访问行为 |
| | 3 | 限制对持卡人数据的物理访问 |
| 对网络进行经常性的监控和测试 | 1 | 跟踪并监控对网络资源和持卡人数据的所有访问 |
| | 2 | 定期测试安全系统和过程 |
| 维护一个信息安全策略 | 1 | 维护一个策略，来为所有人员处理信息安全的相关事务 |

如果将零售行业作为一个范例进行审视，来讨论物联网可能会对 PCI 造成的影响，

将不得不考虑物联网可能会为零售行业带来的变化类型。之后，可以确定 PCI DSS 标准是否应用于零售环境中新的物联网系统实现方案，或者是否由其他规范应用于零售商店中的物联网实现方案。

在零售行业中，将会有多种类型的物联网设备实现和系统部署方案。其中一些方案包括：

- 用于库存管理的 RFID 标签大规模实现方案。
- 支持自动化产品配送的客户订购技术。
- 自动结账。
- 智能试衣间。
- 亲和型广告。
- 智能自动售货机。

通过审视这样的用例，可以看到其中很多（比如自动结账和智能自动售货机）都包含了金融支付的某些方面的内容。在这些情况下，提供支持的物联网系统必须遵循现有的 PCI DSS 标准的要求。

从合规性的角度来说，客户订购技术是物联网另一个有趣的方面。像亚马逊网站的 Dash 按钮（http://www.networkworld.com/article/2991411/internet-of-things/hacking-amazons-dash-button.html）之类的技术，使得消费者能够对产品进行简单快捷的订购。尽管设备不会处理信用卡信息，但它们会与亚马逊网站系统互相连接来提交产品订单。需要对位于金融交易外围的设备进行评估，从而确定某些金融行业标准的适用性。

### 6. NIST 机构的风险管理框架

NIST 特别出版物 800-53 规范是安全风险管理控制与控制分类的重要基础。最好将其视为安全控制元标准，因为该规范被设计的目的就是，为每个基于一组完整的系统定义和风险建模实践的组织量身定制。由于是通过静态定义的，因此控制措施本身是综合的且经过深思熟虑的。风险管理框架（Risk Management Framework，RMF）连续迭代的步骤如图 8-5 所示。

| RMF流程 |
| --- |
| 1.分类<br>2.选择<br>3.实现<br>4.评估<br>5.授权<br>6.监控 |

图 8-5　NIST 机构的风险管理框架

RMF 流程使用 800-53 规范提出的安全控制手段，但是该流程会回退一个步骤，并需要一系列的持续风险管理活动，所有的系统实现都应该在这些活动完成之后进行。这些步骤包括以下内容：

- 基于系统对于任务操作的重要性和所处理数据的敏感性，对系统进行分类。
- 选择合适的安全控制手段。
- 实现所选的安全控制手段。
- 评估安全控制手段的实现状况。
- 授权使用系统。
- 持续监控系统的安全态势。

这个流程很灵活且处于高层级的位置上，可以应用于任何物联网系统实现方案，并且能够适应相应的环境。

## 8.3 本章小结

物联网仍处于初创期，并且由于合规性是一个不确定的主题，因此在创建一个合规性项目中最为重要的目标是，确保其总体上是高效且高性价比的。在本章中介绍了对于某些行业来说专有的多种合规项目。另外，提供了关于创建项目的一些重要的最佳实践做法。由于仍存在与物联网标准和框架相关的众多缺口，因此目前有一些针对标准体的重要研发设计工作，正在开始填补这些缺口。

在下一章中，将探讨物联网相关的云安全概念。

# 第9章

# 物联网云安全

本章将介绍支持物联网的云服务和安全体系架构。使用云服务和安全最佳实践，一个机构可运营并管理横跨可信边界的跨组织、多领域物联网部署。我们将详细考察 AWS 云服务与安全保护、Cisco 雾计算提供的组件，以及 Microsoft 的 Azure 服务。

与云服务和云安全联系紧密的是物联网的大数据方面，它们需要确保安全。本章将深入探讨物联网的数据存储、数据分析以及报告系统，同时也将介绍如何保护这些服务的一些最佳实践。在云平台中保护物联网的各个方面，还需要明确哪些安全要素是客户的责任，哪些安全要素是云供应商的责任。

本章通过如下几节介绍物联网云服务和云安全：

- **云服务与物联网：**在这一节中，将清晰地定义与物联网相关并服务于物联网的云。此外，将明确物联网对云提出的独特需求。在提出基于云的安全控制和其他防护之前，还将明确并回顾与物联网相关的内网和外网安全威胁。
- **云服务供应商（CSP）物联网产品速览：**这一节中将考察一些 CSP 以及它们的软件/安全即服务，还将介绍 Cisco 的雾计算、亚马逊的 AWS 以及 Microsoft 的 Azure。
- **云物联网安全控制：**这一节将仔细审查所需的云安全功能，以构建一个有效的、整体的物联网企业安全体系架构。
- **定制企业物联网云安全体系架构：**这一节利用可用的安全产品组合构建一个有效的整体物联网云安全体系架构。
- **云使能物联网计算的新发展方向：**在讨论完云安全之后，也会简单探讨云计算下一步要实现的新计算范例。

# 9.1 云服务与物联网

就 B2B、客户和工业物联网部署而言，基于云的物联网所支持的服务将设备、设备数据、个体以及组织连接在一起。基于便捷、成本、规模等方面的考虑，网关、应用程序、协议代理、各种各样的数据分析和商业智能组件都将驻留在云端。从能支持数量上亿的物联网设备方面来说，基于云的服务为新公司或现有公司开展服务提供了更有竞争力的环境。相应地，CSP 开始提供越来越多的功能来支持通过安全的方式连接到物联网产品。对开发者非常友好的物联网基于云的入门套件可帮助企业只需较小的努力就能完成物联网产品和服务部署。有些组织已开始推进云连接解决方案的标准化，这些组织应该严格评估以确保安全控件内嵌到每类产品中。

举例来说，ARM 和 Freescale、IBM 一起创建了一个云使能的物联网初学者工具包。这个工具包中包括一个 MCU，它可自动将数据传到互联网的一个网站上。尽管这个工具包的目标是训练开发者如何在物联网解决方案中使用云，但是要认识到，在产品中采用这种解决方案和原有方案是非常不同的，需要一个安全的工程过程，这对于开发者而言特别重要。

本节对某些开始支持物联网系统的云服务进行探讨。对于马上要在不同系统部署成百万上千万物联网产品的机构来说，云是跟踪这些设备位置和状态的最佳途径。同时，还不断涌现出一些其他类型的云服务，比如设备设置、固件升级、配置控制等。一旦有能力直接影响物联网设备的功能和安全状态，这些服务的安全就变得至关重要。攻击者会盯上这些服务，因为一旦攻破这些服务，攻击者立刻就能更改很多设备的状态。

## 9.1.1 资产清单管理

安全物联网很重要的一个方面就是能够跟踪资产清单，其中包括设备的属性。云是一个大的解决方案，能够让企业完成资产清单管理，对在机构内已注册、授权可操作的所有设备提供一个视图。

## 9.1.2 服务开通、计费及权限管理

很多物联网设备供应商以服务的方式向客户提供设备，这是一种很有趣的用例。这

需要能够跟踪权限、授权（或取消授权）设备操作，并根据使用数量对应生成账单。这种情况很多，购买摄像头或其他基于传感器的监视器（比如 DropCam 云记录）服务、购买可穿戴生理监视器服务（比如 FitBit 的设备服务）等都是其中的一些例子。

### 9.1.3 实时监控

对于某些用于支持关键性业务的云应用而言，比如突发事件管理、工业控制以及工业制造，需要提供实时的监控功能。在可能的情况下，很多机构开始将工业控制系统、工业监控以及其他一些功能转到云端，从而减少运营成本，提高数据的可用性，拓展新的 B2B 和 B2C 业务。随着物联网端点的爆炸性增长，诸如可编程逻辑控制器（Programmable Logic Controller，PLC）和远程终端单元（Remote Terminal Unit，RTU）之类的设备开始直接连接到云平台，可以更高效也更有效地监控系统。

### 9.1.4 传感器协同

机器与机器间的事务提供了更强的能力，可协调甚至自治管理服务协商。随着时间的流逝，工作流会变得越来越自动化，逐渐将人们从重复性事务中解放出来。在推进这些自动化工作流方面，云将会充当重要角色。举例来说，会出现这样的云服务：物联网设备可以查询或收集最新的信息、限制条件或者指令。推动很多物联网实施的发布 / 订购协议（比如 MQTT）以及 RESTful 通信架构都是推进这些新应用的典范。

### 9.1.5 客户智能和市场营销

物联网的一个很强大的功能是能够调整以适应市场客户的需求。Salesforce 创建了一个主要用于信号灯及其他智能设备的物联网云。它包含一个新的实时事件引擎 Thunder。这个系统为用户提供自动触发发送消息或者向销售人员发送提示。其中一个很好的示例是智能本地广告。一些智能本地广告可以在客户走过商店或购物中心时，通过一些机制将他们识别出来。一旦识别出来，就可回顾这些顾客的购买历史、喜好或者其他特征，并发送经过定制的消息。从个人隐私方面而言，仔细考虑恶意机构如何使用对客户的追踪机制或者说收集的档案是非常重要的。

其他类型的物联网客户智能包括能量效率提升，这有益于环境保护。例如，家用电器可与作为智能电网解决方案一部分的后端云系统共享使用数据；可基于需要和价格调整设备的使用。通过收集包括使用时间、频次、能耗以及当前电价在内的物联网设备数据，设备和用户可相应地通过改变使用模式来节省能耗费用，同时减少对环境的影响。

### 9.1.6 信息共享

物联网的一个主要好处是允许跨多个利益相关者进行信息共享。例如，一个植入性医疗设备可向医疗机构提供信息，医疗机构随后可将这些信息提供给保险提供商。这些信息也可以和病人的其他信息保存在一起。

要开展有效的物联网分析，云平台的信息共享和互操作性服务是必需的前提条件。考虑到物联网硬件平台、服务以及数据结构的多样性，像 wot.io 之类的供应商致力于为大量数据供应源和接收者提供中间层数据交换服务。已发布或签署的很多物联网应用和支持协议都能很自然地适应中间件框架，这些中间件框架能在不同的数据语言间完成翻译功能。对于促进数据 B2B、B2I 以及 B2C 产品来说，这些数据交换服务非常关键。

### 9.1.7 消息传递 / 广播

云平台集中、适应性强、灵活的优势使其成为实现大规模物联网消息事务处理业务的理想环境。很多云平台服务都支持 HTTP、MQTT 以及其他一些协议，这些协议可传递、广播、发布数据、订阅数据或者以其他必要的方式移动数据（在中心或在网络边界）。物联网数据处理的障碍之一是对规模的管理。简单来说，物联网需要云平台的体系架构可以弹性缩放其数据服务（消息传递 / 广播服务）的能力，从而满足空前并不断增长的需求。

### 9.1.8 从云平台角度审视物联网威胁

针对基于云基础设施的很多威胁与针对非云 IT 系统的完全相同或类似。表 9-1 所示的威胁清单中有许多需要重点考虑。

表 9-1　从云平台角度审视物联网威胁

| 威胁区域 | 目标 / 攻击 |
| --- | --- |
| 云系统管理员和用户 | 获取并使用管理员密码、令牌或 SSH 密钥登录并破坏一个机构的虚拟私有云（可以想象一下破解一个公司的 AWS 管理员账号）<br>用户 / 管理员主机上的 Web 浏览器跨站脚本攻击<br>来自 Web 浏览或 E-mail 附件的恶意有效载荷（例如，基于 JavaScript 的），在这种情况下那些具有系统管理员权限的计算机极易被用于攻破一个机构基于云的系统） |
| 虚拟端点（VM 及其他容器） | VM 及其他容器漏洞<br>Web 应用程序漏洞<br>不安全的物联网网关<br>不安全的物联网代理<br>错误配置的 Web 服务器<br>存在漏洞的数据库（例如 SQL 注入）或者访问控制配置错误的数据库 |
| 网络 | 虚拟网络连接组件<br>针对某端点的泛洪拒绝服务攻击 |
| 连接到云平台上的物联网设备的物理和逻辑威胁 | 不安全的边界网关（未在云平台中）<br>篡改、嗅探流量或访问数据<br>篡改设备、边界网关以及云平台网关间的物联网通信协议流量或向其中注入恶意有效载荷<br>物联网设备端点欺骗（通信重定向或缺少适当的认证 / 授权）<br>缺少加密 / 保密<br>不完善的密码套件<br>缺少完美前向保密<br>设备上不安全的数据库（明文或不完善的访问控制）存储<br>物联网设备盗窃 |

表 9-1 中列出的只是在要迁移到云平台或使用云平台物联网基础设施时要解决的一小部分安全问题。幸运的是，对于上面绝大部分威胁，最起码那些位于 CSP 可信边界之内的威胁，主流的云平台提供商或者其合作伙伴已有解决方案。但是，基于云的安全控制不能代替设备供应商加固物联网设备的责任，他们应该确保虚拟化应用程序和虚拟机内部构件已完成加固。这些都是部署机构必须面对的一些挑战。

就基于云的安全风险相对大小而言，在绝大多数情况下，云平台自动化的 IaaS(infrastructure-as-a-service）能力可降低一个机构运营物联网设备和系统的安全风险。无一例外，服务器托管的云基础设施所提供的安全产品和服务都只需要较少的计算机安全专业人员，并且减少了高昂的维护、预置安全花费。云平台提供的 IaaS 服务可以持续应用默认安全配置的 VM、网络，使得客户机构受益于安全实践，从而大规模节省成本。在深入探讨物联网云平台安全之前，将先来看一下当前云平台可提供的一些物联网商业产品及其带来的好处。

## 9.2　云服务供应商物联网产品速览

基于云平台的安全产品，也称为安全即服务（security-as-a-service，SECassS），代表了一类快速增长的云使能业务，这些产品对于物联网的支持比较成熟。SECaaS 产品不仅可扩展，而且能帮助机构适应不断变坏、安全工程资源有限的状况。现在很多企业缺少实施安全集成、跟踪最新威胁、构建安全运营中心以及从事安全监控的人员和知识。CSP 提供了一些解决方案。

### 9.2.1　AWS IoT

亚马逊一直在努力成为基于云平台的物联网服务领先者，在很多情况下它是物联网云服务供应商的云平台供应商。用亚马逊自己的话来说：

> AWS IoT 是一个可管理的云平台，让所连接的设备更容易也更安全地与云应用程序以及其他设备交互。AWS IoT 可支持数以亿计的设备和数以万亿计的消息，能可靠而安全地完成消息处理并将它们发送给 AWS 端点或其他设备。
>
> 来源：http://aws.amazon.com/iot

AWS IoT 采用亚马逊的框架，允许物联网设备使用多种协议（HTTP、MQTT 等）和云端通信。一旦接入云端，物联网设备可通过应用代理提供服务互相交互。AWS IoT 集成了多种其他服务。比如可使用它的实时数据流和分析引擎——Kinesis。Kinesis Firehose 作为接收平台运行，接收数据流并将它们加载到亚马逊的其他一些领域：简单存储服务（Simple Storage Service，S3）、Redshift（数据仓库）、Amazon Elastic Search（ES）。数据一旦进入相关的数据平台，就可使用 Kinesis Streams 以及现有的 Kinesis Analytics 开展多种分析。对于访问较少的数据，Amazon Glacier（https://aws.amazon.com/glacier/）提供了可扩展的、长久的数据归档和备份服务。

就物联网应用程序、物联网开发的支持情况而言，AWS IoT 可以很好地与 Amazon

Lambda、Kinesis、S3、CloudWatch、DynamoDB 以及亚马逊提供的其他多种云服务有效地集成在一起，如图 9-1 所示。

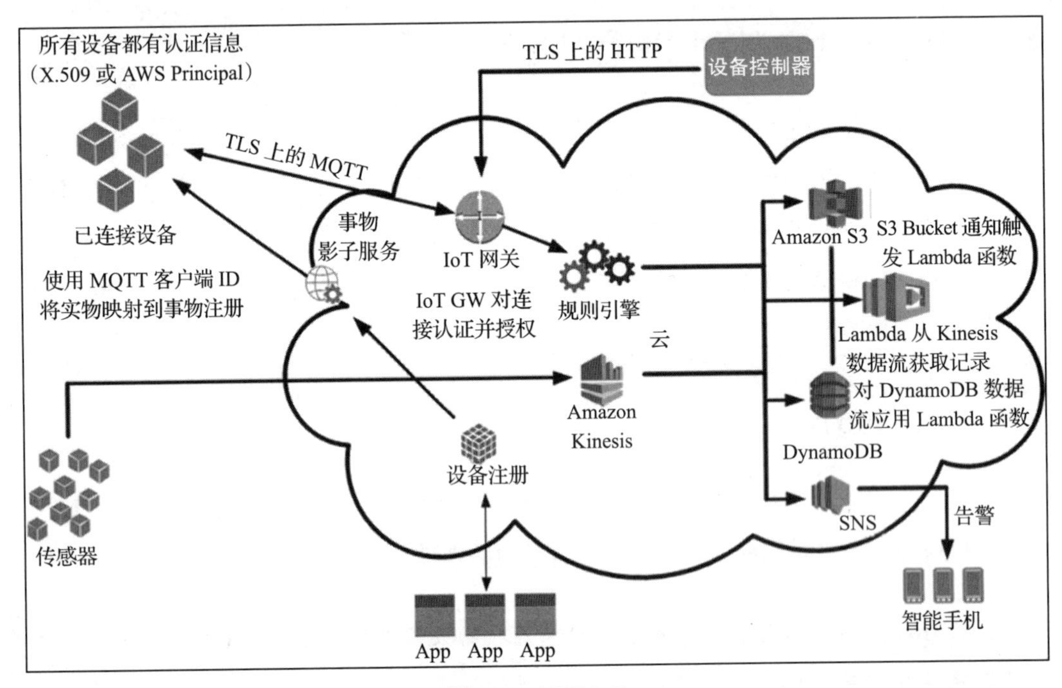


图 9-1　AWS IoT

包括医疗卫生行业在内，已经有很多行业开始使用 AWS IoT 平台。举例来说，Philips 已开始使用 AWS IoT 服务来作为其 Health Suite Digital 平台的引擎。利用物联网医疗设备、传统的数据源、分析和报告，这个平台允许医疗服务供应商和病人以变革性的新方式进行交互。很多其他的物联网相关的公司也开始在其物联网项目中使用该平台或与 AWS 开展合作。

诸如 AWS IoT 之类的 CSP IoT 服务支持对物联网设备进行预配置，并在物理设备上线前就能将配置上传上去。一旦开始运营，AWS IoT 就提供一个虚拟的事物影子（Thing Shadow），如图 9-2 所示，即

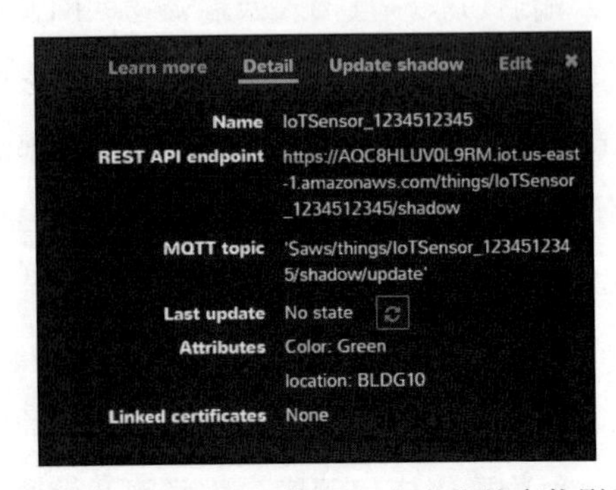


图 9-2　AWS IoT 提供了一个虚拟的事物影子

使在离线的情况下，它也能够维护物联网设备的状态。配置状态保存在云端存储的JSON文档中，举例来说，如果一个启用MQTT的电灯泡离线了，可向虚拟物仓库发送一个MQTT命令来改变它的颜色。当电灯泡恢复在线状态时，就将颜色变为正常色。

AWS事物影子是控制应用程序和物联网设备的中间媒介。事物影子使用预先定义的主题通过MQTT协议来和服务以及设备进行交互。用于事物影子服务的MQTT消息以$aws/things/thingName/shadow开头。下面是用于和影子交互而保留的一些MQTT主题（https://docs.aws.amazon.com/iot/latest/developerguide/thing-shadow-mqtt.html）：

- /update
- /update/accepted
- /update/documents
- /update/rejected
- /update/delta
- /get
- /get/accepted
- /get/rejected
- /delete
- /delete/accepted
- /delete/rejected

设备可更新或者获取事物影子。针对每种更新及每种更新的响应，AWS IoT发布了一个JSON文档，说明请求的状态是/accepted或者/rejected。

从安全方面来说，只有授权的端点和应用程序才能向这些主题发布信息，这非常重要。同样，管理控制台能有效地封锁从而避免未授权对象的直接访问及配置物联网资产，这也是非常必要的。

为了举例说明AWS IoT数据处理工作流，来看另外一个在线农场用例，该在线农场使用了AWS云平台的数据处理能力。这里要特别感谢Steve Csicsatka协助完成了图9-3所示的图解。

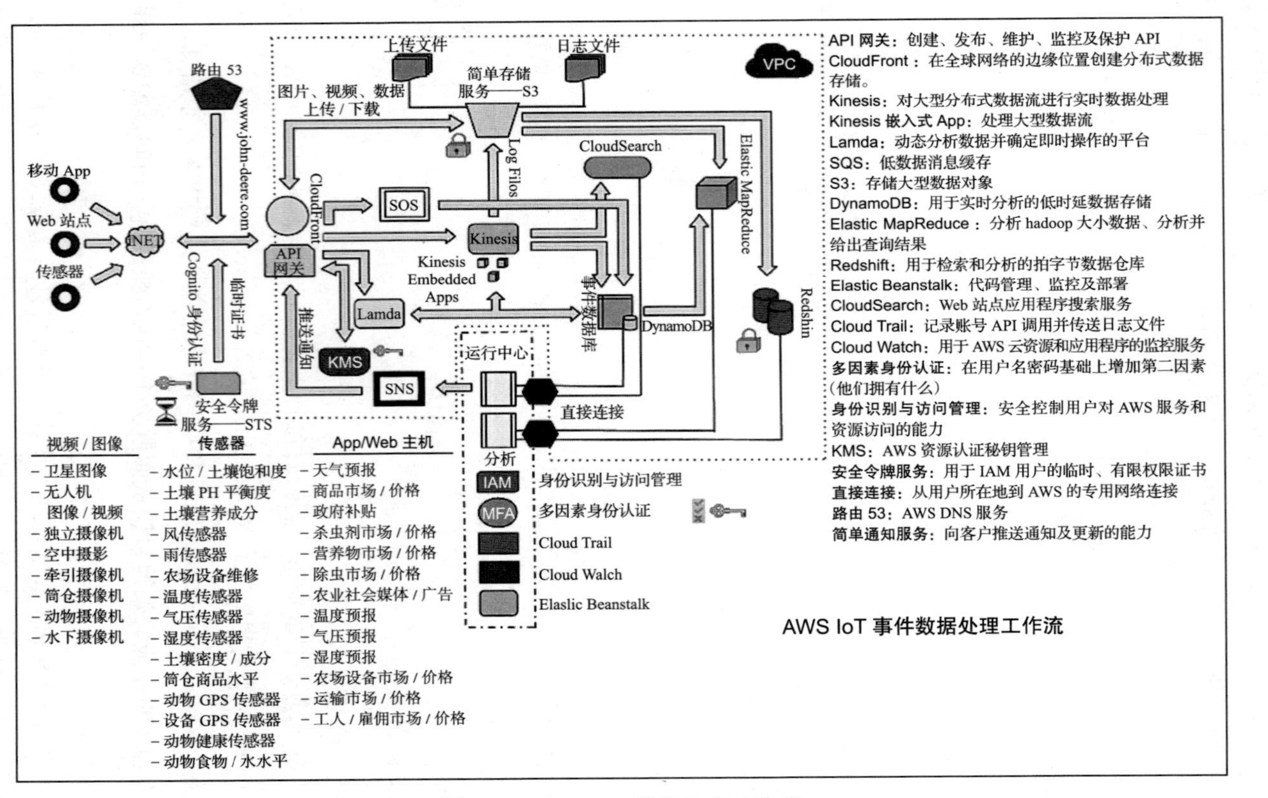


图 9-3　AWS IoT 数据处理工作流

在这个用例中，有很多端点向 AWS 云平台传送数据。这些数据通过多种可能的途径进入 AWS：

- Kinesis
- Kinesis Firehose
- MQTT 代理

一旦进入 AWS，AWS IoT 规则引擎就作为决策点发挥功能，确定数据要送往哪里，确定是否需要对数据采取额外措施。在很多情况下，数据将被送往数据库——比如 S3，或者 DynamoDB。同样，也可用 Redshift 来将记录保存一段时间，甚至是长期存储。

在 AWS IoT 工具包中，可充分利用通过 CloudWatch 集成的日志管理功能，如图 9-4 所示。CloudWatch 可在 AWS IoT 中直接配置，从而能记录设备流向 AWS 基础设施的消息上的过程事件。消息记录级别可设置为错误、告警、信息或者调试。尽管调试级别提供了最全面的消息，但这种级别需要更多的存储空间。

图 9-4 CloudWatch 集成的日志管理功能

在基于 AWS 的物联网部署中，还会用到 Amazon CloudTrail。为了保证安全的分析、解析以及合规审查，CloudTrail 支持账号级别的 AWS API 调用。有很多第三方日志管理系统，比如 Splunk、AlertLogic 以及 SumoLogic，都可与 CloudTrail 直接集成。

### 9.2.2 Microsoft Azure IoT 工具包

Microsoft 依靠它的 Azure IoT Hub 也在物联网云空间领域取得重大突破。

Azure 宣称其物联网实现具有一些强大的物联网设备管理功能，包括设备软件 / 固件的更新及配置。除了物联网设备管理，Azure 还提供了允许物联网部署者在运营域中将设备分组的功能。换句话说，Azure 除了能对每台设备进行配置管理之外，还实现了物联网设备级别的拓扑管理，这是实现分组管理、许可以及访问控制的前提。

Azure 的分组管理服务通过设备组 API 提供，而软件版本控制、服务开通之类的设备管理功能通过设备注册管理 API 提供（https://azure.microsoft.com/en-us/documentation/articles/iot-hub-devguide/）。集中认证通过现有的 Azure 活动目录（Active Directory）认证框架提供。

Azure IoT Hub 支持物联网相关的协议，比如 MQTT、HTTP 以及 AMQP，从而实现设备到云以及云到设备的通信。考虑到难免会存在多种通信标准，Azure 通过通用 IoT Hub 消息格式为开发者提供了跨协议的融合能力。消息格式包括一系列的系统和应用程序属性字段。如果需要，设备到云的通信可使用 Azure 现有的事件中心（event hub）API，但是如果需要针对每台设备的认证和访问控制，就可用 IoT Hub 机制。

在 Azure 中，每个设备的认证和访问控制是通过使用 IoT Hub 安全令牌实现的，这些令牌与各设备的访问策略和证书相对应。基于令牌方式，可以不通过网络发送敏感的安全参数就能实现认证。令牌基于 Azure 生成的唯一密钥是用制造商或者实施者设备 ID 生成的。

要举例说明 Azure IoT 数据处理工作流，让我们回到已连接的农业物联网系统，并看看 Azure 的后台配置，如图 9-5 所示。对于 AWS 而言，所连接的设备存在多个入口点连接到云平台。对于 Azure，可通过 API 网关或者通过支持 REST 以及 MQTT 的物联网服务将数据传送到 Azure。数据可发送给 Blob Storage 或者 DocumentDB。还要注意到，对于物联网设备库的固件更新分发来说，Azure 的内容分发网络（Content Delivery Network，CDN）是一个很好的工具。

### 9.2.3 Cisco 雾计算

Cisco 的云物联网策略解决了这样一个现实，即庞大数量的物联网设备运行在网络边缘，集中的云处理处于一个区域。从而，与集中的“云”（sky）相对，术语“雾”（fog）表示靠近地表（edge）的可见水汽，它是 Cisco 对众所周知的边缘计算概念的品牌重塑。随着物联网规模的增大，需要将机构网络边缘功能更强、更安全的资源集成到网络和应用程序堆栈中。将数据和处理工作尽可能的边缘 - 集中（edge-central）化的好处包括：

- **减少时延**：由于涉及大量的传感器数据、需要本地化决策和响应，因此物联网的很多数据密集型边缘应用程序要求实时性很高。
- **数据和网络效率**：由物联网构成的数据量是非常庞大的，在有些情况下，只是将数据传输给应用程序进行安全处置就会导致网络堵塞。

- 可根据本地的边缘条件，在本地管理控制策略。
- 可根据本地需要提高物联网网络边缘的可靠性、可用性和安全性。

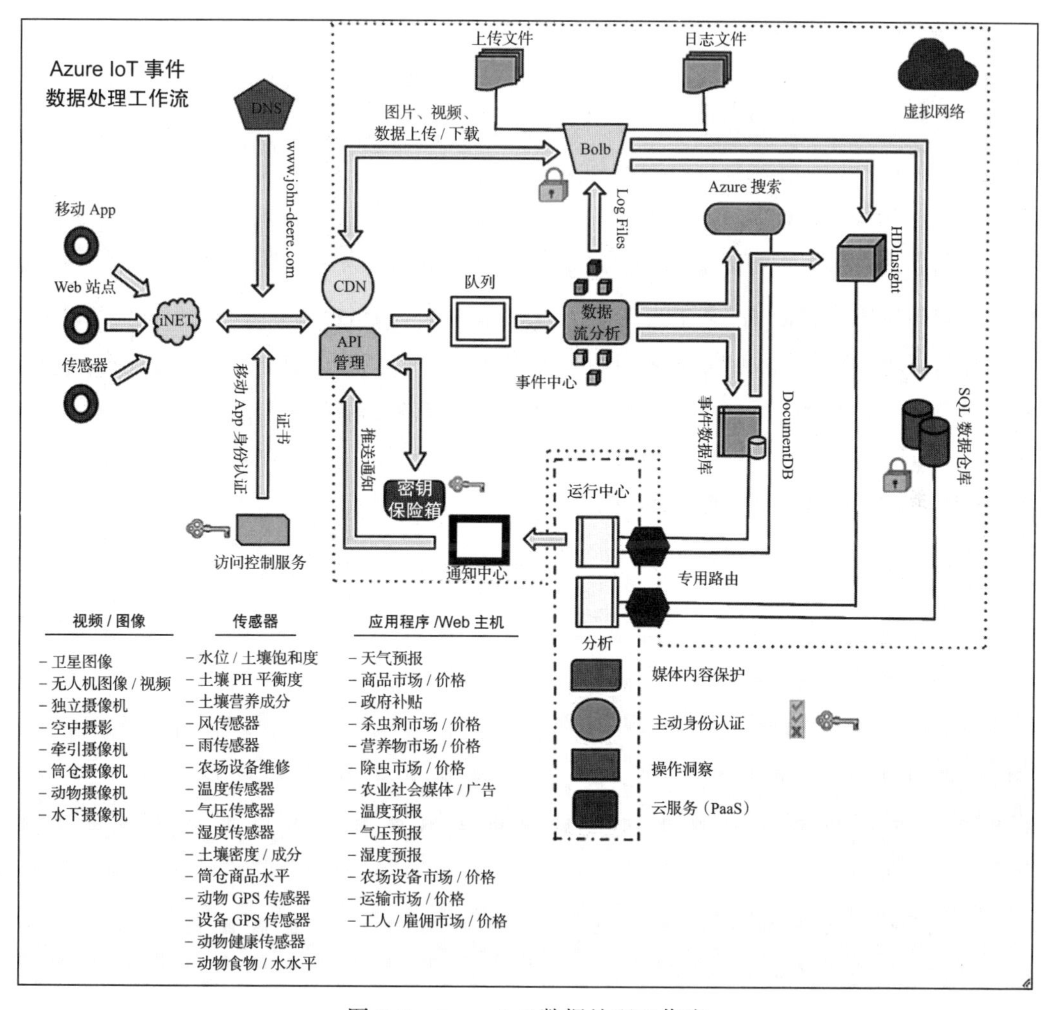


图 9-5 Azure IoT 数据处理工作流

对于工业物联网而言，上述优点是集中式云处理无法提供的最实际的功能。与工业物联网相关的时间敏感型传感器数据流、控制器和制动器、监控和报告应用程序及大量数据集，使得雾计算成为一个非常具有吸引力的模型。

Cisco 的雾计算尽管还处于其生命周期的初始阶段，但已经在 IOx 中实现，IOx 是一个中间件框架，处于硬件和在边缘设备上直接运行的应用程序之间。

基本的 IOx 体系架构包括如下部分：

- **雾节点**：指构成边缘网络并向雾框架提供主机资源的设备（例如，路由器和交换机）。
- **主机 OS**：在雾节点上运行的主机 OS，它支持如下功能。
  - 用于本地应用程序管理和控制的 Cisco 应用程序框架（CAF）。
  - 应用程序（可能有很多类型）。
  - 网络和中间件服务。
- **雾管理平台**：雾管理平台连接到 CAF 的北向 API，为所有雾节点上运行的 App 提供集中的应用程序管理和资源库。可通过雾门户网站访问雾管理平台的管理功能。

雾计算的开发由 Cisco DevNet 软件开发工具包支持。物联网机构还可用现有的 Cisco 网络安全解决方案，比如 Cisco NetFlow、TrustSec 以及身份服务引擎（ISE）。

### 9.2.4 IBM Watson 物联网平台

IBM Watson（沃森）几乎不需要介绍。早在 2010 年，Watson 认知计算平台就开始在有名的游戏节目《 Jeopardy 》中击败了最强冠军，全世界对它的能力就非常熟悉了。Watson 从海量数据集合学习和解决问题的认知计算能力，正应用于诸如医疗保健之类的多个行业。目前，IBM 将 Watson 应用到物联网，进一步扩大了 Watson 的处理领域。IBM 基础物联网 API 可通过 IBM Watson 物联网平台开发中心（https://developer.ibm.com/iotfoundation/ 与 https://developer.ibm.com/iotfoundation/recipes/api-documentation/）获取，它包含如下物联网接口功能：

- 机构物联网设备的详细目录及概览。
- 注册、更新以及查看设备。
- 操作获取的历史数据集。

平台对 MQTT 和 REST 通信协议（https://docs.internetofthings.ibmcloud.com/devices/mqtt.html）的支持有效促进了物联网设备事务及通信，这些协议允许物联网开发者构建更有力的数据采集、认知分析以及数据输出能力。

Watson 物联网平台的 MQTT API 允许未加密的连接使用 1883 端口，加密的通信使用 8883 或 443 端口。其中需要注意的是平台使用的是 TLS 1.2。IBM 建议的加密套件如下：

- ECDHE-RSA-AES256-GCM-SHA384
- AES256-GCM-SHA384
- ECDHE-RSA-AES128-GCM-SHA256
- AES128-GCM-SHA256

由于 MQTT 密码在 TLS 隧道的保护下传回客户端，所以设备注册需要使用 TLS 连接。

在设备使用 MQTT 协议连接到云端时，可用令牌来代替 MQTT 密码。在这种情况下，需要提供的是 use-token-auth 的值而不是密码。

同样，REST 接口也用 TLS 1.2 来增强安全性。允许使用的端口是 443，应用程序的 API 密钥作为用户名，而认证令牌用作密码，从而支持 HTTP 基本身份验证。

## 9.3 云物联网安全控制

考虑到支持物联网部署的云服务的多样性，每个云及相关的端点在保护大量事务方面充当了很关键的角色。该部分提供了一个各机构需要考虑的物联网安全控制和服务建议简要列表。所有的 CSP 都支持对云平台的身份验证、加密等基本控制，但在其他方面就要仔细审视、考虑 CSP 提供的功能。

大多数 CSP 以不同的方式捆绑服务。根据它们所提供的独特产品包，机构可直接或间接获得并使用这些服务。这些服务可以不同的方式组合从而在整个虚拟基础设施中构建有力、可传递的信任关系。

### 9.3.1 身份验证（及授权）

考虑到身份验证的安全控制，机构需要处理下面所有或大部分事项：

- 对于访问管理功能和 API 的每个用户验证管理员身份的真实性（考虑到虚拟基础设施上管理控制的高度敏感性，这里最好采用多因素身份验证）。
- 向云应用程序验证终端用户的身份。
- 在云应用程序（包括物联网网关和代理）验证身份。

- 直接向网关和代理验证物联网设备（具备必备的安全和功能性资源）的身份。
- 基于代理从一个应用程序供应商向另外一个验证终端用户身份。

CSP 支持多种身份验证机制。下面介绍一下 Amazon AWS 和 Microsoft Azure 的身份验证及授权机制。

### 1. Amazon AWS IAM

由亚马逊云支持的 AWS IAM 身份验证服务是一个多特征身份验证平台，支持联合身份、多因素身份验证、用户 / 角色 / 权限管理，并且和其他亚马逊服务完全集成在一起。

为适应机构新的或现有的身份验证框架，AWS IAM 的多因素（比如基于令牌）身份验证（MFA）服务支持多种 MFA 形式的因素。亚马逊支持硬件令牌、密钥卡、门禁卡以及虚拟化 MFA 设备（比如那些运行在移动设备上的）。MFA 既可用于虚拟私有云管理，也可用于终端用户。

OAuth 2.0（RFC6749）是一个用于授权的开放标准，允许安全地、经过授权地访问第三方的 Web 服务，用该标准可实现多个 Web 应用程序（特别是浏览器）间的可传递信任授权流传递。但是，OAuth 2.0 只提供了授权访问功能。通过使用构建于 OAuth 2.0 之上的 OpenID Connect（OIDC）服务，就可获得认证功能。OIDC 利用通过 OAuth 2.0 交易获取的身份验证令牌来支持对用户的授权。

### 2. Azure 身份验证

如前所述，Microsoft Azure 通过 Azure 活动目录（Active Directory，AD）身份验证框架也提供了集中的联盟式身份验证。

Microsoft Azure 在 Azure AD 产品中也提供了 OAuth 2.0 和 OpenID Connect Iuas。Amazon AWS 在身份和访问管理产品部分提供这种能力。如果所选择的云供应商不支持 OpenID Connect，但是支持 OAuth 2.0，那么就可将供应商 1 的 OAuth 2.0 服务和供应商 2 的 OpenID Connect 服务集成起来，尽管这可能不会像使用单一供应商服务那样无缝衔接。

## 9.3.2 软件 / 固件更新

通过快速、便捷以及高度自动化的补丁加载框架可消除大量软件和固件执行栈漏洞。

强烈建议部署自动安全的终端设备固件 / 软件更新工具。新编写的可执行文件或者可执行代码块（补丁）应在 DevOps 环境中用加强的软件签名服务进行数字签名。对于终端设备来说，要确保推送到终端物联网设备的软件和固件更新能够由终端设备验证其有效性。

有一些 CSP 支持诸如 Azure CDN 之类的软件 / 固件服务。

### 9.3.3 端到端安全建议

在物联网云部署中需考虑如下端到端安全建议：

- 确保不会在网关处丢失安全性。理想情况下，网关只是简单的传递转发，从 CSP 到物联网设备应一直保持端到端身份验证和完整性保护。但在某些情况下也不总是如此，在某些时候需采取替代性防护措施，所部署的传感器节点依靠网关来确认固件升级和命令的真实性和完整性。
- 对于用于物联网设备的 Web 服务和数据库应用最严格的安全软件开发实践。
- 充分保护支持分析和报告工作流的云应用程序。
- 对于用于分析和报告应用程序的数据库，应用安全配置。
- 对于物联网设备数据应用完整性保护。这需要对从物联网设备到网关以及网关到云的数据传输采取完整性保护。
- 租用设备在客户环境中运行，服务供应商不会想用恶意软件感染客户网络，反之亦然，因此只要条件允许，就应该对客户网络上的这些设备进行隔离。在这种情况下，有可能存在欺骗和盗窃服务，所以以一种防止篡改的方式来设计设备就变得尤为重要。这可用篡改证据或篡改响应保护来实现，这在诸如 NIST FIPS 140-2 之类的资源中有所描述。
- 用健壮的、经过适当配置的负载均衡应用网关来防御拒绝服务攻击（目前有很多很好的产业解决方案）。
- 确保设备自身对传送到物联网设备（或网关）的数据进行了验证。
- 如有需要，对数据进行加密。
- 设备自身间（M2M）的事务和消息必须经过认证（和完整性保护）。
- 在所有情况下，服务供应商都应该能够跟踪控制由个体或与个体关联的设备所生成的相关隐私信息。比如对于医疗设备而言，不仅包括对在医疗办公室里面所生成数据的使用，还包括对连接设备上传到云端的所有数据的使用，都要告知病人并且经过其授权。此外，还应告知所有要与之共享数据的机构。

- 考虑到数据可能会传递给很多其他机构，通过销毁来实现对数据的控制是不现实的；不管怎样，服务供应商应该采取措施来与对端机构达成隐私控制协议。此外，还需要评估其他机构所实施安全控制措施的有效性。
- 实现灵活的访问控制（使用基于属性的访问控制实现更细粒度的访问决策）。
- 为保护隐私，给数据打上标签。
- 提供数据使用通告。

### 9.3.4　维护数据完整性

怎么样才能确保由各类相关人员基于各种目的所使用的数据的完整性呢？在一个企业的物联网系统中，采集数据的可信程度是非常关键的。这驱动了如下需求：

- 对物联网设备应用身份验证和完整性控制，确保欺诈性设备无法向云端传输数据。
- 安全配置网关设备。网关设备既可安装在现场，也可运行在云端，它们都处理大量数据，从而需要通过如下措施加强防护：
  - 在 SIEM 中存储安全日志并进行安全分析。
  - 安全配置（操作系统、数据库、应用程序）。
  - 防火墙保护。
  - 在各接口上加密通信。这需要在面向云的接口上使用加密通信。通常用 TLS 协议以及一个适当的加密套件来实现。在面向传感器的接口上，强烈建议使用加密的 RF 通信。
  - 尽可能使用 PKI 证书进行强身份认证。
- 对 Web 服务采取软件安全措施，这些 Web 服务面向网关或设备并从网关或设备收集数据。
- 对支持物联网 Web 服务的基础设施实施（例如，Web 服务器）安全配置。

### 9.3.5　物联网设备安全引导与注册

为了确保特定设备用于向服务或网关进行身份认证的信息可信，从设备信任初始化阶段就需要加以注意。根据特定设备的重要程度，引导可发生在供应商侧，或者通过一个可信代理发生在现场侧。完成引导和注册后就可以安全的方式通过网络向设备提供操作性认证。

### 9.3.6 安全监控

物联网网关 / 代理应该配置成能够发现端点的可疑行为。举例来说，MQTT 代理应从发布者和订购者获取能说明恶意行为的消息。3.1.1 版本的 MQTT 规范提供了一些要报告的行为示例：

- 重复性连接尝试。
- 重复性认证尝试。
- 连接异常终止。
- 主题扫描。
- 发送无法送达的消息。
- 连接但不发送数据的客户端。

调整 SIEM 来识别潜在的物联网系统滥用需要经过仔细考虑。需要理解某个物联网设备的行为如何与整个系统其他部分发生的事件相关联。

## 9.4 定制企业物联网云安全体系架构

对于云使能的物联网系统来说，有很多可调整的选项。CSP、物联网服务供应商以及企业应用者需要确认在所构建的支持性框架中能够提供适当的安全控制。

图 9-6 所示是一个通用虚拟私有云，来自提供基础功能和安全服务来保护端到端数据处理的云服务供应商。其中给出了常见 IT 以及物联网使能部署可用的典型的、虚拟化服务。并不是所有的物联网部署都需要使用所有可用的云功能，但大多数需要所有服务的一个最小子集，并且需要得到良好的保护。

要针对上述系统构建安全的体系架构，就必须了解，定制一个企业物联网云安全体系架构实际上就是根据自己的需要重组可从 CSP 获取的安全体系构件和服务，而不是从头开始发明或改造每件事情。尽管如此，还是强烈建议采取下面这些措施（其中有些在本书中已详细讨论，这里不再详述）：

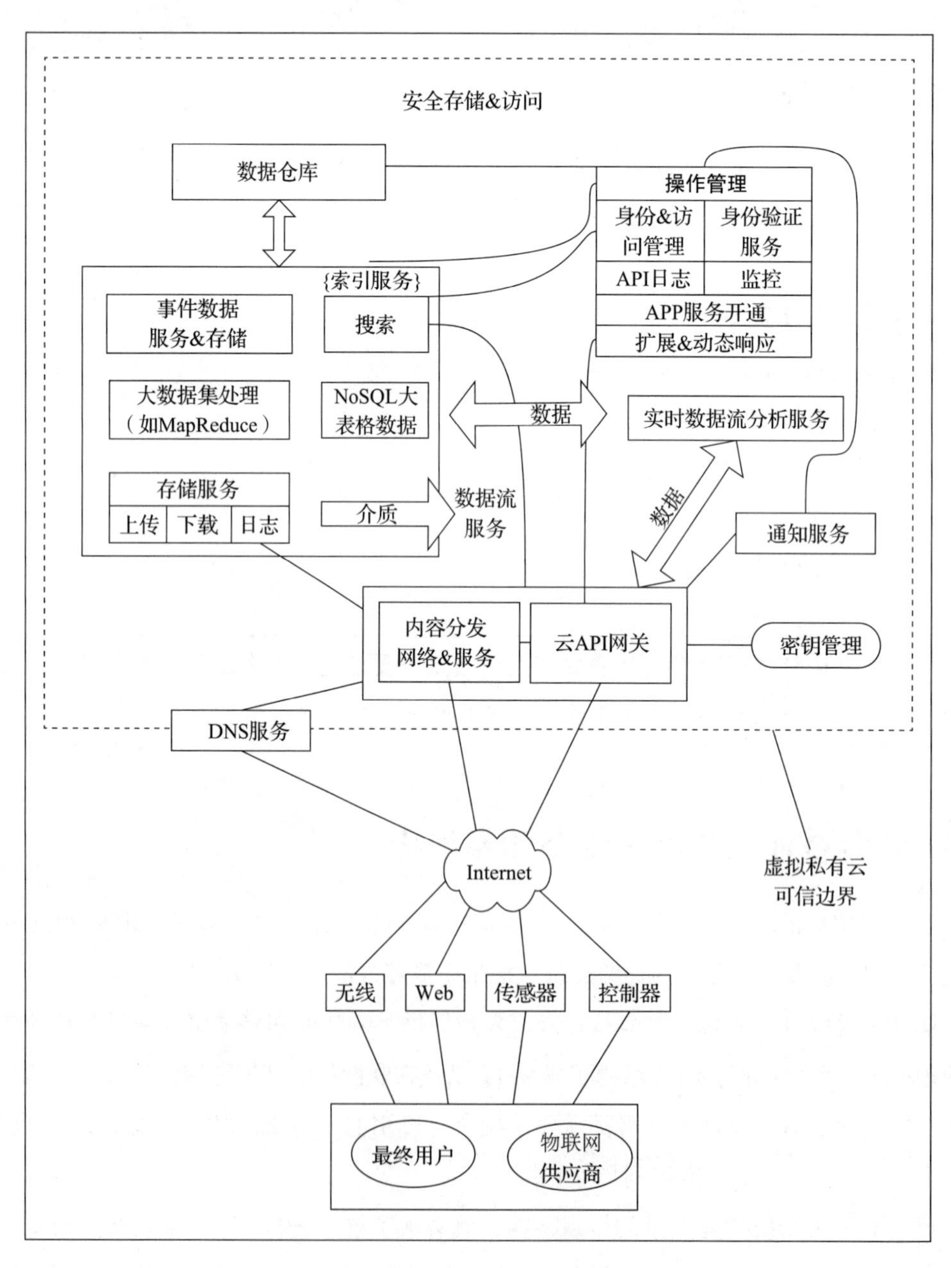


图9-6　通用虚拟私有云案例

1）通过系统特征和安全起始状态建立一个详细的威胁模型：

a）识别所有的现有物联网设备类型、协议和平台。

b）识别网络边缘物联网设备生成的所有数据并基于敏感和私密程度进行分类。

c）确定近端和远端的数据生成者和敏感数据使用者。

d）识别所有的系统端点及其物理和逻辑安全特性，并确定谁控制和管理它们。

e）识别涉及的所有组织机构，其成员需要与物联网服务、数据集合交互，并管理、维护或配置设备。明确各成员如何登录系统、获取权限、访问系统，并确定如有需要，上述行为可追踪或审计。

f）识别数据的存储、重用，明确数据在静止或传输中所需要的保护。

g）根据风险，确定什么数据类型需要端到端保护（同时需要识别这些端点），并确定哪一个需要端到端保护从而能向最终用户或数据接收装置（data sink）保证数据的来源、完整性以及机密性（如需要）。

h）如果现场网关是必需的，就需要检查平台所用的南向和北向协议：与现场设备通信的协议，例如ZigBee；与云网关通信的协议，例如，采用TLS的HTTP协议。

i）完成数据的风险和隐私评估，确定所需的控制，目前CSP可能缺少这些控制。

2）从如下方面考虑制定一个特定于云计算的安全体系架构：

a）可从CSP直接获得的安全功能。

b）可从CSP合作方或者通过互相兼容、可互操作的第三方服务获取的附加的云安全服务。

3）开发与实施策略及过程：

a）数据安全和数据隐私处置。

b）用户和管理角色、服务以及安全需求（例如，在特定资源保护中确定哪里需要应用多因素认证）。

4）在CSP支持的框架和API中应用和实施自己的安全体系架构。

5）集成安全最佳实践（NIST风险管理框架对此有比较好的解决方案）。

## 9.5　云使能物联网计算的新发展方向

在结束本章前，有必要列举一下云的其他物联网使能特性、一些新的可能的发展方向以及云连接物联网的使用案例。

### 9.5.1 云的物联网使能者

如前所述，云的很多特征使得它具有吸引力、适应力，并实现了规划、构建和部署新物联网服务的技术栈。这里只是提供了很少一部分。

#### 1. 软件定义网络（SDN）

SDN 作为下一代网络管理能力出现，简化了重配置网络和管理基于策略的路由所需的工作。换句话说，创建 SDN 使得网络变得可编程性更强、更为灵活，是管理大流量、高灵活性物联网网络的必然需求。SDN 体系架构将网络控制功能和网络转发功能解耦合。它们包含一些 SDN 控制器，这些控制器实现了连接到网络应用程序的北向 API 或桥，以及将网络控制器连接到实施流量转发的现场网络设备的南向 API。

利用大型云服务的物联网体系架构已从 SDN 获益良多。亚马逊、Google 以及其他一些云供应商所构建的大规模虚拟化系统中，包含了管理服务器、代理、连到现场物联网设备的网关以及其他物联网架构元素。随着时间的推移，有望看到更细粒度的功能出现，从而能够创建、适应并能灵活定制自己的物联网网络。当前，安全供应商已用 SDN 来处置分布式拒绝服务攻击（DDoS），企业应该有望定制它们自己的实现来支持相关功能。

#### 2. 数据服务

对于物联网中的庞大数据数量、数据来源和数据接收装置来说，云环境为管理和结构化这些数据提供了一个强大的工具。例如，亚马逊的 DynamoDB 就为支撑多种物联网数据存储、共享和分析服务提供了一个规模极度灵活、时延特别低的 NoSQL 数据库。通过一个易于使用的 Web 前端，开发者可创建并管理表格、日志、访问以及其他数据控制特性。对于任何规模的物联网机构来说，数据服务的一个好处是计费模型是与实际使用的数据数量相对应的。

利用 AWS 身份和访问管理系统，在 DynamoDB 中能以各表格为粒度实施数据安全、身份认证以及访问控制。这就意味着，一个机构可执行多种分析，将衍生数据放在不同的表格里面，然后通过一个应用程序向大量具有不同需求的用户有选择地提供数据。

### 3. 用于安全开发环境的容器支持

物联网开发环境中必须面对的一个挑战是物联网硬件平台类型的多样性。很多平台使用不同的软件开发工具包、API 和驱动。不同硬件使用的编程语言也不相同——从 C 到嵌入式 C 再到 Python 等其他语言。可重用的开发环境需要足够灵活，才能确保能够在开发小组中共享。

支持高灵活性物联网开发环境的一种方法是使用容器（container）技术。采用这种技术，可用开发当前设备类型所需的库和软件包来构建容器。这些容器可在开发小组中作为开发基线复制共享。在开发小组需要开发新类型的物联网设备时，可增加新的软件库栈来创建新的基线。

### 4. 用于部署支持的容器

使用 Docker（http://www.docker.com/）作为开发工具非常有助于物联网设备映像的存储、部署和管理。Docker 能够让开发者和系统管理者直接将软件 / 固件映像部署到物联网硬件中。这种方式有两个额外的好处：

- 设备映像可通过 Docker 来更新，而不仅仅是部署。
- Docker 可与诸如 Ravello 之类的物联网系统的全测试系统集成在一起。Ravello 系统（https://www.ravellosystems.com）提供了一个强有力的框架，用于在运行在 AWS 或 Google 云的自包含的云胶囊（capsule）中实际部署和测试 VMWare/KVM 应用程序。

尽管 Docker 提供了强大的部署容器能力，但另外一种技术——Google 的开发源代码 Kubernete，可利用 Docker 来允许机构管理大量的容器集群。大规模、易管理的容器集群所具备的分布式计算能力是一个巨大的物联网使能者。

### 5. 微服务

微服务是一个重构概念，将大型的、整体的企业营业程序（Web UI 和 REST API，数据库，核心业务逻辑等）模块化为小型的服务，与面向服务的体系架构（SOA）非常像。为响应不断变化的需求，企业应用程序的复杂性像滚雪球一样不断增加。微服务技术提供了一种方法来简化、减少企业应用程序的复杂性。从概念上讲，微服务和 SOA 类似，微服务体系架构将大型系统需求分解为它自己的业务逻辑、数据后端以及连接到其他微服务的 API。在微服务体系架构中，每个微服务实际上实例化为所选择的容器类型（例如 Docker、VMWare）。

从长远来看，微服务体系架构不仅能够简化小型或大型云应用程序的开发和维护，而且使得它们自然而然就具备云的灵活特性。如果一个企业包含十几个微服务，当前需求其中两个（可能是账号注册或通知服务），云体系架构可只为相关的服务启动新的微服务容器。

企业可构想充分利用物联网大数据环境的新物联网企业应用程序；使用微服务，能快速搭配出新的服务，并根据数据及其处理的衰减和变化动态调整规模。此外，由于每个敏捷开发小组可各自聚焦一个或两个微服务，敏捷开发过程的维护也就变得更加容易。

#### 6. 向 5G 连接发展

随着美国、欧洲和亚洲就尚未完成定义的 5G 标准规划达成一致，5G 的很多显著特性有助于革命性的改变并加速很多使用 Internet 的事务、使用案例和应用程序。相对于 LTE 网络而言，5G 网络能够以更高的数据速率（快 10 倍以上）连接海量的设备，无处不在的 5G 网络连接将成为物联网发展的关键推动者。到目前为止，各方就 5G 规范的竞争性观点在如下方面已达成一致（http://www.techrepublic.com/article/does-the-world-really-need-5g/）：

- 数据速率从 1Gb/s 开始，演进到多 Gb/s。
- 时延应低于 1ms。
- 5G 设备应该比之前的设备更为节能。

考虑到 IPv6 的 IP 地址空间和 5G（或之后的其他技术）的连接能力，很多有远见的公司对于物联网的投资在不可思议地增长也就不奇怪了。

### 9.5.2　云使能发展方向

在前述云推动者的基础上，本小节提供了一些实例，来介绍一下使用集中式、分布式云处理能把物联网推到怎样的令人吃惊的方向。

#### 1. 按需计算和物联网（动态计算资源）

那些所谓的共享经济已开始对外提供服务，比如 Uber、Lyft、Airbnb，家用太阳能接入电网进行能源再分配，以及其他一些商业范例，允许汽车、公寓、太阳电池板之类的资源所有者通过贡献这些资源的空闲周期来交换一些其他资源。按需计算（ODC）仍相对较新，正处于发展初期，但已在基于云的弹性体系架构中得到显著应用，它可根据动态变化的客户需求来调度、交付计算资源并按需计费。

物联网对于云的益处有可能会超过云对于物联网的益处。在5G的推动下，物联网边缘设备可将潜在的计算资源用于各类不同的边缘应用程序，因此大量的边缘设备及其可用的计算资源对基于云的应用程序有益。想象一下，一个计算密集型边缘应用程序无法在单一设备上完成处理。现在那台设备能利用周围其他用户所有的边缘设备处理能力。支持物联网用于物联网的动态的、按需的本地云需要5G网络，使得尚在想象阶段的应用程序成为可能。除了网络支持之外，通过物联网促进的ODC需要演化到新应用程序体系架构，比如微服务以及如前所述的细粒度执行单元。

从安全方面来说，物联网设备的安全、可信计算域将是物联网实现ODC的基本需要。设想一下，要想通过允许设备向附近的商家、远处的个人或者过程，或者云供应商自己提供计算时间来获得收益，设备上非可信代码的按需、可执行上传处理就需要与高可信度的域进行隔离，否则个人应用程序和数据很容易就会被临时的来访进程破坏。ARM、TrustZone以及现有的其他技术只是推进这种类型物联网跨域计算的开始。

### 2. 云计算新分布式可信模型

如前面章节所述，用数字证书和PKI来增强当前基于云的客户端和服务端点的安全性。目前，跨可信域维护联合信任不再是那么简单或高效。为此，在2016年5月，Apache基金会正式启动了一个叫作Milagro的孵化项目（http://milagro.apache.org/）。Milagro试图集中利用基于双线性对（pairing-based）的加密和多个、独立的分布式可信管理中心（Distributed Trust Authorities，DTAs）来各自生成多个在客户端和服务端共享的私有密钥。客户端点构造加密变量来进行互相的身份认证，达成密钥协议，这在云环境内或跨云环境中是必要的。基本的设想是由任意独立的机构来运营DTA，每个DTA为端点侧提供一部分SECaaS解决方案。攻击者需要攻破所有用来生成终端用户密钥资源的DTA才能达到目的，从而该模型的这种分布式特性提高了当前整体的可信程度。如果Milagro成功完成孵化，一些用于云及其相关物联网部署的有趣的、新的开源分布式可信模型就会大量出现。

### 3. 认知物联网

IBM 的 Watson 及其新的物联网接口只是物联网感知数据处理的开始。总体而言，物联网规模太大以致难以将所有可能的感知处理使用案例归为一个小集合，但是，下面的内容给出了物联网系统和数据感知分析应用初露端倪的一小部分。

- **预测性健康监控**：大量的健康监控生物数据集加上不同病人元数据，使得感知系统能在疾病表现出来之前即可较为清晰地预测疾病或健康问题发生的可能性。之前大部分研究只是基于非常有限的信息评估风险因素。利用物联网健康监控、可穿戴、数据融合服务以及其他私有和公有数据源，感知系统可利用更为海量的数据进行分析和健康预测。物联网系统是这些能力的基础。
- **协作导航技术**：利用小 UAS 群在无 GPS 信号的环境中协同感知环境，从而更为高效地完成导航。

## 9.6 本章小结

在本章中，讨论了云、云服务供应商产品、物联网的云实现、安全体系架构、云如何促进连接向新型的、强有力的方向发展以及云如何支持物联网等。在最后一章中，将介绍物联网事件管理和取证的相关内容。

# 第10章

# 物联网事件响应

事件管理是一个庞大的主题，目前已经有很多人撰写了很多优秀而全面的著作来讨论在传统IT企业中的效用和实行过程。事件管理的核心概念是一个生命周期驱动的活动集合，包括从计划、检测、遏制、消除以及恢复，到最终关于发现什么操作时会发生错误以及如何改善用户的态势以阻止未来类似事件发生的学习过程这一完整的流程。本章为计划将物联网系统整合到企业项目中，以及为了适应变化需要开发或升级事件响应计划的组织（如公司或者是其他组织）提供指导意见。

物联网系统的事件管理遵循的框架与读者所熟知的相同。在尝试计划对攻破物联网相关系统的事件进行有效应对时，只有一些新的考虑和需要回答的问题。为了区分物联网和互联网，假设发生了以下事件：

- 在不久的将来，一家公共事业公司购买了一队联网车辆，来实现提高驾驶安全性和在燃料消耗和责任（比如防范攻击性驾驶行为）相关方面加大节约成本的目的。某一天，其中一辆小型货车撞上了另一辆车，造成了车辆损坏和人身伤害。在与司机进行谈话时，发现车辆仅仅是由于响应他们的控制而停止的。
- 一位心脏患有疾病，并且植入心脏起搏器的病人突然死亡了。法医注意到病人拥有一个心脏起搏器，但是同时他也注意到它理应处于正常运行的状态。此例中，死者被判定为心肌梗死，属于自然死亡。

这两种设备类型——联网车辆和心脏起搏器——将由不同类型的企业提供支持，某些位于服务器上，而某些位于云端。两者同时也展示了一个可能的物联网安全事件和正常每天会发生的事件之间模糊的界线。这就引发了一种这样的需求，即以一种关注物联网设备和系统的底层业务 / 任务流程的方式来审视事件管理工作，并了解攻击者可能以何种方式利用日常偶然事件来伪装和掩盖他们的恶意意图和行为。要完成这项工作，应该确保负责为物联网系统提供操作保护的安全工程人员对位于这些系统之下的威胁模型拥有基本的理解。

IRP 流程将会根据不同的企业类型而有所不同。例如，如果你的组织无意运行工业物联网系统，但是最近通过了自己的物联网设备策略，那么 IRP 流程可能会在识别、遏制并消除一次攻击事件的节点处停止。在本例中可能不会扩展到针对物联网设备漏洞类型的深度入侵取证（读者可以在自己的网络中简单地选择禁止继续运行的设备类型）。然而，如果企业利用民用和工业物联网设备或应用程序来提供日常业务功能，那么在遏制并消除攻击事件之后，IRP 流程可能需要包含更多复杂的取证工作。

## 10.1　物理安全和信息安全共同面临的威胁

理想情况下，在前期威胁建模阶段将会创建误用示例。然后，可以针对每个误用示例生成很多特定的误用模式。误用模式应该是足够低层级的，这样才能分解得到签名集合，这些集合可以应用于服务器内和云环境中都会用到的监控技术（比如 IDS/IPS、SIEM 等）中。模式可以包括设备模式、网络模式、服务性能，以及任何与指示可能的误用、故障或彻底被攻陷等事件相关的内容。图 10-1 中给出了物理安全和信息安全共同面临的威胁。

在很多物联网用例中，SIEM 技术可能会增强遥测相关的功能。这里提到遥测增强型的 SIEM 技术，是因为对物联网设备进行实体交互会有很多额外的特性，这些特性可能是可监测的，而且对于检测越轨行为或误用行为十分重要。温度、时刻，与其他临近物联网设备状态的事件具有关联性：几乎可以设想利用任何类型的可用数据，在 SIEM 技术的传统用法之上创建一个包括运转、检测、遏制和取证的态势。

前文所描述的联网小型货车事件示例中，罪魁祸首可能是一个心怀不满的员工，他针对负责控制制动系统的联网车辆子系统实施了一次远程攻击（比如向联网 CAN 总线注入 ECU 通信报文）。如果没有适当的取证能力，那么找出这个个体可能是困难的或者不可能的。更值得关注的是在大部分情况下，保险调查员们甚至不知道他们应该考虑对系统安全遭到破坏的可能性进行调查！

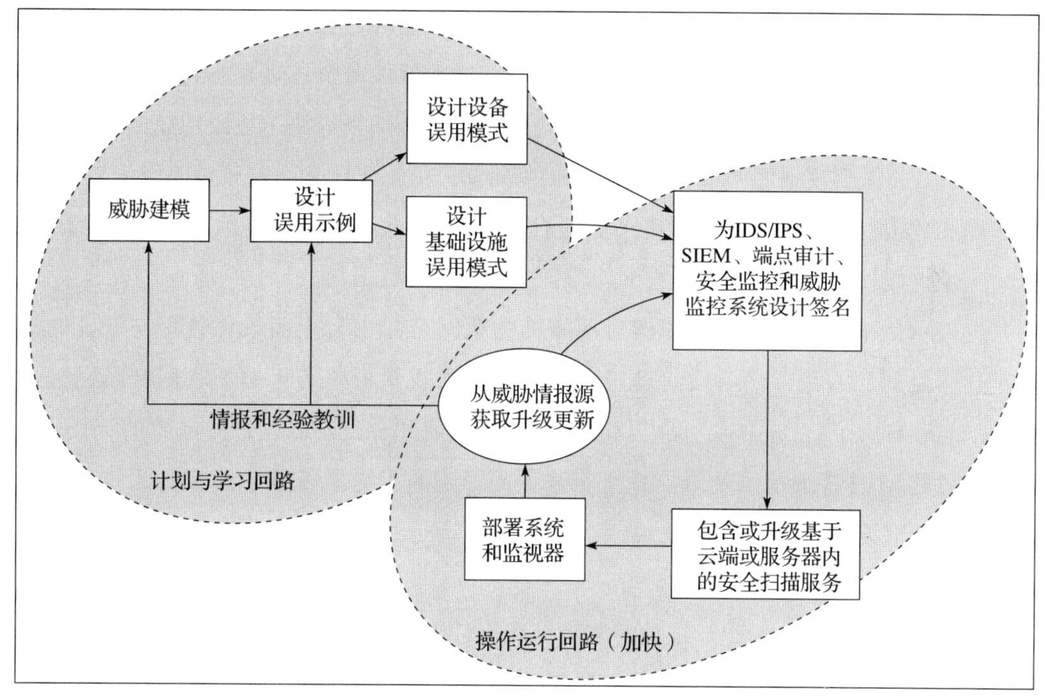


图 10-1 物理安全和信息安全共同面临的威胁

在植入心脏起搏器的病人示例中，罪魁祸首可能是一名离职员工，他试图通过改造并打包网上学到的攻击手段来实施攻击（向一个拥有特定型号微处理器和接口集的近距离医疗设备传送勒索软件），进而胁迫受害者支付赎金。如果对这一可能的攻击向量不了解，那么也就不会在这一方向进行深入调查。此外，勒索软件中可以添加事后自我擦除的功能，从而销毁进行不法行为的证据。

这些场景说明，物联网事件管理与传统 IT 企业相比，面临新的问题并且有所调整，如下所示：

- 联网实体的物理特性，它们的地理位置及其所有者或操作者。事件响应的信息物理方面可能包括物理安全因素——甚至是生死存亡——特别是在医疗、交通以及其他工业物联网用例中。
- 管理物理实体的云端方面（如前章所述），包括很多直接事件响应活动可能并不处于用户组织的即时控制之下这一事实。
- 攻击者想要通过将攻击结果伪装成每天发生的事件噪声来掩饰其意图和行动是很

简单的。一次攻击的时机选择将防守方置于明显的劣势之中。一次物联网攻击的目标，特别是针对信息物理系统的攻击，通常就像撞毁一辆车或者迫使交通信号灯停止工作一样简单。一个熟练的攻击者可能能够相当快速地成功完成这些类型的攻击来实现他们的最终目标，同时使得防守方对于阻止攻击行为无能为力。

- 在攻击行为临近发生时，其他貌似无关的与通用集线器和网关相连的物联网实体，或许能够提供有助于事件检测与取证的新的有趣数据集。

这些示例情景同时说明了能够对部署的物联网产品进行全面事件管理与取证的需求，这样做的目的是，在一项活动正在针对一个物联网系统或一类物联网产品悄悄进行时，能够有所了解和响应。也可以利用取证来确定和分配物联网产品故障的责任（是否是恶意的），并将那些给物联网系统带来负面影响的人绳之以法。在CPS系统中这尤为重要，不管是医疗设备、工业控制、智能家电还是其他包含现实世界检测与行动的系统。

本章着眼于为组织构建、维护并实施一个事件响应计划，这样就可以提高改善对各种物联网操作相关危险行为（范围包括从低级别事件到全域的攻击损害行为）的态势感知和响应能力。这项工作是通过划分为以下部分来实现的。

- **定义物联网事件响应与管理：**在此将定义并确立物联网事件响应的目标，以及需要考虑到哪些内容。
- **计划并实施物联网事件响应：**在本部分，将探讨如何以一个有组织的计划，将事件响应合适的方面包含到组织中。我们将详细描述如何对不同的事件进行分类和计划，以及对分类与取证操作进行计划（每个IRP流程都需要规划）。对于取证的相关工作，将讨论如何获取物联网设备的取证固件映像。最后，将针对实施与执行事件响应计划提供一些实践指导。执行事件响应与物联网相关的方面也可能与云提供商有关（假设支持主机实现的CSP子系统）。使用事件响应计划来提供检测入侵和其他事件，进行事后取证，以及非常重要的——将经验教训整合到安全生命周期中。

## 10.2 计划并实施物联网事件响应

物联网事件响应与管理可以划分为4个阶段：

- 事件响应计划
- 检测与分析
- 遏制、消除与恢复
- 事后活动

图 10-2 中展示了这些流程，以及各阶段是如何相互关联的。

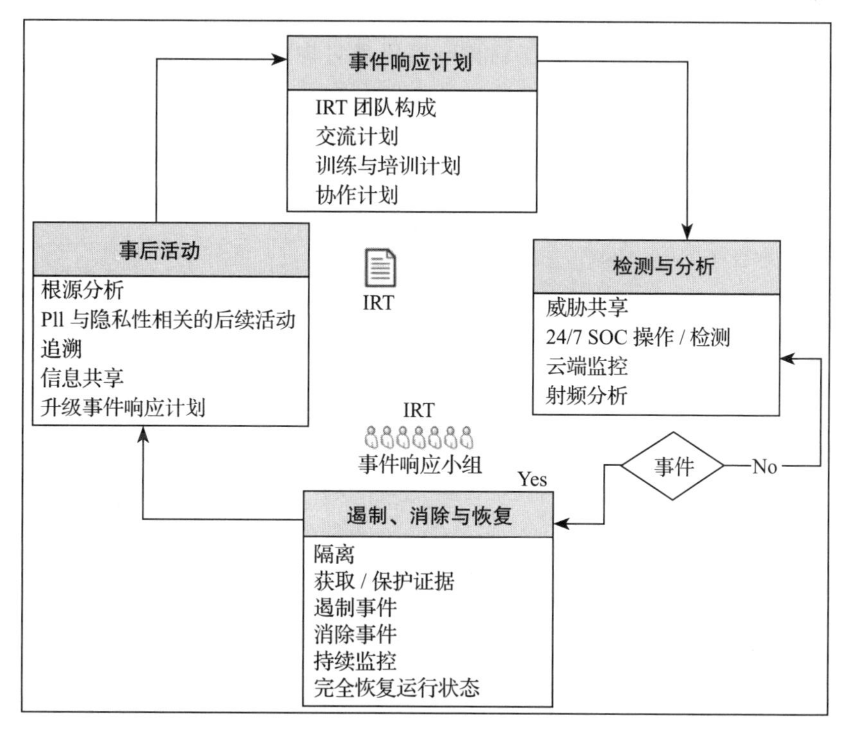


图 10-2 物联网事件响应流程

任何组织都应该根据自己专有的系统、技术和部署方法，至少对这些流程进行完整记录以及调整定制。

## 10.2.1 事件响应计划

计划（有时也被称为事件响应准备）是由一些活动组成的，这些活动，是为了避免你在灾难突然发生时惊慌失措。如果你的公司正在遭受大规模的拒绝服务攻击，而你的负载平衡器和网关无法应对这种状况，那么你知道需要做什么吗？你的云供应商会自动处理这种情况，还是你想要通过升级服务来进行干预？如果在你的某些网络服务器中发现了遭到入侵的迹象，那么你会直接将其停机，并使用纯净映像对其进行恢复吗？你会对那些被入侵的映像进行什么操作？你会以何种方式把它们交给何人？记录和规则是什么样的，应该在何时将何人包含进来，以及何时以何种方式进行交流等？在一份详细的事件响应计划中，应该以极其精确的方式来回答这些以及很多其他问题。

NIST SP 800-62r2 规范为事件响应计划（Incident Response Plan，IRP）及其流程提供了一个模板，并对相关内容进行了讨论。可以针对物联网独有的特性对这个模板进行扩充，比如在对范围包括从错误行为到全域入侵的事件进行响应的过程中，确定应该收集哪些额外的数据（比如与特定消息集合和时间相一致的物理传感器数据）。拥有一个合适的计划使得你能够在一个事件发生期间将精力集中在关键的分析任务上，比如识别攻击入侵行为的类型和严重程度。

### 1. 物联网系统分类

在美国联邦政府内部强调对系统进行分类的行为，借此来确定特定系统对任务来说是否起到关键作用，以及确定数据被攻击所带来的影响。从一个企业物联网的角度来看，如果可能，使用相似的方法对系统进行分类是有用的。物联网系统分类考虑到了基于一个事件对任务的影响，一个事件对物理安全的影响，以及准实时处理停止迫在眉睫的损坏 / 伤害的需求，对响应流程进行调整。

NIST FIPS 199 规范（http://csrc.nist.gov/publications/fips/fips199/FIPS-PUB-199-final.pdf）为信息系统分类提供了一些有用的方法。可以借助这个框架并对其进行扩充，来帮助我们对物联网系统进行分类。从 FIPS 199 规范借鉴而来表 10-1 展示了事件对机密性、完整性和可用性这 3 个安全目标的潜在影响：

表 10-1　FIPS 199 规范示例

| | 潜在影响 | | |
|---|---|---|---|
| 安全目标 | 低 | 中 | 高 |
| 机密性<br>保证对信息访问和公开施加授权限制，包括保护个人隐私和机密信息的方法。<br>[44 U.S.C, SEC. 3542] | 信息未经授权即被公开，可以预期会对组织运行、组织资产或个人造成有限的负面影响 | 信息未经授权即被公开，可以预期会对组织运行、组织资产或个人造成比较严重的负面影响 | 信息未经授权即被公开，可以预期会对组织运行、组织资产或个人造成严重的或灾难性的负面影响 |

（续）

| 安全目标 | 潜在影响 | | |
|---|---|---|---|
| | 低 | 中 | 高 |
| 完整性<br>防范不恰当的信息修改或破坏，同时包括确保信息的不可否认性和真实性。<br>[44 U.S.C, SEC. 3542] | 对信息进行未经授权的修改或破坏，可以预期会对组织运行、组织资产或个人造成有限的负面影响 | 对信息进行未经授权的修改或破坏，可以预期会对组织运行、组织资产或个人造成比较严重的负面影响 | 对信息进行未经授权的修改或破坏，可以预期会对组织运行、组织资产或个人造成严重的或灾难性的负面影响 |
| 可用性<br>确保可以对信息进行及时可靠的访问和使用。<br>[44 U.S.C, SEC. 3542] | 对信息或一个信息系统的访问或使用中断，可以预期会对组织运行、组织资产或个人造成有限的负面影响 | 对信息或一个信息系统的访问或使用中断，可以预期会对组织运行、组织资产或个人造成比较严重的负面影响 | 对信息或一个信息系统的访问或使用中断，可以预期会对组织运行、组织资产或个人造成严重的或灾难性的负面影响 |

之后，可以根据对组织或个人的影响来进行相应的分析，在FIPS 199规范中，可以看到事件对组织和个人的影响可以分为低级、中级或高级，划分的依据是机密性、完整性或可用性损失。

对于物联网系统，可以继续使用这个框架，然而同样重要的是，理解时间因素造成的影响，以及时间因素如何引发对响应的迫切需求（比如在物理安全受到影响的系统中）。回顾一下之前的例子，如果确定某人曾经试图访问车队的系统并以失败告终，那么某些可能的响应或许就显得过激了。但考虑到入侵可能造成的灾难性后果，并结合攻击者的动机和意图（比如撞毁车辆），激烈的响应可能是很有必要的。例如，事件响应计划可能会要求制造商临时关闭所有的联网车辆系统，或者对整个车队中其他电子控制单元的完整性进行彻底的检查。

要考虑的问题是，如果已经知道存在一种针对物联网资产的已确认的攻击模式，那么对员工、客户或其他人来说是否存在迫在眉睫的潜在危险？如果一个公司的安全领导察觉到某人正在主动尝试入侵联网车队的物联网系统，然而公司继续让这些系统在可能导致伤亡的情况下运行，则组织可能承担的责任和由此产生的法律诉求是什么？

### 2. 物联网事件响应流程

欧洲网络与信息安全局（European Union Agency for Network and Information Security，ENISA）对新兴技术领域的威胁趋势进行了统计调查（https://www.enisa.europa.eu/publications/strategies-for-incident-response-and-cyber-crisis-cooperation/at_download/fullReport）。报告指

出了与物联网有关的增长趋势，即：

- 恶意代码，如蠕虫和木马。
- 基于网络的攻击。
- 网络应用攻击 / 注入攻击。
- 拒绝服务。
- 网络钓鱼。
- 漏洞利用工具包。
- 物理破坏 / 盗窃 / 遗失。
- 内部威胁。
- 信息泄露。
- 身份盗窃 / 欺骗。

组织需要做好准备来应对这些威胁类型中的每一种。事件响应计划对流程进行了设计，组织中的各种角色都必须按照这个流程来开展相关工作。可以根据入侵攻击对业务或利益相关者的影响来对这些流程进行微小的调整。至少，流程应该描述何时为更加高级或专业的人员提升对一个事件的识别确认程度。

流程中还应该详细描述何时向利益相关者通告其数据遭受的可疑入侵攻击，以及作为通知的一部分，应该具体告知什么内容。利益相关者同样应该指定在响应期间应该与谁进行通信，最终确定需要采取的步骤，以及确认在调查期间如何保存监管证据链。关于监管链，如果有一个第三方云服务供应商包含了这个功能，那么云服务计划（或者SLA）需要指定在事件发生期间，供应商将以何种方式来支持维护监管链（在遵守当地或国家法律的基础上）。

### 3. 云供应商所扮演的角色

可能你正在利用至少一个云服务供应商来支持你的物联网服务。云端 SLA 协议在事件响应计划中是极其重要的；不幸的是，行业中并没有对云端 SLA 协议的目标和内容进行妥善的组织。换言之，要意识到在最迫切的时候，某些 CSP 可能不会提供足够的 IR 支持。

云安全联盟的《 Security Guidance for Critical Areas of Focus in Cloud Computing V3.0》（https://cloudsecurityalliance.org/guidance/csaguide.v3.0.pdf，9.3.1 小节）中规定，云供应

商 SLA 协议应该对 IR 流程的以下方面进行处理：

- 与联系人、通信渠道以及每一方都能够及时联络 IR 团队相关的内容。
- 事件定义与通知标准，既包括从供应商到客户，也包括到任何外部相关方。
- CSP 支持客户进行事件检测（比如可用的事件数据，关于可疑事件的通知等）。
- 在一次安全事件发生期间对角色 / 责任的定义，具体指的是 CSP 所提供的对事件处理的支持（比如通过收集事件数据 / 工件来提供取证支持，参加 / 支持事件分析等）。
- 与合同当事人实施常规 IR 测试，以及结果是否共享相关的规范。
- 事后调查分析活动范围（比如根源分析，IR 报告，经验教训与安全管理相结合的过程等）。
- 将供应商和客户作为 SLA 协议的当事人，对两者之间 IR 流程中的责任进行清晰界定。

### 10.2.2 物联网事件响应团队构成

找到合适的技术人员来配置一个事件响应小组，这永远都是一项挑战。卡内基梅隆大学的 CERT 组织（http://www.cert.org/incident-management/csirt-development/ csirt-staffing.cfm）指出，团队人员配备依赖于很多因素，包括：

- 任务与目标。
- 现有员工的专业技能。
- 预期的事件负载。
- 选区划分和技术基础。
- 资金。

通常会基于所需事件及响应的范围，选择一位事件管理人员来将若干小组成员汇集到一起。保证一名员工骨干针对事件响应接受了系统培训，并且随时准备当事件真正发生时按照需要施加援助，这是十分重要的。事件管理人员必须完全掌握本地 IR 流程以及云供应商的 SLA 协议。

预先进行合理规划，将会使得员工能够与每个事件所需的具体角色相匹配。对物联网相关事件进行响应的小组可能需要包含一些独特的技能集合，这种需求是由特定的物联网实现与部署用例引发的。另外，员工需要对被入侵物联网系统的底层业务目的有一个深入的理解。为组织中每种事件类型准备一份应急联络点（Point of Contact，POC）清单。

### 1. 通信计划

对一个事件进行响应的行为经常是混乱而又快节奏的，在《Fog of war》中很容易忽略相关的细节。小组需要为成员准备一份预先创建的通信计划，从而使得合适的利益相关者甚至是合作伙伴参与进来。通信计划中应该详细描述何时将事件向高级工程技术人员、管理层或行政领导提交。通信计划中还应该详细描述应该由何人，在何时与外部利益相关者（比如客户，政府，执法机构，甚至必要的话还包括出版社）交流什么内容。最后，通信计划应该详细描述在不同的信息共享服务和社交媒体上可以分享什么信息（比如如果通过 Twitter、Facebook 和其他平台发布公告）。

从内部响应的角度来看，通信计划应该包括组织内每个物联网系统的 POC 和备选方式，以及供应商的 POC，比如 CPS 或与之分享物联网数据的其他合作伙伴。例如，如果支持与分析公司进行数据共享的 API 接口，那么可能物联网数据泄露会导致隐私保护数据通过这些 API 接口进行未知传输，即 PII 数据不必要的前向传输。

### 2. 在组织内部练习实施一次 IRP 流程

所有可能的 IRT 成员都应该学习事件响应计划。计划应该通过管理层的大力支持和监督整合到组织中。应该确立角色和责任，并且应该进行包含第三方（比如 CSP）参与合作的相关训练。应该提供相应的培训，不仅针对所支持系统的技术方面内容，而且还要针对系统的业务与任务目标。

应该进行相关的常规训练，不仅是为了确保计划，而且还要确保组织执行计划的效率和能力。这些训练同样有助于确保事件响应计划不断更新，以及所涉及的员工熟悉并能胜任一次真实事件的处理工作。最后，确保系统的记录完整、准确。了解敏感数据处于什么位置以及何时将其放置在该位置将大大提升事件响应小组调查结果的可靠性以及对结果的信心。

## 10.2.3 检测与分析

如今的安全信息与事件管理（Security Information and Event Management，SIEM）

系统是一套很有用的工具，它可以利用观察到的任何类型的事件之间的相关性来表示可能发生的事故。当然可以配置或使用这些相同的系统来对支持物联网设备的基础设施进行监控；然而，有一些需要考虑的问题，可能会影响到在一个部署的物联网系统中保持足够程度的态势感知的能力：

- 物联网系统极大地依赖于云托管的基础设施。
- 物联网系统可能会包含极度受限的（即有限的处理、存储或通信能力）设备，它们通常缺少捕获并发送事件日志的能力。

这些需要考虑的问题引发了对于架设用于监控的基础设施的需求，这些设施将用于捕捉来自用来支持系统的 CSP 的设备数据，以及任何来源于设备自身的可能数据。

尽管在这方面有一些限制选项，但是某些小型的创业公司正在试图弥合差距。Bastille 公司（https://www.bastille.net/）就是这样一个致力于实现一个针对物联网的综合射频监控解决方案的例子。该公司的产品对从 60MHz ～ 6GHz 的射频范围进行监控，这个范围涵盖了所有的主流物联网通信协议。最为重要的是，Bastille 公司的无线监控解决方案与 SIEM 系统进行了整合，从而能够在无线联网的物联网部署方案中提供适当的态势感知能力。

同时，还应该进行常规扫描（结合 SIEM 事件关联），以及基于云端或边际位置的行为分析（比如适用于设备网关）。像 Splunk 之类的解决方案有助于开展这些类型的活动。

任何关于物联网特定的数字取证与事件响应（Digital Forensics and Incident Response，DFIR）过程所需的工具类型的讨论，都需要从理解一个组织可能会遇到的事件类型开始。再一次强调，像 Splunk 之类的工具在查找这类模式和指标方面非常有效。可能的指标包括以下几项：

- 可能会看到注入分析系统中，试图引发混乱的异常传感器数据。
- 可能会看到试图利用流氓物联网设备，来从数据所处的企业网络中将其偷偷转移出去的行为。
- 可能会看到试图突破隐私控制，来确定在任何给定的时间内个人身处的位置以及其正在做的事情的行为。
- 可能会看到试图通过破坏个人与组织之间，或联网设备和控制系统网络之间的信任关系，来向控制系统注入恶意代码的行为。

- 可能会看到通过针对物联网基础设施实施拒绝服务攻击，来扰乱业务操作的行为。
- 可能会看到通过对物联网设备进行未授权的访问（物理或逻辑），来造成破坏的行为。
- 可能会看到通过入侵攻击设备、网关与云托管的密码模块和密钥素材，来破坏流经整个物联网系统的数据的机密性的行为。
- 可能会看到试图为了经济利益，利用受信自动交易的行为。

很明显，当对物联网部署中可能的事件进行响应时，了解一个物联网设备是否已经被入侵的能力变得尤为重要。这些设备经常会处理可信的凭据，这些凭据为设备与上游基础设施的交互过程，以及很多情况下包括设备与其他设备的交互过程提供支持。像这样的信任关系遭到攻击，可能会导致攻击者横向穿透整个系统，并获取访问数据中心/云端提供支撑的虚拟化基础设施的能力。在缺少针对相关系统端点的复杂监控能力的情况下，这些转移活动可以悄无声息地实现。

这意味着，当一个分析人员检测到一个正在进行的事件时，犯罪者可能已经在整个企业重要的子系统中广泛创建了恶意监控程序。这种认识应该促使事件响应流程着重关注对其他设备、计算资源甚至是其他系统的即时分析，来确定它们是否仍按照一个已建立的安全基线运行。不幸的是，如今在事件响应期间用来快速确定成千乃至上百万台联网设备安全状态的工具很少。

尽管可用于基于物联网的最佳事件响应操作的工具存在很大缺口，但仍有一些标准工具可供小组使用。

### 1. 分析被入侵系统

能够对一次事件进行成功分析的第一步，是对最新的威胁和指标拥有良好、及时的了解。响应人员的工具箱中应该配备有效的威胁情报分析工具。随着企业物联网越来越成为有吸引力的目标，这些平台必定将与其合作伙伴分享指标和防守模式。目前一些威胁共享平台的示例包括以下几种。

- DHS 组织的自动指标共享（Automated Indicator Sharing，AIS）倡议。目前，这项倡议主要关注能源与技术部门（https://www.us-cert.gov/ais）。
- Alienvault 组织的公开威胁交换（Open Threat Exchange，OTX）（https://www.alienvault.com/open-threat-exchange）。

- IBM公司的X-Force Exchange：这是一项基于云端的威胁情报服务（http://www-03.ibm.com/software/products/en/xforce-exchange）。
- 信息技术信息共享与分析中心（Information Sharing and Analysis Center，ISAC）。

也存在倾向于任务相关威胁情报的ISAC。示例包括：

- 工业控制系统（Industrial Control System，ICS）ISAC。
- 电力部门ISAC。
- 公共交通/地面运输ISAC。
- 水利ISAC。

在识别了一次可能的事件之后，就要进行额外的分析，开始确定可疑的入侵范围和活动。分析人员应该开始收集活动时间表。保存这个时间表，并且在找到新的信息时对其进行更新。这个时间表应该包括假定的开始时间，并且对调查中任何其他的重要时间点进行记录。响应人员可以使用审计/日志数据来将发生的活动联系起来。在这方面需要考虑的是保存并传播一个精确时间来源的需求。当物联网系统可以使用网络时间协议时，利用网络时间协议（Network Time Protocol，NTP）可以辅助完成这项工作。当小组识别对手可能进行的行动时，要精心设计并创建时间表。

分析人员可能还需要进行包括归因尝试在内的活动（即确定何人正在攻击我们）。对这些活动有帮助的工具通常包括来源于多个因特网注册机构的WHOIS数据库，该数据库提供了查询IP地址块所有者的能力。不幸的是，攻击者可以利用一些易用的方法来实现匿名访问物联网以及任何其他IT系统。如果某人将一台流氓物联网设备隐藏在一个网络中来传送伪造消息，那么确定设备的IP地址无助于分析工作，因为设备运行于受害网络中。更糟的是，设备可能没有IP地址。来自组织外部的攻击可以使用命令与控制服务器、僵尸网络以及几乎任何被入侵的主机、VPN、Tor网络，或者将一些用来掩盖攻击者的真实来源和地址的机制结合使用。某人痕迹的动态切换与快速清除，是用来判断正在进行攻击的主体是国家政府犯罪组织（或者两者兼具）还是脚本小子的依据。后者可能在如何阻碍对手的取证方面并不是非常专业。

对被入侵的设备进行更为彻底的检查，是为了基于所加载的文件，甚至是从设备自身所提取的指纹来尝试确定攻击者的特征。另外，物联网事件响应可能包括对设备网关进行取证分析——网关可能位于设备边界，或是一个CSP系统的中央位置。响应小组通常会捕捉被入侵系统的镜像文件用于离线评估。这就是针对物联网系统调整使用基础设施工具的地方，它们是非常有用的。

对良好的行为安全基线和被入侵的系统进行比较，对于识别恶意工件以及辅助调查是很有价值的。支持对物联网设备进行离线配置的工具可以被用于开展这项工作。比如当 Docker 镜像被用于部署物联网设备时，可以提供进行比较工作所需的良好的基线示例。

如果为物联网设备认证建立认证服务，那么来自于这些认证服务器的日志同样应该可以为调查工作提供一个有价值的数据来源。响应人员应该勤于查找针对系统和设备的失败的登录尝试，以及类似来自异常源 IP 地址，在一天中的某些时刻等值得关注的情况下可疑的成功登录与认证行为。企业 SIEM 关联规则可以利用威胁情报反馈与信誉数据库来提供这项功能。

调查的另一方面是，确定事实上什么数据正在遭受攻击。确定泄露的数据是第一步，但是在此之后还必须了解，是否利用强密码方法对泄露数据进行了保护（在空闲状态下）。密文哪怕泄露了上千兆字节也不会为攻击者带来好处，除非攻击者同时获取了解密过程所需的加密私钥。如果组织无法获知在系统、每台主机、每个网络、应用、网关等位置的内部每个节点处数据的状态（明文或密文），那么将很难确定数据泄露的程度。对数据泄露进行精确的特征描述，对于确定在调查过程中是否需要针对每项合法监管任务发布数据泄露通知是十分重要的。

此外，还需要使用取证工具来拼凑攻击过程中的信息。可以利用的工具有很多，比如：

- GRR
- Bit9
- Mastiff
- Encase
- FTK
- Norman Shark G2
- Cuckoo Sandbox

尽管这些工具经常应用于传统取证工作中，但距离处理实际的物联网设备还有一定的差距。研究人员（Oriwoh 等人）的《Internet of Things Forensice: Challenges and Approuches》（https://www.researchgate.net/publication/259332114_Internet_of_Things_Forensics_Challenges_and_Approaches）中简要描述了一种近乎完美的用于物联网证据收集的方法。他们经过充分论证表明，通常设备自身并不能提供足够的有用信息，而代替它完成这项工作的设备必须时刻关注在系统中数据所发往的设备和服务器。比如一个 MQTT 客户端实际上可能不会存放任何数据，而是可能自动向上游的 MQTT 服务器发送数据。在这种情况下，服务器最有可能提供近乎完美的数据用于分析。

### 2. 分析所涉及的物联网设备

在设备自身可能在调查过程中生成关键数据的情况下，有时需要对物联网设备进行逆向来提取固件用于分析。考虑到可能使用的物联网设备种类繁多，因此相应的工具和流程也可能各不相同。本小节将提供一些对设备的固件镜像进行提取和分析的示例方法，这些设备可能已经遭到攻击或被卷入一次事件当中，并且可能可以通过分析内存来获取线索。在实践中，组织可能需要将这些活动外包给一家信誉良好的安全公司；如果是这种情况，就要寻找那些在取证方面具有深厚背景，并且对监管链和证据链及其相关政策具有良好的工作经验和了解（数据在法庭上应该足以作为呈堂证供）的公司。

对嵌入式设备进行分析是一项具有挑战性的工作。很多商业制造商会为内存提供 USB 接口，但是通常会对允许访问哪块内存加以限制。如果嵌入式设备支持 *nix 类型的操作系统内核，并且分析人员能够获取设备的命令行访问方式，那么只需要一个简单的 dd 命令就可以将设备的镜像、特定的卷、分区或者主引导记录提取到一个远程位置中。

在缺少一个方便接口的情况下，可能需要直接提取内存，而这项工作通常是通过一个 JTAG 或 UART 接口来完成的。在很多情况下，具有强烈安全意识的制造商会花费大量精力来屏蔽或禁用 JTAG 接口。要获取物理访问的能力，可能需要剪断、磨碎或找到其他方法来从连接器上移除物理层。如果 JTAG 测试访问端口处于可访问的状态，而且已经有一个 JTAG 连接器占用了这些端口，那么像开放单片调试器（Open On-Chip Debugger，http://openocd.org）或者 UrJTAG（http://urjtag.org/）之类的工具对于与闪存芯片、CPU 以及其他嵌入式架构和内存类型进行通信很有用。还可能需要将一个连接器焊合到端口上来获取访问能力。

在 JTAG 或 UART 接口不可访问的情况下，可能需要使用更为先进的芯片提取（也被称为芯片解封）技术来提取数据。芯片提取取证方式一般具有破坏性，因为不管制造商最初使用什么来黏合芯片，分析人员都必须通过拆焊的物理手段取下芯片或使用化学手段移除黏合剂。在移除之后，可以通过芯片编程人员来从所使用的内存类型中提取二进制数据。芯片提取通常是由配备专业设备的实验室来实施的先进工艺。

不管采用什么样的流程来访问并提取设备的整个内存，下一步都包含了对二进制数据的分析。依据所针对的芯片或架构，有很多可用的工具可以用来进行原始二进制分析工作。示例包括以下 3 种。

- Binwalk（http://binwalk.org）：对于扫描一个二进制文件，查找与文件、文件系统等有关的特定签名十分有用。在识别之后，可以提取文件用于下游的检查和分析。
- IDA-Pro（https://www.hex-rays.com/products/ida/index.shtml）：很多安全研究人员都会用到 IDA 工具（包括关注寻找并利用知名操作系统架构中漏洞的人），它是一种强大的反汇编与调试工具，可以针对多种操作系统进行逆向工程分析。
- Firmwalker（https://github.com/craigz28/firmwalker）：一种用于在固件中搜索文件和文件系统的基于脚本的工具。

### 3. 升级与监控

要了解何时以何种方式来实施事件升级。这就是良好的威胁情报显得格外有价值的地方。入侵通常不是孤立的事件，而是一次更大型活动中的细小片段。在获取新的信息之后，检测与响应的方法就需要进行升级，以适应对事件的处理工作。

最后需要考虑的问题是，在交通运输与公共事业等行业中部署物联网系统的网络安全员工应该密切关注本地组织之外的国家与国际威胁动态。这是美国以及其他国家情报部门的正常业务过程。恐怖袭击、有组织的犯罪行为以及其他国际安全问题，都与物联网系统有直接的关系。这种认识更适用于关键的能源、公共事业和交通运输基础设施，但是针对性攻击可能从任何位置发起，并且可能以几乎任何设备为目标。

在运营和技术小组之间共享信息是十分有必要的，甚至在组织内部也是如此。就促进这种信息共享的公开 / 私有伙伴关系而言，InfraGard 组织是其中一个例子：

“InfraGard 组织代表了 FBI 与私营企业之间的合作伙伴关系。它是一个代表商业机构、学术机构、州与地方执法机构的人员，以及其他为了防范针对美国的敌对行为，而致力于共享信息与情报的参与者相互联合组成的组织。”

来源：https://www.infragard.org/

另一个有价值的信息共享资源是高科技犯罪调查协会（High Tech Crime Investigation Association，HTCIA）。HTCIA 是一个非营利组织，它每年都会举办国际会议，并且致力于改善与公共和私有实体的伙伴关系。该组织在世界各地都有地区性分支机构。

其他更为敏感的伙伴关系，比如美国国土安全部（Department of Homeland Security，DHS）的增强网络安全服务（Enhanced Cybersecurity Services，ECS），存在于政府和行业之间，目的是增强企业与政府范围内的威胁情报共享。这些类型的项目通常都会包含对分类信息的访问，这些信息位于目前大部分非缔约组织的范围之外。考虑到大型政府和军事组织对支持物联网的系统和 CPS 系统的兴趣，我们可能会很高兴地看到，这样的项目的成果逐年得到显著增强，从而更好地容纳与物联网相关的威胁情报。

### 10.2.4 遏制、消除与恢复

在一次事件响应期间需要回答的一个最重要的问题是，应该对系统进行何种程度的离线处理，才能保证不中断关键业务 / 任务流程。通常在物联网系统中，使用新设备替换旧设备的过程是相对不重要的；当确定合适的行动方针时需要考虑这项工作。当然情况并非总是如此，但是如果快速替换感染主机可行，那么就应该采取这条路线。

在任何情况下，都应该尽可能快地将被入侵设备从运营网络中转移出来。应该严格保持这些设备的状态，这样才能利用传统取证工具和过程对设备进行进一步的分析。不过在这个问题上也存在挑战，因为某些受限设备可能会覆盖对分析非常重要的数据。

当一个物联网网关遭到入侵时会引发更为复杂的问题。组织应该随时准备预配置好的备用网关，随时准备在一个网关被入侵的情况下投入使用。在可能的情况下，如果网关遭到入侵，所有物联网设备的重置工作也应该准备就绪。不幸的是，目前这也是一项很有挑战性的工作。自动化软件 / 固件配置服务（和 Microsoft 公司的 Windows 服务器更新服务（Windows Server Update Services，WSUS）差不多）代表了如今物联网中的巨大缺口。我们迫切需要在任何地方，以线上或无线的方式，为任何设备打补丁的能力，这是一项不管谁拥有一台设备，以及不管它是否或者以何种方式转移给其他所有者，其他基于云端的供应商服务等对应方都需要发挥作用的能力。

同样地，必须对基础设施计算平台进行考虑。从运营网络中将服务器或服务器镜像（云端）转移出去，并使用新的满足基线的镜像替代它们，从而保证服务处于启动运行的状态（在一个云端部署情景中，这项工作要简单、快捷得多）。一个事件响应计划应该包含每一个不连续的步骤来完成这项工作。如果使用了一个云端管理接口，那么需要包括特定的管理URI符号，针对这些符号完成动作、特定的步骤（按键）以及所有事情。确定系统中的物联网镜像可以以何种方式获取。隔离感染镜像以展开取证分析，在这个过程中可以尝试识别恶意软件，以及恶意软件试图攻击利用的一个或若干个漏洞。

需要注意的一件事是，对敌人正在对网络实施何种攻击进行跟踪总是值得的。如果所需的资源可用，那么根据命令或模式来建立逻辑规则网关设备能够带来好处，这些设备可以分隔被入侵的物联网设备，从而使得攻击者或恶意软件无法察觉已经被发现这一事实。对这些设备进行动态的重新配置使其与一个平行虚拟基础设施（位于网关或者云端之中）进行交互，这种做法使得我们能够在更近的距离上对恶意行为者所采取的行动进行观察与研究。另外，可以将受影响的设备相关的通信流量重新路由到一个沙盒环境中，以便进行进一步的分析。

### 10.2.5　事后活动

事后活动有时被称为恢复，包括实施根源分析、事后取证、隐私正常状态检查以及确定哪个PII项（如果存在）遭到了攻击。

应该利用根源分析来准确了解防守态势是如何失效的，并且确定应该采取什么措施来保证事件不会再次发生。同样地，应该在事后进行相关设备和系统的主动扫描工作，来积极主动地寻找那些相同或相似的入侵者。

利用反思性会议，在小组成员之间分享经验教训是很重要的。这项工作应该在事件响应计划中明确规定，在整个IR小组内部召开为期一天、一周甚至一个月的后续会议。在会议期间，后续取证和分析得到的很多细节将使得事件起源、其行动者、所利用的漏洞，以及同样重要的，团队在响应过程中的表现如何，变得更为清晰明了。应该像群体治疗一样看待反思性会议——没有针对个人或流程的指向性告发、指责或者严厉的批评，仅仅是对以下几个方面进行实事求是的评估：发生了什么，它是如何发生的，响应过程有多良好或者多糟糕，为什么，以及下一次可以以何种方式进行更好的响应。反思过程中应该有一个主持人来确保一切进展顺利，没有浪费时间以及总结出了最为重要的经验教训。

最后，所有的经验教训都应该针对以下方面进行评价：

- 需要对 IRP 计划进行的调整。
- 需要对网络访问控制计划（Network Access Control，NAC）进行的调整。
- 对保护企业所需的新工具、资源或培训的任何需求。
- 对事件响应过程有所帮助的云服务供应商 IR 计划中存在的任何缺陷（事实上，可能需要判断是否需要迁移到一个不同的云供应商处，或者向当前云端环境中添加额外的服务）。

## 10.3 本章小结

本章介绍了如何建立、维护和执行一个事件响应计划。我们定义了物联网事件响应与管理，并且讨论了与实施物联网事件响应活动相关的细节内容。

考虑到物联网系统的独有特性，其对现实世界中的事件造成影响的能力以及物联网实现方案的不同性质，对这些系统进行安全、可靠的实现是一项非常困难的挑战。本书试图针对设计与部署多种类型的复杂物联网系统提供实践建议。希望读者能够对这份指导意见进行调整以适应自己的环境，甚至将其作为在这一不断增长的高潜力技术领域中变革性的一步。

# 推荐阅读

## 解读物联网

作者：吴功宜 吴英 ISBN：978-7-111-52150-1 定价：79.00元

本书采用“问/答”形式，针对物联网学习者常见的困惑和问题进行解答。通过全书300多个问题，辅以400余幅插图以及大量的数据、表格，深度解析了物联网的背景知识和疑难问题，帮助学习者理解物联网的方方面面。

## 物联网设备安全

作者：Nitesh Dhanjani 等 ISBN：978-7-111-55866-8 定价：69.00元

未来，几十亿互联在一起的“东西”蕴含着巨大的安全隐患。本书向读者展示了恶意攻击者是如何利用当前市面上流行的物联网设备（包括无线LED灯泡、电子锁、婴儿监控器、智能电视以及联网汽车等）实施攻击的。

## 从M2M到物联网：架构、技术及应用

作者：Jan Holler 等 ISBN：978-7-111-54182-0 定价：69.00元

本书由长期从事M2M和物联网领域研发的技术和商务专家撰写，他们致力于从不同视角勾画出一个完整的物联网技术体系架构。书中全面而又详实地论述了M2M和物联网通信与服务的关键技术，以及向物联网演进的过程中所要应对的挑战与需求，同时还介绍了主要的国际标准和一些业界最新研究成果。本书在强调概念的同时，通过范例讲解概念和相关的技术，力求进行深入浅出的阐明和论述。

# 推荐阅读

- **黑客大曝光：恶意软件和Rootkit安全(原书第2版)**
  作者：克里斯托弗 C. 埃里森
  ISBN：978-7-111-58054-6
  定价：79.00元

- **云安全基础设施构建：从解决方案的视角看云安全**
  作者：罗古胡. 耶鲁瑞
  ISBN：978-7-111-57696-9
  定价：49.00元

- **面向服务器平台的英特尔可信执行技术：更安全的数据中心指南**
  作者：威廉.普拉尔
  ISBN：978-7-111-57937-3
  定价：49.00元

- **Web安全之机器学习入门**
  作者：刘焱
  ISBN：978-7-111-57642-6
  定价：79.00元

- **Web安全之深度学习实战**
  作者：刘焱
  ISBN：978-7-111-58447-6
  定价：79.00元

- **Web安全之强化学习与GAN**
  作者：刘焱
  ISBN：978-7-111-59345-4
  定价：79.00元

# 推荐阅读

## 网络空间安全导论

书号：978-7-111-57309-8 作者：蔡晶晶 李炜 主编 定价：49.00元

**网络空间安全涉及多学科交叉，知识结构和体系宽广、应用场景复杂，同时，网络空间安全技术更新速度快。因此，本书面向网络空间安全的初学者，力求展现网络空间安全的技术脉络和基本知识体系，为读者后续的专业课程学习打下坚实的基础。**

本书特点

◎ 以行业视角下的网络空间安全技术体系来组织全书架构，为读者展示从技术视角出发的网络空间安全知识体系。

◎ 本书以技术与管理为基础，内容从网络空间安全领域的基本知识点到实际的应用场景，使读者了解每个网络空间安全领域的知识主线；再通过完整的案例，使读者理解如何应用网络安全技术和知识解决实际场景下的综合性问题。

◎ 突出前沿性和实用性。除了基本的网络空间安全知识，本书还对大数据、云计算、物联网等热点领域面临的安全问题和企业界现有的解决方案做了介绍。同时，书中引入了很多实际工作中的案例，围绕安全需求逐步展开，将读者引入实际场景中，并给出完整的解决方案。

◎ 突出安全思维的培养。本书在介绍知识体系的同时，也努力将网络空间安全领域分析问题、解决问题的思维方式、方法提炼出来，使读者学会从网络空间安全的角度思考问题。